住吉长屋 / 萨伏伊别墅 / 范斯沃斯住宅 / 白之家

U0383363

建 筑 构 造

——从图纸·模型·3D 详解世界四大名宅

[日]安藤直见·柴田晃宏·比护结子　著

陶新中　译

董新生　校

中国建筑工业出版社

著作权合同登记图字：01-2011-5329号

图书在版编目（CIP）数据

建筑构造——从图纸·模型·3D详解世界四大名宅／（日）安藤
直见等著；陶新中译．—北京：中国建筑工业出版社，2015.10
ISBN 978-7-112-18040-0

Ⅰ．①建…　Ⅱ．①安…②陶…　Ⅲ．①住宅—建筑构造—世
界—图集　Ⅳ．①TU241-64

中国版本图书馆CIP数据核字（2015）第079824号

Kenchiku no Shikumi
Copyright © 2008 by Naomi Ando, Akihiro Shibata, Yuko Higo
Chinese translation rights in simplified characters arranged with Maruzen Co., Ltd.
through Japan UNI Agency, Inc., Tokyo

本书由日本丸善株式会社授权翻译出版

责任编辑：白玉美　刘文昕
责任校对：陈晶晶　刘梦然

建筑构造
——从图纸·模型·3D详解世界四大名宅
[日]安藤直见·柴田晃宏·比护结子　著
陶新中　译
董新生　校

*
中国建筑工业出版社出版、发行（北京西郊百万庄）
各地新华书店、建筑书店经销
北京京点图文设计有限公司制版
北京中科印刷有限公司印刷
*
开本：880×1230毫米　横1/16　印张：15¾　字数：668千字
2016年1月第一版　2016年1月第一次印刷
定价：78.00元
ISBN 978-7-112-18040-0
（27292）

版权所有　翻印必究
如有印装质量问题，可寄本社退换
（邮政编码 100037）

前言

1．编写本书的目的

为了帮助初涉建筑学的学生们更好地学习和掌握建筑构造的相关知识，本书对代表 20 世纪建筑风格的"建筑巨匠们设计的住宅"实例进行了详细的剖析与解读。

在开设建筑设计专业的大学及专科院校中，大多都设有与建筑构造有关的"建筑构法"或"建筑结构"等课程。本书的内容主要都与这些课程有关，而且从建筑构造以及通过图纸、模型所进行的解读这一点来讲，与以学习并掌握建筑构造为目的而设置的课程——"设计制图"也有着密切的关系。另外，本书还涉及用计算机表现建筑的相关知识，可以说在这一点上与"3DCG"（计算机三维制图）也有着密切的关系。为此，全书以"建筑构造"为主线，从不同的方面论述了"设计制图、图形学、3DCG"。也就是说，本书是一本"通过制作模型、绘制图纸、观察 3D 来学习建筑构造"的入门书。

另外，从"建筑是如何架构的，建筑的架构是如何设计、如何表现的"这一点来看，本书广泛涉及了建筑设计方面的知识。大学、专科学校，以及与建筑专业中建筑设计有关的学科，不应只为单纯学习如何使建筑建成的技术而设置，而应是一个能对建筑本身的理想状态，建筑与社会、环境的关系等进行实地考察，培养自己对建筑的综合判断力和思考力的学科。但是反过来说，为了学习、掌握建筑设计，也应当学习那些能够完成建筑建造的相关技术。

建筑构造是建筑技术的一部分。有一种观点认为，建筑构造继先行的建筑设计之后，而设计并不是构造积累所产生的。按照这种观点，不受建筑细部构成所限的一个草图对于建筑设计来说，也要比表现建筑构造的图纸和模型重要得多。尽管这也谈不上有什么不妥之处，但还是应当学习并掌握建筑构造的相关知识。之前绘制的一张草图是怎样的构成已经成为未知，但若能深刻理解现在的建筑（对现代影响大的建筑）究竟是什么样的构成，这对于初学建筑的学生来说，却是非常重要和不可或缺的。

2．建筑的形态与空间，以及裸建筑

建筑具有物理上的三维"形态"，同时又可使其内部或外部显现出不同的"空间"。空间一词具有各种不同的含义，但建筑空间则是指产生建筑形态的场所。例如在被形态围护的建筑内配有供生活和工作的房间以及供安装设备、收纳物品的空间，而在建筑形态的外部，则配有通往正门的甬道及庭院等空间。另外，与认为场所及房间是一种"开放的空间、美丽的空间、诗意般的空间"的情况相同，空间也是一种心理上的需求。形态与空间无非就是一个对建筑特征加以定义的概念而已。

所以，建筑肯定具有一定的空间与形态。可以说建筑设计的最终目的就是实现一个美而协调的建筑空间与形态。当然，就像回顾过去的建筑历史就知晓的那样，第一眼看到时并不觉得美，之后随着认识上的变化逐渐看到了其美所在；当时认为不协调的，在经过了多少年后进入一个新的年代时反而认为协调了。所以，我们不能用固定的眼光来捕捉美。即使将"美"一词的概念化词语换成便于使用、便于居住这种大众化的通俗语言，也很难做到以固定的思维方式来考虑便于使用、便于居住。建筑设计很难会与这种因时间流逝而改变的审美观产生冲突。

本书从第 2 章开始列举了"住吉长屋"、"萨伏伊别墅"、"范斯沃斯住宅"、"白之家"等 20 世纪的代表性住宅，对它们的形态、空间等究竟是通过什么样的建筑构造才得以实现进行了解读。书中所列举的住宅是采用钢筋混凝土墙结构、钢筋混凝土框架结构、钢结构、木框架结构这些不同的结构形式建造的。即使在当代这些也是建筑的主要结构形式，所以通过对四大著名住宅的学习，就可以掌握建筑是如何构成其形态与空间的。

书中所列举的住宅是否就是学习建筑构造的最佳案例，我们仍心存疑虑。这些住宅对后来出现的建筑具有决定性的影响，而且经过对四大著名住宅反复推敲而得到的形态与空间，可以说是对建筑的一种特殊的答案。在众多的临街建筑中，有很多从外观上都看不到构成建筑物的柱子及墙壁。四大著名住宅与这些建筑相比，多少都有一些不同之处。

但是，从建筑构造的观点上讲，四大著名住宅并非与众多的建筑完全不同。现代的建筑技术来源于产业革命以后发展的工业技术，所以四大建筑与其他许多建筑都是基于相同的技术修建的。两者的不同之处就在于四大著名住宅的构造已升华为顶尖级的建筑形态与空间。

从架构建筑的墙壁及柱子的构成决定建筑形态与空间的意义上讲，可以将本书所列举的四大著名住宅称作"裸建筑"。这些建筑正是因为"裸"才显现出了她所特有的无与伦比之美。将建筑的构造与形态、空间，亦即将建筑的构造与建筑美学联系起来进行学习，才是我们编写本书的目的所在。

3. 本书的图纸等

本书中住吉长屋（第2章）、范斯沃斯住宅（第4章）、白之家（第5章）提供的图纸等（图纸、根据图纸制作的模型及3DCG）是我们几位作者根据公开发表（出版）的图纸制作的。因三个住宅公开发表的图纸中包括用于工程的详图，所以书中的图纸基本上是按原始图纸建筑细部的构成与尺寸绘制的。但是因其中有些部分无法掌握原始图纸中的细部及尺寸，所以与原始图纸不同。

特别是修建在美国的范斯沃斯住宅，住宅的原始图纸是以英寸和英尺为单位绘制的。本书中所标的尺寸是将详图中的英寸和英尺换算为毫米单位的尺寸。因在换算的过程中会有一定的误差，所以本书中的尺寸与原始详图的尺寸略有出入。

公开发表的萨伏伊别墅（第3章）的图纸有很多，但详细的图纸并不多。因萨伏伊别墅曾被改建过，所以很难获得原始图纸的建筑细部与尺寸。本书所示的图纸是参考了许多原始图纸，对修建在法国的萨伏伊别墅进行了部分实地考察，并参照了巴黎的勒·柯布西耶基金会（Foundation Le Corbusier）所保存的包括原版图纸在内的众多图纸后绘制的。

在对书中的图纸、模型、3DCG进行制作的过程中，我们尽可能做到与有限的原图保持一致。但因作者的能力所限，也可能会有与原始图纸不一致的地方。希望读者们在阅读了本书之后，与原始图纸进行比较、确认。目前，萨伏伊别墅与范斯沃斯住宅已对外开放。若有机会的话，望诸位务必前往考察。

4. 建筑细部

在大学及专科学校学习建筑细部是非常困难的，因为在教室里设计无异于闭门造车。不是实际建筑的原始图纸及模型或多或少都会有些细部被省略或是被简略化，这就给学习建筑带来了一定的困难。

我想许多国家在这一点上都是共通的：在日本，建筑师（一级建筑师）的资格并不是大学及专科学校毕业后就能马上获得，而是要等到具有一定的实际业务经验后才有可能获得。这也反映了建筑设计的技能并不是通过在教室学习了图纸和模型就能够掌握的。要想真正掌握建筑设计的技术，必须具有一定的实际业务经验与知识。

可见，在大学或专科学校学习建筑专业的学生，没有必要按照自认为是实际工作所需要的建筑细部这种想法来绘制图纸，而学习如何才能通过图纸和模型来表现建筑空间与形态的构成才是至关重要的。尽管如此，很多情况下建筑的空间、形态与建筑的细部之间都存在着密不可分、千丝万缕的联系。即便是不需要考虑实用性的细部，但也应对使建筑得以实现的建筑的空间布局加以学习。初学建筑的学生应广泛接触优秀的建筑设计作品，学习并掌握为实现建筑空间与形态的建筑构造。

5. 图纸与模型，以及 3D 制图

本书并不是只通过图纸，而且还要通过模型的制作来学习建筑的构造。图纸是将建筑的三维形态以平面投影的方式表现出来的；而模型则是将建筑以立体的方式表现出来。在建筑图纸中，采用的是称之为"正投影"的顶部正投影（投影线垂直于顶部的投影面）图、正面正投影（投影线垂直于正面的投影面）图和侧面正投影（投影线垂直于侧面的投影面）图的图纸。对于刚刚开始学习建筑的学生来说，仅凭直观就可以从图纸中理解三维形态的构成是非常困难的。

另外，本书中采用的大多都是由计算机加上图纸和模型制作的 3DCG 所生成的透视图及立体图。用计算机操作的 CG 应用软件来描述建筑（生成 3DCG 模型）和通过图纸及模型来描述建筑，在本质上并没有什么不同。但实际上计算机本身却有着其特有的效率和独特的吸引力。

本书中用 CG 绘制的透视图及立体图，大多都是从多个方向观察一个 3DCG 模型并进行分解后生成的。透视图及立体图是二维表现的图纸中的一种，是正投影中所没有的一种立体的表现，具有只将特定的部分加以表现（将想要看到的部分表现出来）的特征。本书将根据一个 3DCG 模型生成的立体表现、部分表现

体现在图纸的"3D 效果"中，以图能够通过表现 3D 效果的图纸掌握具有三维形态的建筑构造。

6. 本书的构成

在本书的第 1 章中，对与建筑构造及其图纸表现相关的基础知识进行了解读。在第 2 章至第 5 章中，则分别对不同结构形式的住宅进行了解读。

在第 1 章（箱形建筑）中，提出并制作了建筑的单纯模型后，又学习了图纸的基础知识。在第 2 章（住吉长屋）中制作完成了首个模型，而且在对实际建筑的平面图、剖面图、立面图的绘制进行演练的同时，学习了钢筋混凝土墙结构的相关知识。在第 3 章（萨伏伊别墅）中，在学习掌握公开发表的图纸的同时，对模型进行了组装并学习了钢筋混凝土框架结构的相关知识。在第 4 章（范斯沃斯住宅）中，在对模型与 3DCG 模型的制作进行演练的过程中，学习了钢结构的相关知识。在第 5 章（白之家）中，通过对表示主体结构（墙体结构）模型——木框架结构架构的模型进行的制作，还学习了有关木框架结构构成的相关知识。因书中各章的学习内容独立成章，所以不必从第 1 章开始依次阅读，而可以先看那些自己感兴趣的章节。

下面，就让我们开始进入建筑的学习吧！

安　藤　直　见

柴　田　晃　宏

比　护　结　子

目录

1. 箱形建筑

建筑的基本模型

照片 1-1　箱形建筑

建筑中的基础模型——"箱形建筑"。模型比例为 1/50。

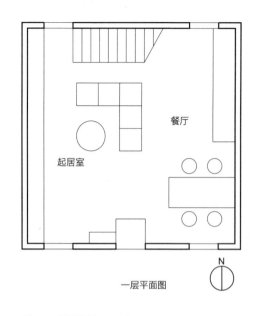

一层平面图　　　N

图 1-1　平面图（ 1/100 ）

箱形建筑平面图。图中标有家具及房间名称。

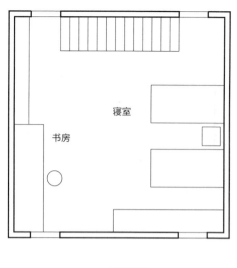

二层平面图

1　箱形建筑

本章的主要内容是学习并掌握建筑的基本构成知识和表现建筑的图纸的绘制及模型的制作方法，为此特以最基础的"箱形建筑"为例。箱形建筑并不是具体的建筑，而是一个单纯的建筑模型。

在本章中，我们对墙壁、地面、开口部位（门及窗户）、阶梯等建筑的基本构成进行了说明。不过，与其说这是对现实存在的建筑的空间布局设计进行的解读，不如说实际上建筑是通过图纸和模型的表现方式被解读。本章的内容相当于利用图纸与模型来学习建筑的空间布局设计的前期准备阶段。可以说，如何掌握图纸绘制以及模型的制作方法才是本章的真谛所在。

本章第 1 节介绍了模型的制作，并对如何绘制箱形建筑图纸做了详尽的说明。我们在学习建筑识图与制图时，倘若手边能有一个现成的模型，肯定对知识的理解会有一定的帮助。在接下来的第二、三节中，主要是学习建筑图纸中的最基础的图纸——平面图、剖面图、立面图的绘制。另外，我们还在第五节介绍了建筑图纸中的透视图。

本章中的**照片 1-1** 为箱形建筑模型，**图 1-1** 表示平面图，**图 1-2** 表示立面图，**图 1-3** 表示剖面图。另外，称为轴测图的立体图如**图 1-4**（第 12 页）所示。

箱形建筑模型是一个 6m×6m 的 2 层建筑。建筑内部是一个未加间隔墙的大空间，只设有一层至二层的楼梯部分。

在实际的建筑中，窗户及出入口的构成是十分复杂的，而且墙壁与地面所要求的饰面也各不相同。另外，电气、煤气、给水等设备的配线、配管也都非常复杂。但是，建筑的基本模型——箱形建筑的墙壁、地面以及楼梯只要采用混凝土等一种材料就可以满足要求，不需要有其他的任何装修。另外，门窗的出入口也不过就是在墙壁上设有若干的开口而已。

箱形建筑在功能、结构、形态方面缺乏魅力，看上去与仓库一般无二。当然，对于专门设计的仓库可另当别论，而像这样的建筑只不过是用于提出设计方案。但是，很多的知识往往都是从最基础的模型学起的。

南立面图　　　　　　　　　　　　　　　　东／西立面图　　　　　　　　　　　　　　北立面图

图 1-2　立面图（ 1/100 ）

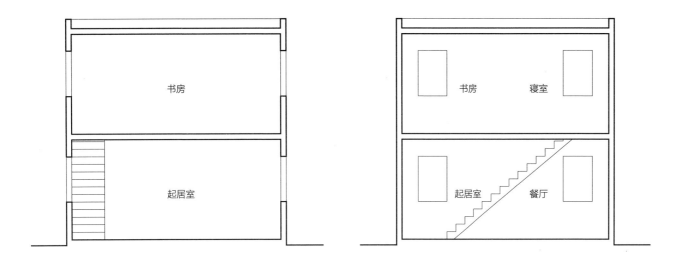

书房

起居室

书房　　　寝室

起居室　　　餐厅

图 1-3　剖面图（ 1/100 ）
左图为窗户的剖面图。右图为阶梯剖面图。

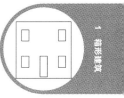

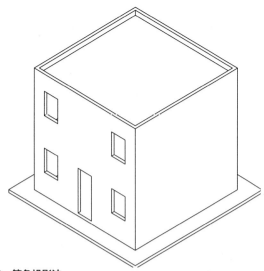

图 1-4 等角投影法

从轴侧方向看到的模型轴测图。

[1] 初学建筑的学生在制作模型时,往往都容易忽略对边角的处理问题或用透明胶带对模型的各构件进行简单的粘贴处理。在模型的实际制作中,有的学生用很短的时间制作出一个粗糙的模型。不过,在开始学习建筑时,还是应当认认真真、用心地制作出一个优秀的模型。

[2] 也有图纸或模型采用的是实际尺寸。例如为了确认阶梯台阶或栏杆扶手的难易程度,就应按实际尺寸制作模型。另外,在对构件(模型的各部分)的制作尺寸进行确认时,图纸及模型也经常采用实际尺寸。

[3] 当用钢筋混凝土制作箱形建筑时,墙与地板的厚度应为 150mm。但是,实际建筑中的墙与地板的厚度除需考虑建筑物的重量外,还应对地域的强度、房间的用途等各种因素加以考虑。

1.1 模型

在制作模型时,我们可以凭自己的直觉来理解建筑的形态与空间。一般情况下,图纸所表现的是建筑的二维空间,而模型表现的是建筑的三维空间。在对照图纸与模型的关系的过程中学习图纸的绘制时,我们应从如何制作箱形建筑的模型着手。

1.1.1 制作模型的材料与工具

在制作模型时,材料与工具是必不可少的。用于制作箱形建筑模型的材料与工具如下所示(**照片 1-2**)。

（1）苯乙烯板

厚 3mm,尺寸为 A2（594mm×420mm）。

（2）规尺与铅笔

在苯乙烯板材上绘制模型各部位构件时所需的规尺与铅笔。当使用比例尺时,可以有效地进行绘图。但是,因比例尺只是表示图上距离相比实地距离缩小程度（缩小或放大图形）的工具而并非绘线用的工具,所以还需另外准备绘图用的三角板（塑料三角板）等。

（3）美工刀与剪裁垫板

剪裁垫板是在用美工刀裁剪模型的构件时,为了防止将桌子划伤而垫在桌子上的裁剪垫板。也可用厚纸代替。

照片 1-2 制作模型的材料与工具

苯乙烯板、规尺与铅笔、美工刀与剪裁垫板、钢尺、苯乙烯胶粘剂。也可以使用喷胶和清洁剂、镊子、角尺等工具。

（4）钢直尺

用美工刀剪裁模型的构件时配合裁剪用的钢直尺。

（5）苯乙烯胶粘剂

用于粘贴苯乙烯板的胶粘剂。

1.1.2 模型的组装

模型的组装如**图 1-5** 所示。

箱形建筑是由墙壁与楼板组成的。模型是用正面墙、背面墙、侧墙 ×2、一层楼板、二层楼板、屋顶、地面共 8 个构件制作的。窗户和出入口则是在墙上开出洞口。楼梯可省略不做。模型的地面并不是建筑本身所要求的地面,而是通过地面的制作表示建筑是修建在地基之上的。

一层楼板直接做在地基之上,在制作地基部分时要留有一定的高度。这是因为在许多建筑中一层楼板的设计都要比地面稍高一些。另外,屋面应粘接在墙壁最上端向下的位置处（建筑尺寸 250mm 下的位置）。在设计平屋顶时,一般墙壁的端部要一直延伸至稍高于屋顶的位置处。

实际建造的建筑应当非常美观。同样,我们制作的模型也应当非常美观。为此,至关重要的一点就是如何正确地制作好模型所用的各个构件。在对构件进行粘接时,倘若衔接部位有缝隙,制作的模型就有可能呈倾斜状。对此,应

1 箱形建筑

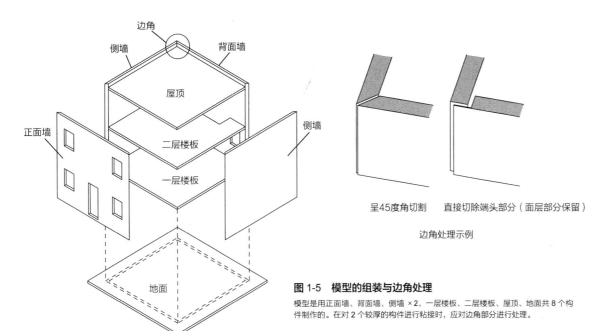

边角

侧墙

背面墙

屋顶

二层楼板

一层楼板

正面墙

侧墙

地面

图 1-5　模型的组装与边角处理

模型是用正面墙、背面墙、侧墙 ×2、一层楼板、二层楼板、屋顶、地面共 8 个构件制作的。在对 2 个较厚的构件进行粘接时，应对边角部分进行处理。

呈45度角切割　　直接切除端头部分（面层部分保留）

边角处理示例

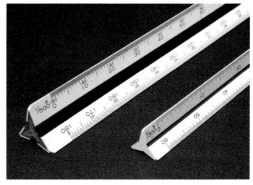

照片 1-3　比例尺

左侧是 30cm 的比例尺，右侧是 15cm 的比例尺。比例尺的 3 个面有 1/100、1/200、1/300、1/400、1/500、1/600 六种不同比例的尺寸。

特别加以注意。另外，因模型所用的构件有一定的厚度，所以为使构件的切口部分（裁切部分的断面）从外观上看不太显眼，还应对**边角进行妥善的处理** [1]。

在对 2 个较厚的构件进行粘接的过程中，若需对边角处理时，可以像**图 1-5** 中右图所示的那样，采用将 2 个构件的角部呈"**45 度角切割**"的衔接方法和将 1 个构件的端头部分切除而只保留面层部分的"**直接切除角部**"的衔接方法。

1.1.3　建筑尺寸与模型尺寸

模型可按 1/50 的**比例**制作。所谓比例，是指图纸或模型与实际建筑相应要素的线性尺寸之比。图纸或模型很少采用**实际尺寸**，也就是说图纸或模型与实际建筑都是按一定的比例制作的 [2]。如果我们将实际建筑的尺寸称为"建筑尺寸"而将模型的尺寸称为"模型尺寸"的话，那么建筑尺寸除以 50 的尺寸便是 1/50 的模型尺寸。6m×6m×60m 的箱形建筑在 1/50 的模型中，就是 12mm×12mm×12mm。

在制作建筑模型时需要使用的各种材料，其中的一种就是**苯乙烯板**。目前市场上销售的苯乙烯板有厚度为 3mm、5mm、7mm 三种规格。一般我们制作模型时所用的是 3mm 厚的苯乙烯板。按 1/50 的比例，用 3mm 厚的苯乙烯

板制作墙壁、地面时的建筑尺寸为 150mm [3]。

图 1-6（第 14 页）所表示的是在 A2（594mm×420mm）大小的苯乙烯板上截取模型时用的构件，最外侧的虚线表示 A2 的尺寸 [4]。这些构件都是从苯乙烯板上切割下来的，将它们组装在一起箱形建筑便完成了。

图 1-6 中所表示的尺寸并非模型尺寸，而是建筑尺寸。绘制模型构件（绘图）时所采用的并不是模型尺寸，也可以采用建筑尺寸，因为对各尺寸进行频繁的换算将会影响到工作的效率。

为此，就需要使用缩小或放大图形用的工具——**比例尺**（**照片 1-3**）。比例尺又称三棱尺，尺上有 1/100、1/200、1/300、1/400、1/500、1/600 六种不同比例的刻度（因商品不同，也有 1/150、1/250 不同比例刻度的比例尺）。当按 1/50 的比例绘图时，可将 1/500 按 1/50 使用（比例尺表示的并不是 1/500 而是 1/5，可以看成是 1/50）。

入口或窗户的大小、阶梯的宽度、顶棚的高度等，应根据人体的尺寸进行设计。例如箱形建筑的**顶棚高度**（地面至顶棚的高度）应为 2650mm，阶梯的高度为 900mm。这些尺寸与人体的尺寸及生理（生活的原理）相符合。在对建筑进行设计时，正确地设计各个部位的尺寸是必不可少的。

[4]　苯乙烯板的 JIS（日本工业标准）A 系列、B 系列的尺寸在市场上可以买到。A 系列的主要尺寸如下（单位：mm）：
A1：841mm×594mm
A2：594mm×42mm
A3：420mm×297mm
A4：297mm×210mm
A2 尺寸的面积是 A1 尺寸的 1/2，A3 尺寸的面积是 A2 尺寸的 1/2，A2 的尺寸相当于书籍的大小，是普通 A4 的 4 倍。

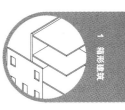

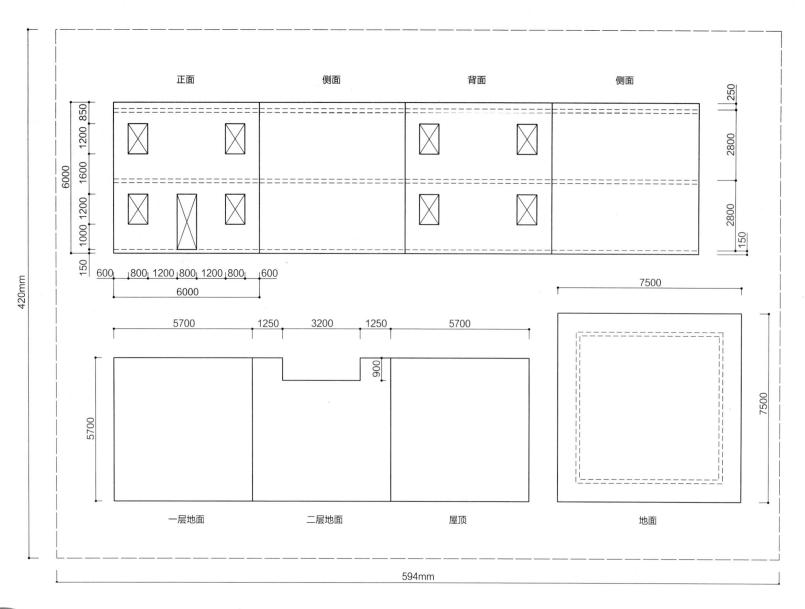

正面　　　　　　　　側面　　　　　　　　背面　　　　　　　　側面

一层地面　　　　　　二层地面　　　　　　屋顶　　　　　　　　地面

420mm

594mm

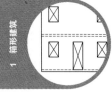

图 1-6　模型构件图

在 A2 大小（594mm×420 mm）的苯乙烯板上切割出模型用的构件。图外侧的虚线表示 A2 的尺寸。模型按 1/50 的比例制作苯乙烯板（该图的比例为 1/200）。图中所表示的尺寸（用纸尺寸除外）为建筑尺寸。用 1/50 的比例尺在苯乙烯板上绘制模型的构件。当在其他纸上绘制时，应先用黏结力差的胶粘剂将其粘贴在苯乙烯板上后，再对材料进行切割。

  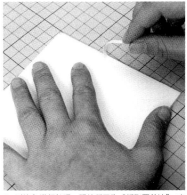 

1. 在苯乙烯板上绘制模型构件设计图（或用胶粘剂将绘制好的图粘贴在苯乙烯板上），并用美工刀进行切割。

2. 按开口部位掏洞，并擦去铅笔的痕迹。当使用胶粘剂进行粘贴时，需将胶粘剂的残留部分清除掉并擦拭干净。

3. 对边角进行处理。照片所示为"纸张覆盖法"，亦即在苯乙烯板模型的表面覆盖一张纸，用美工刀将覆纸裁出一窄边，将窄边部分撕掉后苯乙烯板模型的边缘便留下一条窄边，然后将该窄边处去薄。

4. 对表面留有的一张纸的边角进行处理。注意不要将表面纸弄坏。

5. 用苯乙烯胶粘剂将背面墙与侧面墙粘贴在一层地面模型板上。

6. 将二层地面板与屋顶板粘贴在墙壁板上。也可以与墙壁的两个面粘贴。

7. 将剩下的墙壁板进行粘贴。

8. 将做好的模型粘贴在模型的地板构件上。

照片 1-4　模型的制作

　　在绘制图纸及制作模型时，门、窗、阶梯、顶棚高度等建筑各部位的尺寸并不是图纸或模型上的尺寸，因此掌握建筑尺寸是至关重要的。在开始学习建筑时，也许很难对各部位的尺寸有一个直观的印象，但一旦熟悉后便会对尺寸的运用得心应手。为了培养对尺寸的感觉，不要将建筑尺寸换算成模型尺寸，而是在作业时用比例尺来测量建筑尺寸。

▣ 练习 1-1　模型的制作

　　下面就让我们一起制作一个箱形建筑吧！设计好模型构件并用美工刀对模型构件进行切割，然后再用胶粘剂将各构件组装成模型（**照片 1-4**）。

　　其要点是用美工刀的新刀片（将用过的美工刀旧刀片掰掉一截）按常用的切割方法进行切割。当使用美工刀时，可以与**钢直尺剪裁垫板**一起使用。如果不使用钢直尺而使用塑料直尺或木直尺的话，那么，在用美工刀切割时，就会将直尺划坏。

　　专门粘贴苯乙烯板的胶粘剂可以在市场上买到。因苯乙烯板中还包括泡沫板，所以不能使用通常所用的粘贴纸张用的胶粘剂。

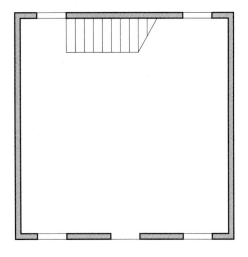

一层平面图　1/100

图 1-7　一层平面图及其概念

一层平面图是将一层从水平方向剖切后，从上向下看到的水平剖切面图（水平投影图）。剖切的部位应以站在楼层上的人的视线高度为准（楼层地面 +1.5m 的高度）。

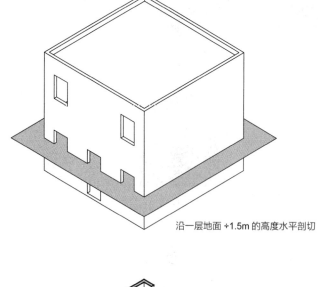

沿一层地面 +1.5m 的高度水平剖切

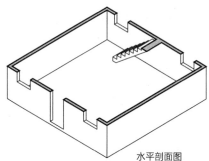

水平剖面图

1.2　平面图

在进行建筑设计与施工时，需要绘制各种不同的图纸，因为建筑的所有部分都必须用图纸表示，特别是**实施设计图**与**施工图**等工程用图纸的绘制是非常复杂的。工程用图纸在设计阶段叫做**基本图**（基本设计图）。一般实施设计图与施工图的绘制方法以及识图方法都是通过实践才能学习掌握的，而且初涉建筑领域的学生在学习时都必须从基本图的绘制开始。

箱形建筑的一层及二层的平面图及其概念图如**图 1-7** 及**图 1-8** 所示。该立面图和模型省略了楼梯部分的绘制，而且也未绘制家俱及标上房间名称，仅仅是一个简略的平面图。与其说是建筑的平面图，不如说是箱形建筑的平面图。虽然这只是一个未完成的图纸，但却可从中学到平面图的绘制原理。

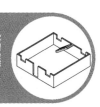

1　箱形建筑

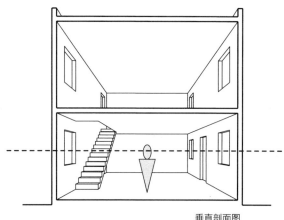

垂直剖面图

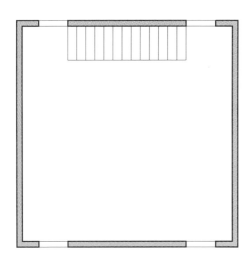

二层平面图　1/100

图 1-8　二层平面图及其概念

二层平面图与一层相同，也是用一个水平的剖切面沿二层的楼层地面 +1.5m 的高度剖切后，由上向下看到的水平剖面图。

1.2.1　平面图概要

　　平面图是假设用一水平的剖切面沿站在楼层上的人的视线高度的位置将建筑物的各层剖切后，由上向下看到的**水平剖面图（水平投影图）**。因平面图是表示房间格局的图纸，所以也被称为**房间配置图**或**平面布置图**。

　　平面图的水平剖切位置应以站在各层地面楼板上的人的视线高度为准。一般成年人的视线高度约为 1.5m，所以平面图就是用一水平的剖切面将各层"沿楼层地面 +1.5m 的高度"剖切后，对剖切面以下部分所做的水平投影图。以视线高度为准进行绘制，可以表现平面图的空间效果。

　　如果是没有地下层的 2 层建筑，就需要绘制一层平面图和二层平面图两张图纸。如果有地下层，还需绘制地下层部分的平面图。当屋顶上建有生活用房时，屋顶层的部分也要绘制屋顶平面图。各层都需要绘制一个单独的平面图，换句话说就是平面图应与建筑的层数一致 [5]。

1.2.2　剖切线与可见线

　　在平面图中，应将剖切面与剖切面下方的部分明确区分开来，这一点是非常重要的。剖切面可以通过填色或加粗轴线来表现。通过各种不同的表现方法

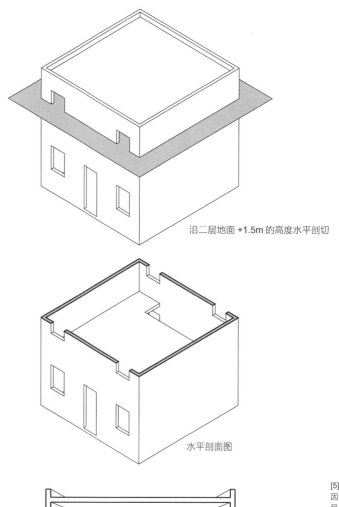

沿二层地面 +1.5m 的高度水平剖切

水平剖面图

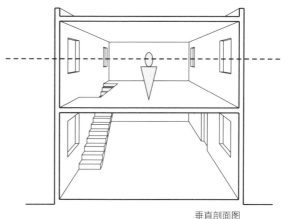

垂直剖面图

[5]　各层平面图的绘制因各层平面布置的不同而异。因除了中层以及除高层商务楼、宾馆设有入口大厅的楼层及最高层外，中间几层的平面布置完全相同，所以一般大多只用一个平面图表示。我们将这种平面图称为标准层平面图。

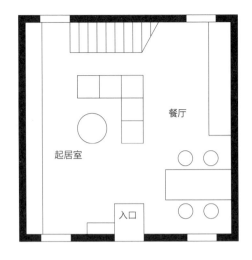

将剖切面涂黑的表现手法　　　　　将剖切面涂灰的表现手法　　　　　除剖切面外，将其他部分涂黑的表现手法

图 1-9　各种平面图（一层平面图　1/100）
在平面图中，能够清楚地表现剖切面与剖切面以下的部分是十分重要的。剖切面可以通过涂黑或将剖切线加粗的方法表示。

[6]　在《日本工业规格》
中规定："剖面的外形线要
用比看到部分的外形线粗
的线条绘制"（JIS0150）。
本书中的剖切线表示"剖
面的外形线"，而可见线
则是"可见部分的外形
线"。"可见部分的外形线"
称为"外露线"、"外露面"。
可见线也被称为"外露线"
或"外露面"、"可见面"等。
另外，有关可见线在本章
的最后做了补充说明，具
体内容请参见第 40 页中
的说明。

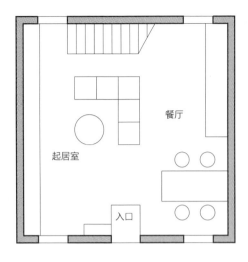

剖切面和可见线都是用细线绘制的

图 1-10　平面图的错误绘法（一层平面图　1/100）
正如我们所看到的，剖切线和剖切线都用可见线绘制的平面图很难区分墙壁和门窗的开口部分。

绘制的剖面的平面图如**图 1-9** 所示。

　　本章篇首**图 1-1** 平面图（第 10 页）中所示剖切面的**轮廓线（剖切线）**是
用粗线表示的，剖切面下方部分的**可见线**是用细线绘制的 [6]。平面图中的剖切
面是垂直墙体的剖切面断面，墙壁上开口的入口及窗户不是剖切面，而下方
的轮廓用可见线表现 [7]。除此之外，剖切面以下部分的楼梯、桌子、床等
家具用可见线表现。

　　正如**图 1-1** 中所示的那样，剖切线与可见线用"粗线 / 细线"表示的方法
是平面图最基本的绘制方法。

　　通过用剖切线与可见线加以区分的表示方法，可以清楚地看到房间的形状、
大小与入口、窗户的开口位置。而且，只要看到开口位置，就会清楚与相邻房
间的关系、室外光线的采光以及风的流动情况。也就是说，通过剖切线可以表
现空间的大小与其他空间或室外的关系。此外，因通常人们并不从低于视线的
部分走过，所以通过可见线也可以表现人的动线。

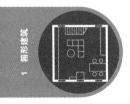

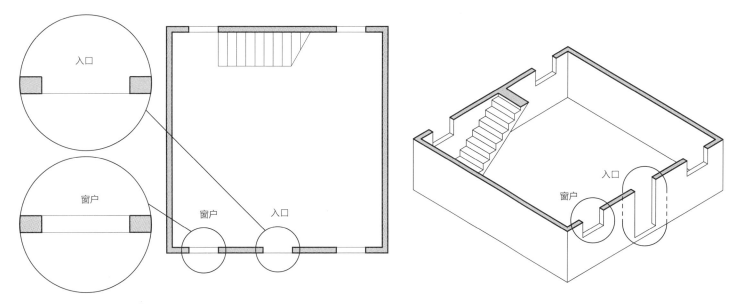

图 1-11 开口部位的绘制方法（一层）

窗户的可见线为 2 根细线。当不用表示装修或门窗等装配件时，仅入口处一层地面与室外地面的高差部分用一根细线表现。

图 1-10 平面图中的剖切线和可见线都是用细线绘制的。在这种平面图中很难看出哪个部位是墙壁或哪个部位是门窗的开口处，是"绘制方法错误的平面图"[8]

一般粗线的颜色黑浓、细线色浅。但并不是"粗/细"就是"浓/淡"。细线也应清楚地绘制成浓色。当用铅笔绘制图纸时，因用力不均，往往会出现深浅不一的现象，所以就需要进行反复练习。当用粗签字笔或 CAD（Computer Aided Design）绘图时，像细线 0.1mm 和粗线 0.2mm 或细线 0.2mm 和粗线 0.3mm 就分不出"粗/细"了。

1.2.3　开口部位的绘制

不仅只限于箱形建筑，一般建筑空间（房间）也都是用开有入口、窗户开口的墙壁围护起来的。不设入口与窗户，只用墙壁围护的空间是根本不存在的（像金库那样的密室也需要设有入口）。也就是说，建筑必须设有入口、窗户等供人、光、空气通过的开口部位。

因主要的开口部位通常都以人的视线高度为准，所以以视线高度作为水平剖面的平面图中就体现了墙壁与开口部位的关系[9]。

箱形建筑的一层有 1 个入口、4 个窗户。入口的大小按"800mm（宽）×1200mm（高）"设计。**图 1-11** 表示平面图中开口部位的绘制方法。

在**图 1-11** 中，窗户是用 2 根细的可见线表示的。因入口处仅一层地面与室外地面的高差部分用可见线表示，所以表示入口的可见线为一根细线[10]。

刚开始学习建筑的学生在绘图时应当注意的是，墙壁的剖切线一定要按**图1-12**（下页）中下图所示的那样，绘制成**"封闭图形"**。

所谓"封闭图形"是指绘制图形的起始点与结束点要连接在一起。"封闭图形"的内部要形成一个明确的面。另外，"开放图形"中，开始绘制的起始点与结束点不连接，图形的内部未能形成一个面。建筑平面图中的墙壁上无论

[7]　在实际的建筑中，墙壁与门、窗的结合处是非常复杂的，但在箱形建筑中，入口·窗户只是简单地用开口表示。

[8]　不对剖切线与可见线加以区别的平面图也许只是构思时的随手绘制。例如，"不表现房间的大小或开口的位置，只是单纯表现形态构成的构思平面图"也是有可能用到的。虽然有时也可以打破绘图方法的相关约束，但对于初学建筑的学生来说，在绘图时一定要严格地按剖切线与可见线的要求进行绘制，这一点是非常重要的。

[9]　并不是所有的开口部位都与视线等高，像茶室特有的小出口（弯腰进出的入口）高度就比视线还要低。室内的地面低洼处及顶棚周围较高处也有装有窗户的。

[10]　在实际的建筑中，入口的下部设有门槛或台阶，所以也有用 2 根可见线表示的。以省略了门窗装配件或装修的箱形建筑为例，最好对可见线的绘图方法进行确认。

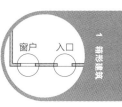

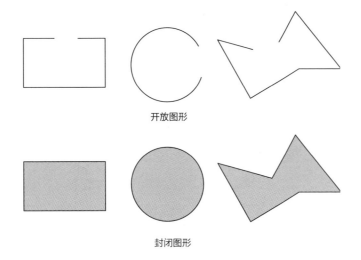

开放图形

封闭图形

图 1-12　开放图形与封闭图形

所谓"封闭图形"，是指绘制图时的起点与终点相连的图形；而"开放图形"则是指绘制图时的起点与终点不相接，图形内不形成面的图形。

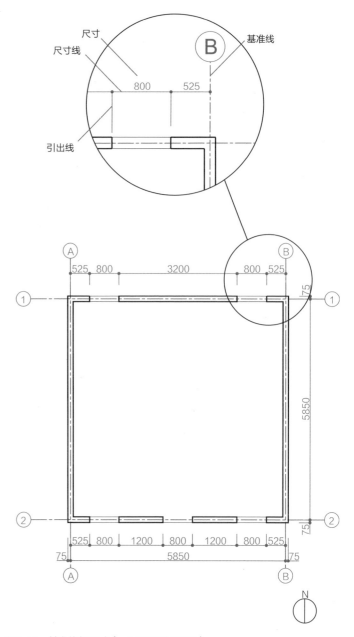

图 1-13　基准线与尺寸（一层平面图 1/100）

基准线是指表示柱子及墙壁位置的线段。尺寸线是表示尺寸长度的线段。尺寸线的两头画有截止线，表示尺寸的起止范围。用于确定标注内容具体位置的引出线相交于尺寸线与截止线。

[11]　当墙壁的外侧与内侧的边界不明确时（如墙壁的内侧设有安装门窗的"窗套"或"门套"等），墙壁就被表现为"开放图形"。

[12]　在日本的建筑设计中，多将柱子及墙壁的中心线作为基准线。基准线的定位不一定是在柱子及墙壁的正中心位置处。

[13]　对于用数字及字母标注轴号，并没有严格的规定。当提到基准线"×轴"时，就可以清楚地知道是哪个方向的哪条轴线。因编号标注不标准（如编号不连续时）就会造成轴线位置的混乱不清，所以需采用表达清晰的编号形式。应当避免那种在"A轴"与"B轴"之间出现"C轴"的错误的标注方式。

怎样设置开口部位，都要以具有剖切面的"封闭图形"表示 [11]。

1.2.4　基准线·尺寸·草稿线

前面我们学习了箱形建筑的墙壁（包括设有门窗开口部的墙壁）。在平面图中绘制地面、阶梯、家具等，表明房间名称及图纸名称后便告完成。但是，在完成平面图之前，应先学习平面图中的基准线、尺寸、草稿线。

图 1-13 就是一张绘制基准线和尺寸的平面图。

1.2.4.1　基准线

正如**图 1-13** 中所表示的，位于墙壁的中心线就是**基准线**。所谓轴线，是指表示柱子或墙壁位置、以其为基准的线。因基准线多为柱子及墙壁的中心线，所以也称为"轴线" [12]。

基准线规定用点画线绘制。另外，要求基准线要用轴号命名。在**图 1-13** 中，南北方向的两根基准线用阿拉伯数字"1～2"标明，东西方向的两根基准线则用大写拉丁字母"A～B"标明。这些基准线可以称作"轴线1、轴线2、轴线A、轴线B" [13]。基准线既是绘制平面图时必须采用的线段，同时也是施工中表明各部位的线段。在施工现场，经常会以"该构件安装在×轴线"、"该柱位于×轴线与×轴线的相交处（交点）"的说法下达指示。

1　箱形建筑

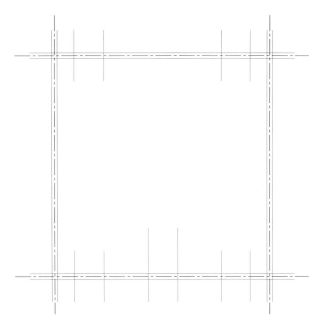

图 1-14 草稿线（一层平面图 1/100 ）

草稿线，是指绘图时所用的打稿线，并非图纸中的正式线段。图中的草稿线是距基准线 75mm 平行绘制的。另外，开口部的位置也需要绘制草稿线。

基准线是在设计阶段一开始就设定的线。绘制平面图的顺序是先绘制基准线，然后再以基准线为准绘制柱子及墙壁。

1.2.4.2 尺寸

建筑的各部位**尺寸**用**尺寸线**及**引出线**表示。表示尺寸长度的线是尺寸线，尺寸线的两头画有截止线，表示尺寸的起止范围。引出线相交于尺寸线与截止线，用于确定标注内容的具体位置。一旦标注了尺寸，便能很容易地了解房间的大小了。

在日本的建筑设计中，尺寸单位用毫米（mm）表示（也有国家采用与日本不同的尺寸体系——英寸和英尺）。应注意不是以米（m）或厘米（cm）作为尺寸单位，而是必须要用毫米（mm）表示。因是以毫米（mm）作为尺寸单位，所以表示尺寸的数字后面就可以省却"mm"，不必再标上尺寸单位了。

在箱形建筑中，外形尺寸设计为 6000mm，壁厚设计为 150mm，因此通过墙壁中心的基准线间的尺寸为 5850mm。

基准线及尺寸是工程图纸中必绘的线段，在基本图中可以省略。但是，当需要表现建筑的大小及房间的大小时，就可以用尺寸标注整个建筑及各个房间的尺寸。

1.2.4.3 草稿线

不仅是平面图，而且在绘制建筑图纸时，也都需要用**草稿线**。**图 1-14** 就是在绘制墙体的平面图中用到的草稿线。

所谓草稿线，是指绘图时先用铅笔轻轻绘制的临时线条，并非图纸中的正式线条。因不用草稿线就无法决定线段的长度，所以在绘图时一定要绘制草稿线。在查看图纸时，可不必考虑轻描在图纸上的草稿线。

绘制墙壁时用到的草稿线是在绘制了基准线后，作为一条与基准线平行的线绘制而成的。**图 1-14** 中的草稿线是距基准线 75mm 平行绘制的。另外，开口部的位置也需要绘制草稿线。

当草稿线用铅笔绘制，其他线段用钢笔绘制时，草稿线可以用橡皮擦掉。但是，当整个图纸都用铅笔绘制时，就很难仅将草稿线用橡皮擦掉，所以草稿线就要与颜色很深的剖切线和可见线有所区别，应轻轻绘制在图纸上。

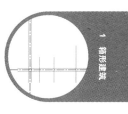

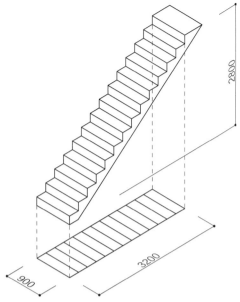

图 1-15　楼梯

箱形建筑的楼梯。有 13 个踏步、14 个踏步竖板。

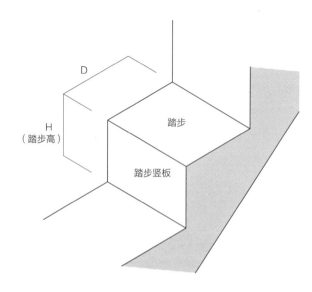

D

H
（踏步高）

踏步

踏步竖板

图 1-16　楼梯的构成

箱形建筑的楼梯仅为踏步和踏步竖板垂直相交的简单形式。
踏步竖板（楼梯的一级）的高度就是踏步高。

[14] "踏步面"及"踢板"的称谓在木楼梯中不会使人有不协调感，但在不使用"板"的钢筋混凝土楼梯中，则使人产生一种违和感。

[15] 对于设置在室外的楼梯，因都是穿着鞋子上下的，所以应比赤足时的尺寸要大。与室内的楼梯相比，D 可以大一些，例如"D=300、H=150"等较为平缓的楼梯，上楼梯时就会感到很轻松。

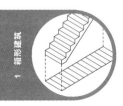

1 箱形建筑

1.2.5　楼梯

下面，就让我们学习楼梯的构成吧！

在箱形建筑中，楼梯只用一个简单的形状表示（**图 1-15**）。楼梯的宽度按 900mm 设计。在实际的建筑中楼梯还要设有扶手，但在箱形建筑中，则省略了扶手部分。

1.2.5.1　楼梯的尺寸

正如**图 1-16** 所示，一级梯级是由**踏步**和**踏步竖板**构成的。踢板的高度（一级梯级）就叫做踏步高。承载脚部的部分为踏步，连接上下踏步的部分就是踏步竖板。踏步也称作踏步面，而踏步竖板也被称为踢板 [14]。

箱形建筑的楼梯仅为踏步和踏步竖板的简单形式，而在实际建筑的楼梯中，为了确保踏步宽度的尺寸，踏步竖板呈倾斜状，即踏步竖板下部向踏步内侧倾斜。当然也有不设踏步竖板的楼梯。

在绘制楼梯的平面图时，应掌握楼梯的立体构成，并计算踏步的尺寸。正如**图 1-15** 中所示，箱形建筑的一层楼面与二层楼面有 2800mm 的高差。

另外，整个踏步水平投影面的长度需设计成 3200mm。如果将楼梯设计成 13 级（13 个踏步、14 个踏步竖板）的话，那么踏步尺寸 D 与踏步竖板尺寸 H 则为：

踏步：D=3200÷13=246.2

踏步竖板：H=2800÷13=200

承载脚部的踏步尺寸应与脚部的尺寸一致。虽然踏步不一定需要承载整个脚部，但踏步的尺寸不得小于脚部的平均尺寸。此外，因上下楼梯是由一阶踏步到下一阶踏步的，所以上下踏步的距离应与步幅相符。如果踏步与踏步竖板的尺寸太大，那么上下楼梯就会感到很困难。

也就是说，在对楼梯进行设计时，D 应与脚的大小相符；D+H 则应与步幅相符，这两个条件是极为重要的。作为数值目标，D=200 ～ 300mm、D+H=450mm 是最佳数值 [15]。在箱形建筑中，其数值应为"D+H=446.2 ≈ 450"。

1.2.5.2　楼梯与楼面的构成

当在平面图中绘制楼梯的平面图时，应充分掌握楼梯与楼面的关系。**图 1-17** 中的下图是将一层与二层水平剖面稍稍倾斜后看到的示例。

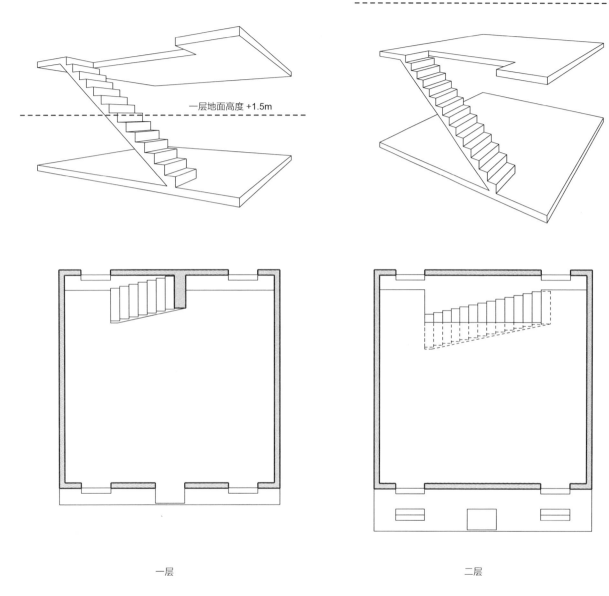

二层地面高度 +1.5m

一层地面高度 +1.5m

一层

二层

图 1-17　楼梯与楼面的构成

将一层与二层水平剖面稍稍倾斜后看到的示例。一层到二层的楼梯在平面图中是用剖切线表示的，而在二层的平面图中则未用剖切线表示。图中只绘制了一层平面图中剖面以下的部分。

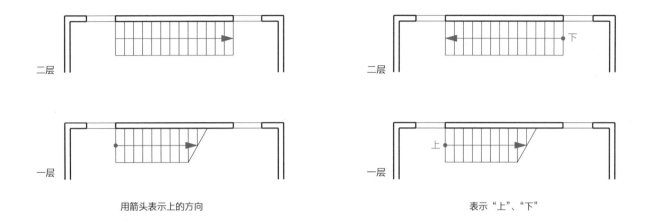

二层

二层

一层

一层

用箭头表示上的方向

表示"上"、"下"

图 1-18　楼梯的绘制（平面图 1/100）

用符号表示的楼梯剖切线。当箭头未标明上下行方向时，可理解为是上行方向。也可以用"UP、ON（Down 的缩写）"等代替"上、下"。

　　箱形建筑是没有地下层的 2 层建筑，二层的屋顶上也不需设置楼梯，所以只有一层设有楼梯。因此，在一层平面图中，楼梯是用剖切线表示的，而二层平面图中则未用剖切线表示。一层平面图中剖切线以上部分的绘制是不一样的。另外，因楼梯的上部没有二层楼面，所以在二层平面图中，一层的楼梯为可见线。如果在二层平面图中忘记绘制理应看到的下层楼梯，这同样也是错误的。

　　楼梯的剖切线按理应当是**图 1-17**（第 23 页）中左下图所表示的水平剖面的轮廓，但实际上剖切线的形状并不是这样绘制的。正如**图 1-18** 左下图和右下图所表示的那样，可以用符号表示（表示中断位置的斜线可以不用粗线绘制，而用细线绘制）。

　　在**图 1-1**（第 10 页）的二层平面图中，很难辨别楼梯的上下方向（因仅表现为二层平面图，所以无法辨别楼梯的上下方向）。正如**图 1-18** 中所表示的，当用箭头表示方向时，**楼梯**的上下方向便一目了然。

　　当在建筑平面图中用箭头表示楼梯的上下方向时，原则上应像**图 1-18**

中左图所示的那样，用箭头表示上行方向。但是，若像右图中所示，如果标明上下方向，也可以表示是下行方向。倘若不标明上下方向，则可理解为是上行方向。此外，在**图 1-18** 中，当该层用箭头的起点表示时，可用符号"·"表示。

　　因楼梯的上下方向在箱形建筑的一层平面图中即被明确，而且二层平面图中的楼梯上下方向在一层平面图中就可以得出判断，所以以 2 层的箱形建筑的平面图中就可以省去箭头。但是，在楼梯级数较多的平面图中，如果不用箭头标明，一般很难辨别楼梯的上下方向。

1.2.6　家具

　　图 1-19 是绘有家具布置图的箱形建筑的平面图和水平剖切面图（水平投影图）。

　　一层为起居室和餐厅，房间内配有餐桌、餐椅、餐柜、茶几、多功能柜、沙发、鞋柜、门厅地席等家具。二层为卧室兼书房，配有床、床头柜、床边柜、写字台、椅子、矮柜。

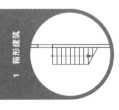

1 箱形建筑

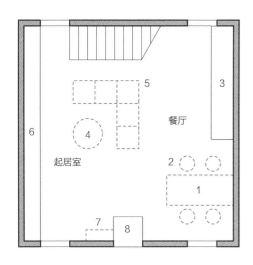

一层平面图　1/100

1. 餐桌
2. 餐椅
3. 餐柜
4. 茶几
5. 沙发
6. 多功能柜
7. 鞋柜
8. 门厅地席

餐厅

起居室

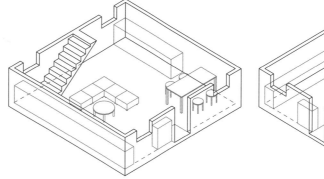
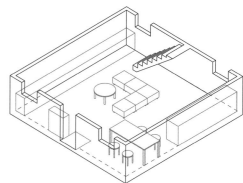

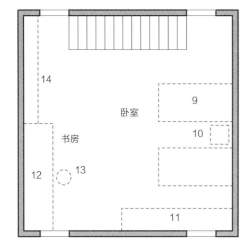

二层平面图　1/100

9. 床
10. 床头柜
11. 床边柜
12. 写字台
13. 椅子
14. 矮柜

卧室

书房

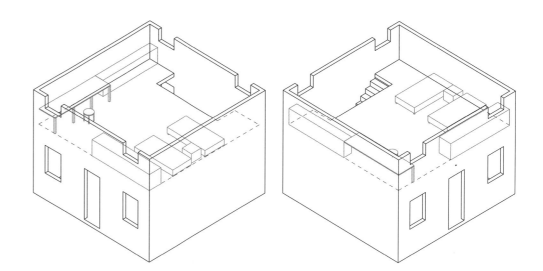

图 1-19　家具布置图
绘有家具布置图的箱型建筑的平面图和水平剖切面图。

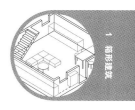

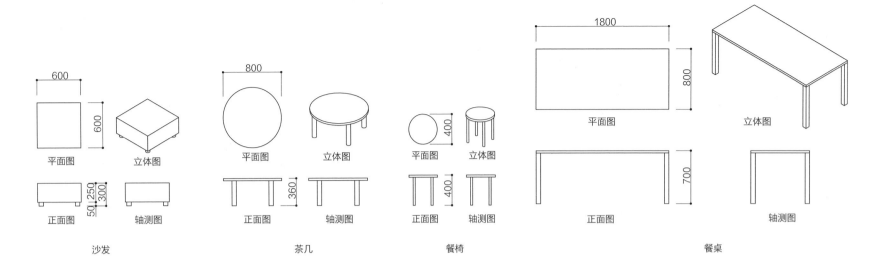

平面图   立体图   平面图   立体图   平面图   立体图   平面图   立体图

正面图   轴测图   正面图   轴测图   正面图   轴测图   正面图   轴测图

沙发   茶几   餐椅   餐桌

图 1-20　家具尺寸（三面图）

将立体图所示的主要家具尺寸用三面图（平面图、正面图、轴测图）表示。这里所说的家具平面图并不是水平剖切面断面图，而是"从上向下看到的图"（俯视图）。正面图和轴测图是从正交的两个方向看到的两面图。

[16]　在实际建筑中，门厅部分要低于一层地面。这里将其简易化，用没有厚度的门厅地席表示。

1 箱形建筑

26

在实际工程中，家具并不包括在内（一般大多都是在建筑工程完工后，再将家具搬入房内）。在以施工为前提的建筑图纸中，固定式家具（施工时与建筑工程一起修建好的家具）用实线表示，而那些在工程完工后再搬入的家具则用虚线表示，以明确建筑工程的范围。**图 1-19**（第 26 页）的平面图中，一层的餐柜、多功能柜、门厅地席三种家具为固定式家具，用实线表示；而其他家具则用虚线表示 [16]。

在为工程施工而绘制的图纸中，也可以不绘制不在工程施工范围内的家具部分。但是对于初学建筑的学生来说，还是应当考虑到需要采用哪些家具，了解家具的尺寸并绘制下来。因家具要符合人的相应尺寸，所以将家具布置在平面图中就可以掌握房间的大小。

图 1-19 是所有家具的布置图，**图 1-20** 及 **图 1-21** 所示为二层床的尺寸。**图 1-20** 中通过三面图（平面图、正面图、侧面图）与立体图表现了家具的形态，**图 1-21** 则仅表示了立体图。

图 1-20 及 **图 1-21** 所示的尺寸只是为了举例而已，实际的家具尺寸是各种各样的，但是，椅子与桌子的大小及高度、餐柜及柜橱的高度等尺寸都应与人体的尺寸相符。初涉建筑领域的学生在平时就应留意家具的大小尺寸，一旦习惯于绘图，便会在图中自然而然地绘制出家具的尺寸了。

箱形建筑的家具高度都要低于视线。但是，也有高于视线高度的书柜及餐具柜等家具。高于视线高度的家具的平面图要有剖切面，而可搬动家具的剖切线为可见线，多用细线表示。因为这些家具虽高，但却并不能决定房间的大小。当采用不可搬动的固定式家具时，也可以用剖切线绘制。

1.2.7　房间名称

在图纸中标明房间名称是必不可少的。**图 1-1**（第 10 页）所示的平面图中就标明了："起居室、餐厅、寝室、书房"等房间名称。

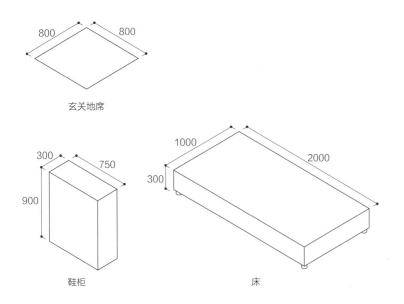

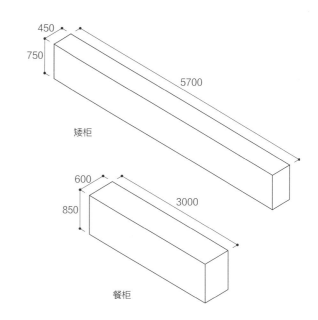

玄关地席

800 800

鞋柜

300 750

900

床

1000 2000

300

矮柜

450

750

5700

餐柜

600

850

3000

图 1-21 家具的尺寸

根据图纸情况，不是绘制三面图，而是在立体图中标明尺寸。"门厅地席"、"鞋柜"、"床"和"矮柜"、"餐柜"需要标明不同的尺寸。

从初涉建筑领域的学生所绘制的图纸来看，很少有忘记标明房间名称的。房间名称是表达图纸信息所不可缺少的。例如在施工过程中，将"哪个构件用于何处"表示为"这个窗户是起居室的窗户"。另外，为保证图纸的可读性（易读性），房间名称所起的作用也是不可忽略的。阅图者可以通过房间名称得知房间的功能。图纸不仅属于绘图者，也是为了向他人传递信息，所以图纸绝不是供自己独自欣赏的。

在学生绘制的未标明房间名称的图纸中可以看到，之所以未标明房间名称，主要是因为很难对房间的功能加以规定。在设计可用于多种功能的空间时，虽说"起居室"或"餐厅"这种具体名称可能会与空间的形象不一致，但也不能不标明房间名称。通过房间名称表示房间形象也是设计的一部分。作为房间名称，也不一定非要使用"起居室"或"餐厅"那种惯用的名称，如也可以使用"空间 A"或"空间 B"这种抽象的称谓，所以还是应当给房间标上名称。

在建筑师绘制的图纸中，房间的名称也体现了建筑师的设计意图。初涉建筑领域的学生应意识到使用合适的房间名称是学习内容的一部分，所以在绘图

时应注意不要忘记标明房间的名称。

■ 练习 1-2 平面图

下面，我们根据前面学习的内容，按照下述要领绘制箱形建筑一层及二层平面图。因图纸表示的是建筑设计，所以应当绘制出漂亮的线条、漂亮的布局。另外，还应注意标题的美观。

（1）绘图用纸采用 A3（420mm×297mm）大小的纸张 [17]。一层与二层平面图绘制在同一张纸上，并按纸张的中心平均配置。

（2）可以不绘制基准线（用草稿线绘制）。图中的尺寸也可省略。

（3）绘制主要的家具（用细线绘制）。

（4）设有入口的一面朝南，需标明方向（因建筑有一定的方向，故不得忘记标明方位）。

（5）不要忘记标明图纸的标题（×层平面图）及尺寸（尺寸是阅图者掌握建筑实际尺寸不可缺少的信息）。

[17] 在建筑图纸中，一般采用 JIS（日本工业标准）的 A 系列尺寸。A 系列尺寸的绘图纸在美术商店就可以买到，但不一定与 JIS 要求的尺寸一致，一般可能会比绘图用纸要大一些。这是因为图纸完成后，上下左右需要进行剪裁。因图纸的边缘容易折损，将图纸固定在图板上时若使用胶带就会影响平整度，因此在完成后要进行裁边处理。

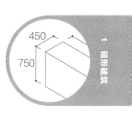

450

750

1 箱形建筑

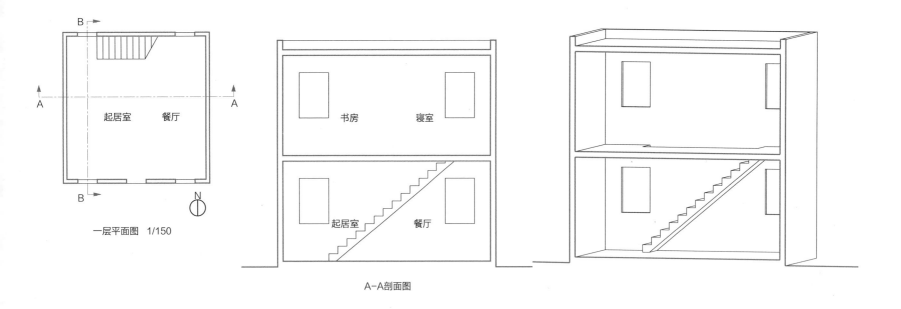

一层平面图 1/150

N

A-A剖面图

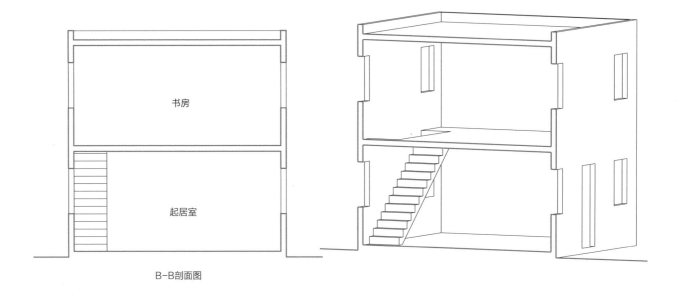

B-B剖面图

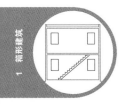

图 1-22　剖面图（1/100）

垂直于建筑外墙轴线的剖切所得的剖面图是在便于表示内部空间形状及大小的位置处进行剖切后绘制的。上图中垂直于建筑外墙轴线的剖切是在左上平面图中 A-A 的
位置处（含窗户部分）进行剖切后绘制的剖面图。

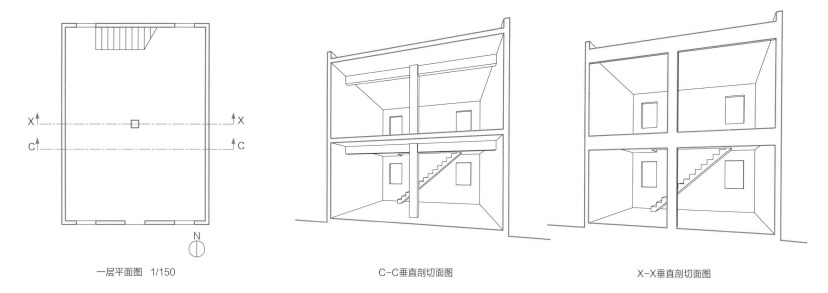

一层平面图　1/150　　　　　　　　　　　　C-C垂直剖切面图　　　　　　　　　　　　X-X垂直剖切面图

图 1-23　剖面图的剖切位置

这是一个假设箱形建筑的中间为柱子与梁的改良的箱形建筑剖面图。在平面图（左图）所示的 C-C 与 X-X 两个位置处进行剖切。

1.3　剖面图

　　下面，让我们继平面图之后学习一下箱形建筑的**剖面图**吧。

1.3.1　剖面图概要

　　正如**图 1-22** 所示，所谓剖面图就是指垂直于建筑外墙轴线的**铅垂剖切面**。在 2 层的建筑中，一层与二层要同时进行剖切。另外，支撑建筑的地基也要剖切。

　　与平面图相同，剖面图中的剖切面与可见线也要绘制清楚，这一点是十分重要的。用剖切线表示剖切面时，选用粗线绘制，可见线则用细线绘制。在平面图中，是通过剖切线将墙壁及柱子等垂直围护的空间截取的；而在剖面图中，则是通过地面、墙壁和顶棚围护的空间截取的。

1.3.2　剖面图的剖切位置

　　平面图的剖切位置是以人的视线高度为准的，而剖面图则可剖切建筑的任意位置。从理论上讲可有无数个剖面图，但实际上设计者（绘图者）需要对剖切位置做出合理的判断，应在便于了解内部空间的形状与大小的位置处剖切并绘制剖面图。

　　当建筑物的形状比较复杂时，没有各个层面的剖面图就无法掌握内部空间的情况，在箱形建筑中，如果绘制正交的两个面的剖面图，就可以掌握建筑内部空间的构成。

　　当用平面图来表示**图 1-22** 所示剖面图的剖切位置时，就如左上图所示。如果就像这样在平面图中表示**剖切位置**，那就可以确认剖面图的剖切位置了。但是，即使建筑的形态及空间构成并不复杂，可如果没有特意在平面图上标出符号，那也很难根据剖面图的形状以及房间的名称等对剖切位置做出判断。也就是说，即便是在剖面图中，也要注意标出房间的名称，这一点是非常重要的。如果从图纸中可以看出剖切的位置，那么平面图中的剖切位置便可以省去。

　　图 1-22 中的 A-A 剖面图是在包括窗户在内的位置处剖切绘制的剖面图。所希望的一个剖切位置就是包括入口、窗户等开口部位在内的位置。如果在开口部位进行剖切，就可以掌握光及风是如何进入室内的。

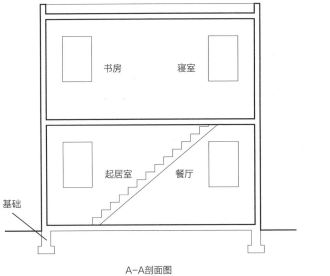

A–A剖面图

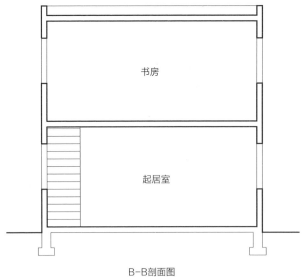

B–B剖面图

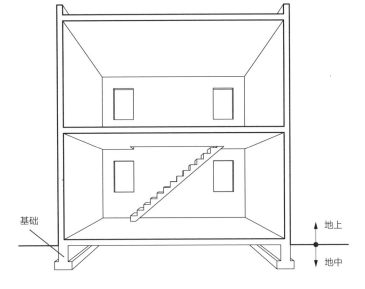

[18] 虽然也有房车及水上住宅那种不建地基的移动建筑（住宅），但这类房屋在法律上不被视为建筑。

图 1-24　基础在剖面图中的表现

这种基础形状只是其中之一。开始学习建筑的学生在剖面图中绘制基础部分时，应采用标准的基础或类似建筑的基础进行绘制。

另一方面，正如**图 1-23** 中的 X-X 剖面图所示的那样，在剖切柱子、梁等结构材料的位置处绘制的剖面图是绝对需要避免的。这种剖面图是主观设想箱形建筑中有柱子和梁而绘制的含有柱子和梁的剖面图。内部空间的形状与大小并不是由柱子、梁等线形结构材料决定的，而是由地面、墙壁、顶棚等面的材料决定的。因空间并不是由柱子及梁围护的，所以不会有 X-X 剖面图。剖面图应当像 C-C 所示的剖面图那样，是在由地面、墙壁、顶棚围护的空间位置处进行绘制的。

1.3.3　地基面与基础

建筑是通过基础来实现与地基的一体化的[18]。基础是埋入地下的，是将建筑物荷重传递于地基的结构上的必需部位。

图 1-24 是一个表现基础部分的箱形建筑剖面图，该图所示的基础形状只是其中之一。在实际的建筑中，基础等结构部位的形状是在考虑了建筑物的形态与重量、地基的强度等因素，并对结构进行计算后决定的。

特别是基础的形状与地基的强度有很大的关系。地基是由各种各样的土质构成的，既有软地基也有硬地基。某种形状的地基能够支撑基础的荷重程度因场地及深浅的不同而异。

1 箱形建筑

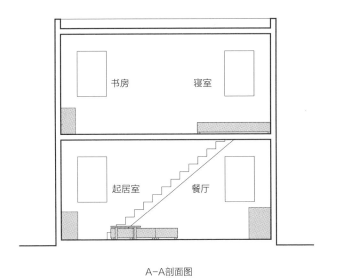

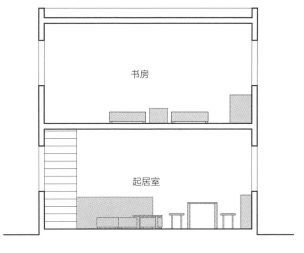

A-A剖面图   B-B剖面图

图 1-25　家具在剖面图中的表现
在剖面图中，虽然用可见线绘制门窗等开口部位及阶梯是必不可少的，但家具是否需要用可见线绘制还应具体情况具体处理。

不只限于地下的地面与基础所具有的剖切面部位，在**图 1-24** 中，这些均用细线进行绘制[19]。用细线绘制地下的地面与基础的剖切线是因为这些并非是所能看到的饰面。另一方面，表示**地基面**的 **GL**（Ground Line 或 Ground Level）用粗线绘制是因为这部分是可以看到的面。

在剖面图中，GL 与建筑物的剖切线连续，表现出与地基呈一体化的空间。没有地基也就不会有建筑，所以剖面图中是不可能不绘制 GL 的。

在实际建筑中，除地下的地面与基础外，一般在建筑物各层的顶棚与其上一层楼面之间以及屋顶内都设有十分复杂的内部构造。一般墙壁内部的构成也并不是那么单一。在详图中需对墙壁、楼面、屋顶、顶棚等的内部构造进行绘制。这时，内部结构的构成部位可用粗线绘制。但是，对于表现供人使用的建筑空间的形状与大小的图纸来说，最为重要的就是可以看到的面。此外，省略内部结构或仅用细线绘制也较为多见。

开始学习建筑的学生在剖面图中绘制基础部分时，应先绘制标准的基础或类似建筑的基础。虽然如此，但省略基础部分的绘制也是绘制剖面图的方法之一。

1.3.4　家具在剖面图中的表现

在本章篇首的**图 1-2**（第 11 页）中所示的剖面图中，家具并未用可见线绘制。在**图 1-25** 的剖面图中，家具是用可见线绘制的。

在剖面图中，虽然用可见线绘制门窗等开口部位及阶梯是必不可少的，但家具是否需要用可见线绘制还应具体情况具体处理。这是因为在剖面图中家具大多都是重复绘制的，而且就像平面图那样，通过家具可以体现动线（人的动线）。因若用可见线绘制所有的家具，线条就会交织在一起，所以通常的做法是不绘制家具或只绘制一些主要的家具。

[19]　在实际建筑中，楼面是由结构材料、基地材料、饰面材料等复合而成的。支撑楼面的结构部位与饰面材料不同，被称为楼板。在箱形建筑中省略了饰面部分，假设采用的是钢筋混凝土楼板。这里所说的楼面是结构部位的楼板和楼面部分。

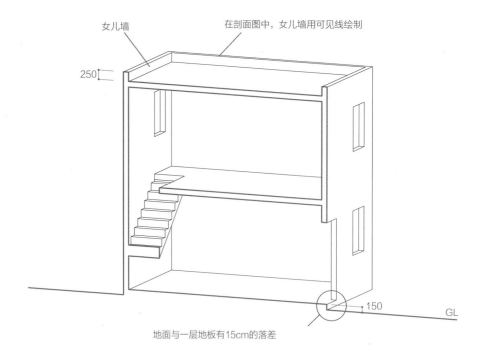

女儿墙　　　　　　　　在剖面图中，女儿墙用可见线绘制

250

150　　　　　　GL

地面与一层地板有15cm的落差

图 1-26　女儿墙与楼面的高差
女儿墙指的是屋顶外围的矮墙。在箱形建筑中，女儿墙的高度为 25cm。
一层地面应设在地基面向上 15cm 的位置处。

[20]　即使是平屋顶，也有采用不设防水层或不设女儿墙只做防水层等施工方法的，但一般采用女儿墙的做法居多。关于女儿墙的实例，我们将在下一章（住吉长屋）中进行具体的剖析，为便于理解，这里只按一定的尺寸加以解释。

1.3.5　女儿墙与楼面的高差

下面让我们学习剖面图中所表现的**女儿墙**以及一层地面与 GL（地基面）的高差。**图 1-26** 所示是女儿墙与楼面的高差。

从保护屋顶端部的观点出发，一般在平屋顶的端部（与外墙相接的部分）都修建有称作女儿墙的屋顶外围的矮墙。女儿墙是进行平屋顶防水层施工不可缺少的部位 [20]。

在箱形建筑中，女儿墙的高度（顶部的高度）为 250mm。另外，在剖面图中，剖切面对面的女儿墙（女儿墙为剖切部位）的可见线应当用细线绘制。

一般一层的地面设计高于 GL。在箱形建筑中，一层与 GL 之间要设有 150mm 的高差。设置高差就是为了防雨（为防止雨水渗入建筑内而采取的措施）。另外，因一层地面要高于 GL，所以灰尘等也很难进入房内。但在实际的建筑中，也有一层与 GL 之间未设置高差的，这时为防止雨水或尘土进入建筑内，务必要进行相关的处理。

1.3.6　剖面图的基准线与草稿线

本书中的许多图都省略了基准线，但是即使在省略基准线时，基准线也肯定是决定绘图尺寸的必要线条。下面就让我们一起学习一下剖面图中基准线的基本概念吧。**图 1-27** 就是一个表示基准线的剖面图。

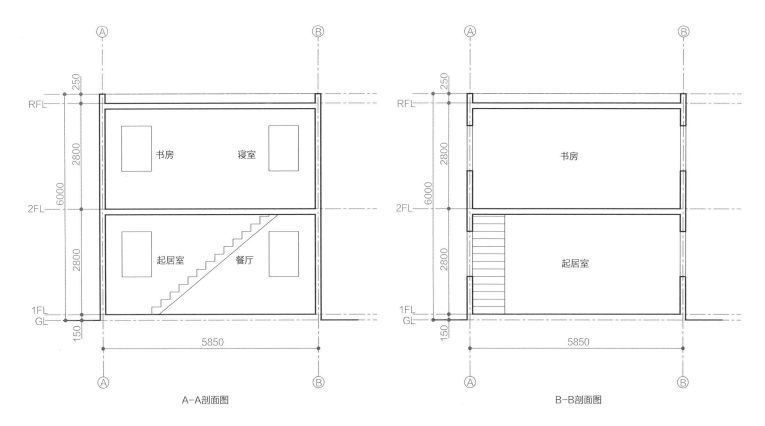

A-A剖面图   B-B剖面图

图 1-27　绘有基准线的剖面图
在剖面图中表现的高度方向的基准线。通常高度方向的基准线都设置在地面楼板之上的位置处。设置在各层楼面的水平基准线就称作 FL（Floor Line）。从该层的 FL 至上一层 FL 的距离称作"层高"。

　　正如前面已经学过的那样，平面图中箱形建筑的基准线是指墙壁的中心线。除此之外，在剖面图中还需绘制表示高度的基准线。**图 1-27** 中的"GL、1FL、2FL、RFL"就是表示高度的基准线。其中，GL 是表示建筑物垂直方向的标准高的正负零线（±0）。**FL** 是"Floor Line"或"Floor Level"的缩写，是设定各层楼面的水平的基准线（1FL 是 1st Floor Line 的缩写；RFL 则是 Roof Floor Line 的缩写）。

　　表示高度方向的基准线并不在地面楼板厚度的中心，而是在地面楼板之上的位置处（楼板的中心线不是基准线）。

　　因箱形建筑的构成简单，其地面楼板直接设在楼板之上，而下方便是顶棚，所以就不可能硬将楼板厚度的中心设为基准线，但由于地面楼板是顶棚、梁、楼板（支撑楼面的结构部分）、楼板构造（支撑地板的基底）、楼板面层等的复合部位，因此与其标明厚度的中心尺寸，莫如明确楼面的高度更为重要。我们一定要牢牢记住：高度方向的基准线是在楼面的位置处 [21]。

　　另外，作为与基准线有关的高度方向的标准尺寸，还有**层高**这一概念。所谓层高，是指该层的 FL 至上一层 FL 的距离。在箱形建筑中，一层与二层的层高，亦即一层至二层、二层至 R 层的距离均为 2800mm。

[21] 初涉建筑领域的学生往往会误认为楼地面与墙壁一样，基准线在楼板厚的中心处，这是错误的，一定要引起注意。

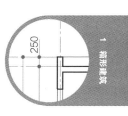

1　箱形建筑

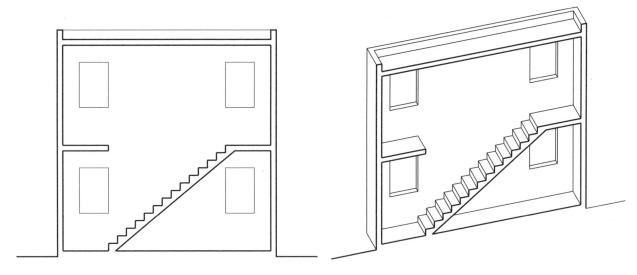

图 1-28 剖切楼梯的剖面图
在包括楼梯的位置处进行剖切后所绘制的剖面图。

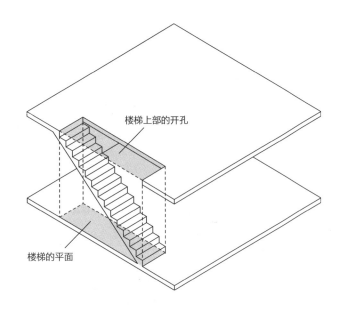

楼梯上部的开孔

楼梯的平面

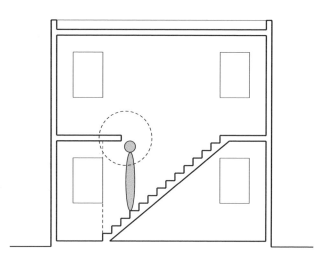

图 1-29 楼梯及其上一层的楼板
在箱形建筑中,楼梯上面的二层楼板上需开有一个与楼梯平面形状一致的开孔。虽然上一层的楼面与楼梯的形状没有必要完全一致,但如果楼梯上层的楼板探至楼梯的前方,那么在上楼梯时头就会与顶棚相碰。

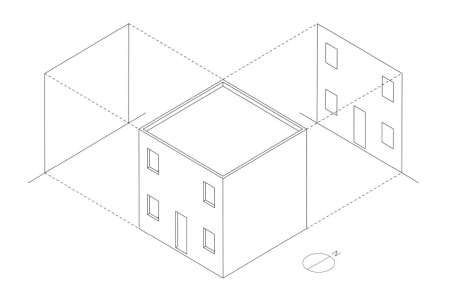

图 1-30　立面图的概念
立面图是在垂直方向（垂直于墙体的方向）所看到的建筑物、构筑物等的投影图。

图 1-31　立面图与立体图
这 3 个图都是从无穷远处看到的立体图。3 个图的不同在于拾取点角度（坐标）的不同。

1.3.7　楼梯剖面图

在箱形建筑中，楼梯上层的二层楼板上需开有一个与楼梯平面形状一致的开孔。**图 1-28** 就是在包括楼梯的位置处进行剖切后所绘制的剖面。**图 1-29** 表示楼梯及其上层楼板的关系。

在实际的设计中，楼梯与上层楼板的形状并不是像箱形建筑那样是完全一样的，很多楼梯的上部都不设楼板。但是，正如**图 1-29** 中右图所示的那样，通常在顶棚高（楼面至顶棚的高度）的建筑中，若上一层的楼板探至楼梯的前方，那么，在上楼梯时，头部往往就会碰到顶棚。如果楼梯的上部不设楼板，那么上楼梯时就不会碰头，所以上一层楼板的探出应控制在最小的程度内。

在绘制上一层的平面图时，应对如何才能通过楼板的开孔看到楼梯的部分加以确认后再绘制剖面图。

■ 练习 1-3　剖面图

下面，我们对前面学习的内容做一复习，用 A3 纸绘制一个 1/50 的箱形建筑的剖面图。绘制从正交两个方向剖切的剖面图 。基础等眼睛所看不到的部分可以省略或用细线绘制。

1.4　立面图

下面，让我们继平面图、剖面图之后来学习**立面图**的绘制方法吧。立面图是除平面图、剖面图外的又一种最基本的建筑图纸。

在建筑中，虽应考虑"（1）内部空间（房间）"、"（2）结构"和"（3）外形 = 形态"这 3 个特点，但其中的"（1）内部空间（房间）"主要是用平面图、"（2）结构"是用剖面图、"（3）外形 = 形态"是用立面图表示的。

立面图是建筑物、构筑物等在垂直方向（垂直于墙体的方向）的投影图。**图 1-30** 表示立面图的概念。箱形建筑的立面图如前面的**图 1-3** 所示。立面图也是反映模型立面的外貌与立面装修做法的图纸。

箱形建筑的外形是由四面外墙构成的，所以就有 4 个立面。但是，因东面与西面的构成是相同的，所以只要绘制 3 个面的立面图就足够了。不同方向的立面图需标明图的名称，可按该立面图的方位进行标注。另外，在进行渲染的图纸中只表示主要的立面，其他的立面可以省略 [22]。

正如**图 1-31** 中的左图所示，立面图是从无穷远处看到的**投影图**。与平面图、剖面图不同，立体图不存在剖切面。因此，立面图的所有线条均为可见线。

[22]　我们将建筑物、构筑物等的主要立面称为"正面"。

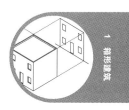

平行投影	直投影	正投影（例如）立面图		
		轴测投影 （Axonometric）	正等轴测投影 [等角（Isometric，轴间角均为120°角） 轴测投影]（Isometric）	
			不等角轴测投影 正二等轴测投影（Diametric） 斜二等角等轴测投影（Torimetric）	
	斜投影	斜投影（Axonometric） （例如）斜轴垂直投影面投影（Cavalier Projection）、 斜轴水平投影面投影（Military Projection）		
透视投影 （Perspective）	一点透视			
	两点透视			
	三点透视			

表 1-1　立体图的绘图方法

立体图的图法（绘图方法）就是通过"从某一拾取点观看或某一方向观看"，可以分为若干个不同视点的投影。

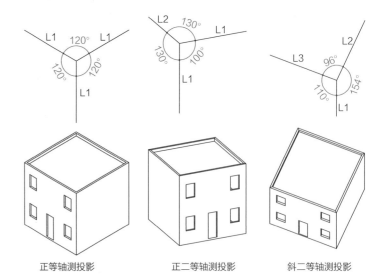

图 1-32　正等轴测投影与斜轴测投影

在正等轴测投影中，投影到正方体的三个边的长度是相等的。在斜轴测投影中，投影到正方体的三个边的长度是不等的。

[23]　在专门处理图纸的领域中，斜投影是轴测投影的一种。本书中的轴测投影是指广义上的轴测投影，也就是斜等轴投影。这是因为在建筑领域中，一般是指斜投影的斜轴垂直投影面投影和斜轴水平投影面投影，轴测投影是用"Axonometric"表示的。
另外，也有用"Axometric"表示轴测投影或与Axonometric混用的。本书中将普通的轴测投影称为"轴测投影（Axonometric）"。

参考文献：
加藤道夫，建筑中三维空间的二维表面——《建筑史》一书中轴测图的使用，图学研究（第32卷）．日本图学会，1998年9月

一般在平面图和剖面图中，用粗线和细线等的剖切线与可见线进行绘制；而在实际的立面图中，为表示建筑的立体感，一般墙壁的轮廓多用粗线绘制，窗户等配备在墙面上的要素轮廓则用稍细的线条绘制。不过，从原理上讲立面图可以只用细线绘制。

绘制立面图时，不要忘记绘制 GL（地基面）。因建筑必须与地基呈一体，所以如何表示地基面与建筑的关系是十分重要的。

可以说，立面图是表示建筑物外观形态的图纸。无论是什么样的建筑，都具有一定的形态。建筑物的形态就是该建筑的"外貌"。造型简单、没有变化的箱形建筑（即"仓库般的建筑"）在立面图中一目了然。世界上有各种形态的建筑。既有标志性的建筑，也有鳞次栉比、匀整和谐的沿街建筑。

■ 练习 1-4　立面图

下面，就让我们绘制一张立面图吧。用一张 A3 大小的纸绘制一个 1/50 的南立面图与北立面图。

1.5　立体图

前面，我们讲述了平面图、剖面图、立面图。而且，为便于说明，还采用了将三维形态的建筑加以立体表现的**立体图**。在后面的各章中，也将多次用立体图对建筑的空间布局设计进行解说。

与平面图、剖面图、立面图一样，立体图也是表现建筑形态与空间的。下面，我们就对立体图的图法做一说明。

1.5.1　三维形态的绘图方法

立面图是从建筑的正面方向看到的建筑物投影图，而立体图的图法（绘图方法）则是同时从多个面的方向看到的具有立体效果的平面图像。**图 1-31**（第35页）中图、右图就是从不同投影方向得到的各种立体图。

立体图的图法（绘图方法）通过"从某一拾取点观看或从某一方向看到的"建筑物的立面，可以分为若干个不同视点的投影[23]。

"从某一视点看"时，立体图可分为平行投影和透视投影。所谓平行投影，是指"从无限远处看到的"具有立体效果的平面图像（视点移向无限远处，即

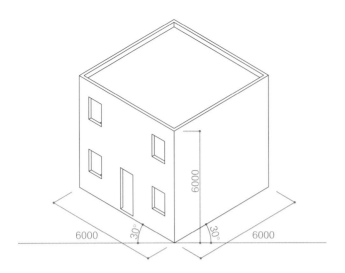

图 1-33　正等轴测图的制图

正等轴测图可以用三角板进行绘图。

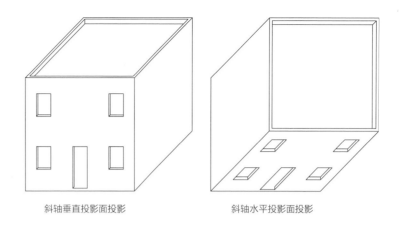

斜轴垂直投影面投影　　　　　　　斜轴水平投影面投影

图 1-34　轴测图（斜轴测图）

用正投影绘制立面的作图方法称为斜轴垂直投影面投影，而用正投影绘制平面的作图方法称为斜轴水平投影面投影。

所有投影线都相互平行时）；而透视投影则是与肉眼所看到的物体一样，"从某一点（某一拾取点）"看到的立体图像。也就是说，平行投影是"从无穷远处看到的"投影图；而透视投影则是从各个不同视点看到的投影图。透视投影的绘图方法是近大远小。

"从某一方向观看"某空间立体物时，平行投影和透视投影可以有若干种绘图方法。

下面，就让我们一起学习平行投影、透视投影的几种绘图方法吧！

1.5.2　正等轴测图与轴测图

正如立体图那样，投影方向垂直于投影面的投影称为**正投影**；而用平行投影法将空间形体和确定其位置的空间直角坐标系投影到投影面上得到的图形则是**轴测图**。

根据观察空间形体时不同的视线方向，轴测图可分为正等轴测图（Isometric）、正二等轴测图（Diametric）和斜二等轴测图。**图 1-32** 表示立方体状箱形建筑的 3 种轴测图。

正等轴测图（左图）是正交的三坐标变形系数全部相等（即从视线方向观察到的正方形呈正交的 3 个面的形状完全相同）的平行投影图。也就是说，空间上正交的三坐标轴的变形系数全部相等（任意两个坐标轴之间的角度都是

120°）的"等角"图（等轴测图）。三坐标轴的变形系数中只有 2 个相等（2 个面的形状相同）或坐标轴构成的 3 个角中有 2 个角相等时称为**正二等轴测图**或**两等角轴测图**（中图）。三坐标轴的变形系数都不相等时称作**斜二等轴测图**或**不等角投影**、**三角不等角轴测投影**（左图）。

如**图 1-33** 所示，立方体的正等轴测图可以只用 30 度角进行绘制。另外，因正交的三坐标变形系数相等，所以立方体各边的长度可以用同一尺寸测量。斜二等轴测图的作图方便，是使用最为广泛的立体图。

1.5.3　另外一种轴测图（斜投影图）

正投影的立面图或以上说明的轴测图都是根据从无限远进行平行投影的原理来制图的。如果从无限远处观察立体图，就可以在投影图中看到立体图像。这种按实际看到的那样绘制的投影图就称作**直投影**。

与之相对应的还有一种很难以实际外观为准而是绘制多个面构成斜投影的作图方法。**图 1-34** 表示的是箱形建筑的另外一种轴测图——**斜投影图**。像左图所示的那样，用正投影绘制立面的作图方法称为**斜轴垂直投影面投影**；而像右图所示的那样，用正投影绘制平面的作图方法称为**斜轴水平投影面投影**。

如果从垂直方向的无限远处观察立方体的某个面，那么就看不到立方体的侧面，所以斜投影实际上是没有的。但因是用正投影绘制一个面，所以作图方便。

37

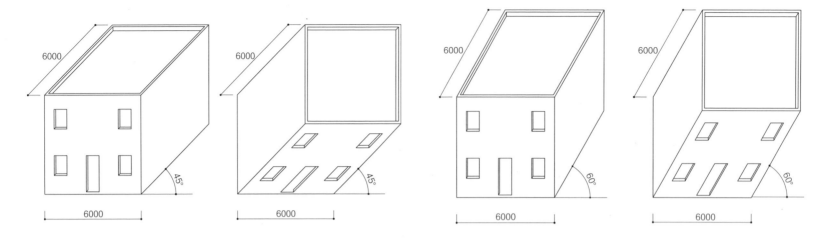

图 1-35　斜投影图的制图

斜轴垂直投影面投影及斜轴水平投影面投影，是用正投影来绘制立面或平面，而其他的面按一定的角度进行绘制的。这些角度可以是任意的，但经常使用的角度是 30°、45°、60°。

[24]　在直投影轴测图中，正交的三坐标轴的变形系数全部相等（任意两个坐标轴之间的角度都是120°）的轴测图；而在斜轴测图中，因三个交叉角中必须有一个角是90°，所以三个交叉角不会是等角。也就是说，斜轴测图必须是"不等角的"轴测投影图。

[25]　特别是以一定角度绘制的面的尺寸按 1/2 缩小时，称作箱式投影。

图 1-34 的斜轴测图是用正投影来绘制箱形建筑的正面（建有入口的立面）或屋顶的，而侧面（墙壁）则是斜向绘制的。正面及屋顶的形状为实际形状（正投影形状），正面及屋顶的顶角（顶点周围的角度）90°，在投影图中仍为 90°。也就是说，正如**图 1-35** 中所示的那样，斜投影是立面或平面用正投影来绘制，而其他的面按一定的角度进行绘制的一种作图方法。这些角度可以是任意的，但经常使用的角度是 30°、45°、60° 等[24]。

斜投影是沿具有角度（非垂直或水平）的坐标轴，通过测量长度进行绘制的一种作图方法。从这个含义上讲，斜投影属于轴测图的一种，也可以将其称为**斜轴测投影**。因此从广义上讲，斜投影以轴测图之名称呼的图大多都是斜轴测图。

图 1-35 是用沿角度测量的尺寸来绘制具有一定角度的图纸。实际上，**图 1-34**（第 37 页）是将以一定角度绘制的面的尺寸按一定比例（该图为 3/4 倍）缩小的。**图 1-34** 比**图 1-35** 显得更自然一些。在斜轴测图中，将以一定角度绘制的面的尺寸按一定比例缩小看上去更自然[25]。

1.5.4　透视图

透视图是对观看者所能看到的立体物进行绘制的一种制图方法。并非从无限远处观看，而是从某一点观看立体物时得到的投影图（轴测图）就是透视图。透视图具有日常所见的那种视觉形象近大远小的效果。**图 1-36** 表示的是透视图的概念。

可以说透视图在表现形态立体构成的同时，还表现了人的视觉所捕捉到的空间表现。在绘制透视图时，应对如何表现空间进行认真的考虑。

透视图的形状是由**视点**（观察立体物的点）、**注视点**（观察立体物方向线上的目标点）、**焦点距离**（视点至画面的距离）之间的关系决定的。

在**图 1-37** 中，表示箱形建筑透视图的左图被称为"**三点透视图**"，中图称为"**两点透视图**"，右图则称为"**一点透视图**"。

在三维空间中，平行的直线透视图若被延伸，那么除特殊情况外，都会向一点聚集。我们将这个点称为**灭点**或**消点**。

1　箱形建筑

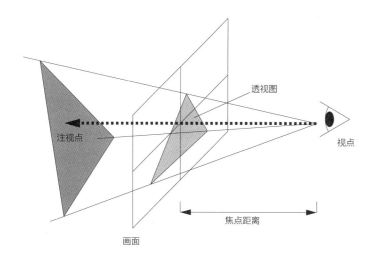

图 1-36　透视图的概念

透视图的形状是由视点（观察立体物的点）、注视点（观察立体物方向线上的目标点）、焦点距离（视点至画面的距离）之间的关系决定的。

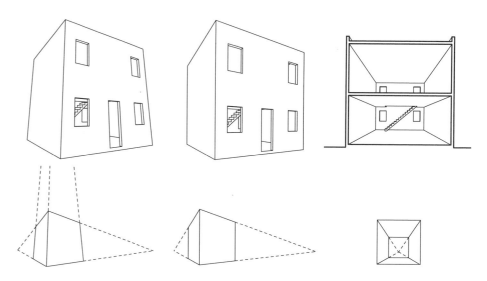

图 1-37　各种透视图

左图中的三个灭点是从右下向上看的构图。中图的两个灭点是水平看到的构图。右图的一个灭点是从正面看到的构图。

所谓透视图中没有灭点的特殊条件，是指因平行线平行于投影面所以才可以保持平行。也就是说，两个灭点及一个灭点是视点与注视点（目标点）的位置关系在特殊条件下的透视图。当视点与目标点的高度一致时，透视图就会得到两个灭点。视点与目标点的高度一致，而且从视点向目标点观察的视线方向与立体的各个面呈垂直或平行（平行透视）时，透视图就只有一个灭点。

所谓两个灭点，是指即使在透视图中，三维空间的垂直线的绘制也要保持垂直的一种作图方法。在地面上行走的人在观看高的建筑物时，一般都是向上看。也就是说，一般人们所看到的建筑物大多都是 3 组主要方向的轮廓线都相交而形成三个灭点。不过，我们在建筑的透视图中看到的是两个灭点。人的眼睛所看到的垂直线之所以是垂直的，实际上是矫正的结果。因此在绘制透视图时，大多都特意使视点与目标点的高度一致。

用照相机拍摄的照片也是透视图的一种。如果采用平视取景的方式，那么视点与目标点的高度就会一致，所以就可以拍摄出两点透视构图的照片。但是，当按两点透视构图拍摄高层建筑等高楼大厦时，如果不用焦点距离短的**广角镜头**而且距建筑很近，就很难将整个建筑置于画面中 [26]。

学习建筑专业的学生有很多拍摄建筑照片的机会。建筑照片不可能都是按相同的构图拍摄的，但两点透视是最基本的构图。初学建筑的学生在拍摄照片时，一定要有意识地按两点透视的构图取景。

手工绘制透视图的制图方法有很多，但与正等轴测图或斜轴垂直投影面投影及斜轴水平投影面投影等轴测图相比大多都比较繁杂。用计算机绘制出3D 模型，并用 CG（Computer Graphics）生成透视图，也是透视图制图方法中的一种。

[26]　在专业镜头中，有控制透视构图（灭点构图）的变焦镜头。

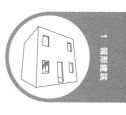

1.6　本章小结

在本章中，我们以简单的建筑模型——箱形建筑为题材，对建筑的基本构成和图纸·模型的表现方法进行了论述。以下内容就是对箱形建筑所做的汇总。

■ 模型

1 □　不是按模型尺寸（将实际建筑的大小换算成模型大小的尺寸），而是按建筑尺寸（实际建筑的尺寸），并有意识地按建筑的各部位尺寸进行模型的制作。

2 □　应努力制作一个包括边缘处理在内的高精度的、精美的模型。

■ 平面图

3 □　所谓平面图，就是用一水平的剖切面将各层"沿楼层地面 +1.5m 的高度（人的视线高度）"进行剖切后，由上向下看到的水平剖切图（水平投影图）。

4 □　在用线条表现的平面图中，剖切线（剖切的柱子、墙壁等的轮廓）用粗线绘制，可见线（表示剖切面下方可见部分）用细线绘制。

5 □　应注意开口部分（窗及入口）的构成，并用剖切线绘制。剖切线应当绘制成"封闭图形"。

6 □　剖切线、可见线应用不同粗细的线清楚地进行绘制。草稿线用颜色很浅的线条绘制。

7 □　楼梯部分应掌握踏步和踏步竖板的关系，踏步与踏步竖板的尺寸应以便于上下楼梯为准。

8 □　应根据需要标明基准线与尺寸。

9 □　应标出主要房间的名称。另外，应在图中绘制出主要家具。

10 □　应标明图纸的标题、尺寸、方位。

■ 剖面图

11 □　剖面图是指建筑物的垂直剖切图。剖切的位置应选在便于了解内部空间的形状与大小的位置处。剖切处不能设有柱子及梁。

12 □　与平面图相同，在用线条表现的剖面图中，剖切线用粗线绘制，可见线用细线绘制。包括地基在内的剖切面的轮廓用粗线绘制，建筑物与地基是呈一体化加以表现的。

13 □　主要的房间应标出房间名称。

14 □　当剖切的位置不易理解时，应在平面图上用"A-A"等符号来表示剖切的位置（当通过剖面的形状、房间名称等能够掌握剖面的位置时，则可以省略该符号）。

15 □　在剖面图中，地基面（GL= Ground Line /Ground Level）、各层楼层面（FL=Floor Line /Floor Level）的基准线。

16 □　从防雨（防止雨水进入室内所采取的措施）的观点出发，一般的做法是 1FL 往往要高于 GL。当然也有例外，应对 GL 与 FL 的关系加以注意。

17 □　顶棚内、地板下、基础等剖切面的内部结构可用细线绘制或省略不绘。

18 □　从保护屋顶端部的观点出发，一般在平屋顶的端部（与外墙相接的部分）修建有称为女儿墙的屋顶外围的矮墙。

19 □　与平面图相同，在剖面图中应标明图纸的标题、尺寸、方位。

■ 立面图

20 □　立面图是建筑物、构筑物等在垂直方向（垂直于墙体的方向）所看到的投影图。

21 □　立面图只用细线绘制。

22 □　应当绘制地基面（GL），以将建筑物与地基的关系表现出来。

23 □　除标出尺寸外，还应当标明图纸的标题以及从哪个方向看到的立面图（例如"× 立面图"、"× 方位"等）。

■ 立体图

24 □　在便于绘制的立体图中，有正等轴测图和轴测图［斜轴垂直投影面投影、斜轴水平投影面投影（Military Projection）］。

25 □　透视图中有消隐的概念，有一点透视、两点透视、三点透视构图。一般建筑多用"两点透视"绘制。

补充: 可见线一词的含义

在《建筑学用语辞典》第 2 版（日本建筑学会编写,岩波书店出版）中对该词的解释是:"建筑构件中外露、可看到的部分"被称为"外露面（可见面）"，而"置于建筑构件内侧的不可见部分"则被称为"隐蔽面"。对绘制"外露面（可见面）"的线条如何称呼实际上是很难确定的。在 JIS 的《建筑制图通则（A0105）》中，将绘制剖面的线定义为"剖面的外形线"；而将绘制外露面（可见面）部分的线定义为"可见部分的外形线"。另外，所谓外形线，在 JIS 的《制图用语（Z8114）》中的定义是"表示对象物可见部分形状的线"。在 JIS 的《制图——图形表现方法的原则（Z8316）》中，对于表现图形的线条列举了"可见部分的外形线"、"表现可见部分两个不同维度的面相交的阳线"等。

在 JIS 的《制图——构件边缘用语及指示方法（B0051）》中，将"2 个面相交的部分"（2 个面相交的可见线）定义为边缘；而在 JIS 的《CAD 用语（B3401）》中，则将边缘定义为"可见线，以 2 个顶点（表示形状模型的点要素）作为边界的线要素"。

由此可以认为，绘制可见部分的线条可定义为"可见部分的外形线、表示可见部分的两个不同维度的面相交的阳线、边缘、可见线"等，或者也可以定义为"外露面（可见面）、外露线（可见线）"。在本书中，我们只采用简单定义中的"可见线"。也就是说，本书中采用的是"剖切面的轮廓线 = 剖切线，可以看到剖切面以下部分或剖切面对面部分的外形线 = 可见线"。

1　箱形建筑

2. 住吉长屋

钢筋混凝土墙结构

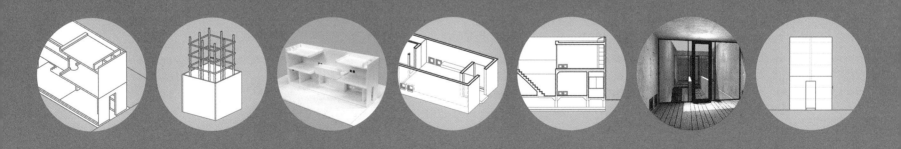

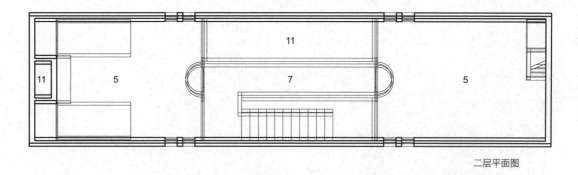

二层平面图

1. 门厅
2. 起居室
3. 中庭
4. 厨房·餐厅
5. 寝室
6. 卫生间·浴室
7. 露台
8. 储物间
9. 锅炉房
10. 门廊
11. 共享大厅

图 2-1　平面图（1/100）

一层平面图

N

[1]　住吉长屋的图纸收录在设计师安藤忠雄的以下著作中。

参考文献：
安藤忠雄，《安藤忠雄详图 原图集 六甲的集合住宅·住吉长屋》，彰国社，1984 年

本书中的图纸、CG（Computer Graphics，计算机制图）是参照上述书籍中 1/30 的图纸绘制而成的。

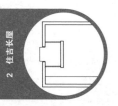

2 住吉长屋

我们在前一章中学习了建筑的基本构成及图纸的绘制。但是，前一章中所学的只是单纯的建筑模型及图纸的绘制。实际中的建筑是怎样构成的？其图纸又是如何绘制的？

从本章开始，我们将以钢筋混凝土墙结构、钢筋混凝土框架结构、钢结构、木框架结构的住宅作为实际案例，对这些建筑的结构及图纸的绘制加以学习。本章的案例是**钢筋混凝土墙结构**（不用柱子，利用墙体框架的结构形式）的住宅名作——**住吉长屋**[1]。

在本章中，将通过若干练习来学习掌握模型与图纸的绘制。首先，我们要掌握 1/50 比例模型的形态与空间构成，而后在此基础上从不同角度观看模型，学习如何绘制与模型同比例的图纸。**照片** 2-1 中模型的平面图、剖面图、立面图。如**图 2-1** ～ **图 2-3** 所示。

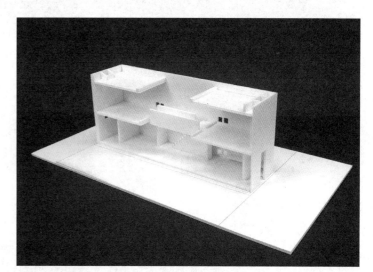

照片 2-1　模型
按 1/50 的比例制作的模型。照片中的模型去除了北侧的外墙。

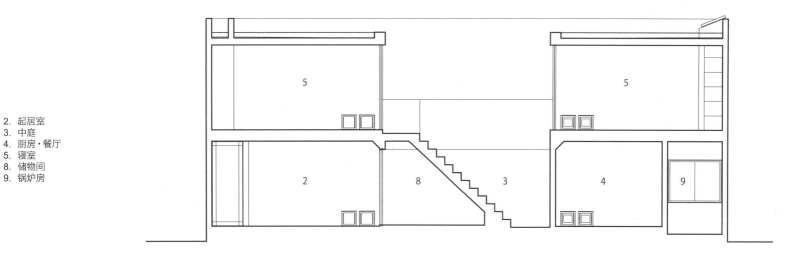

2. 起居室
3. 中庭
4. 厨房·餐厅
5. 寝室
8. 储物间
9. 锅炉房

图 2-2　剖面图（1/100）

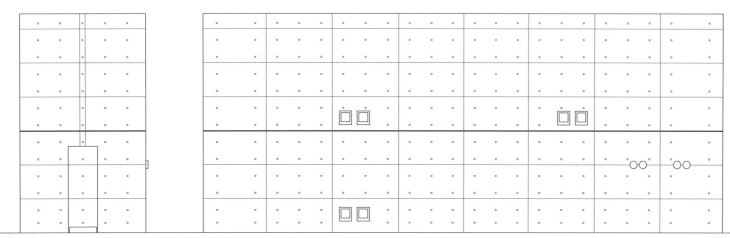

西立面图　　　　　　　　　　　　　　　　南立面图

图 2-3　立面图（1/100）

2　住吉长屋

照片 2-2　**住吉长屋 外观**
安藤忠雄设计，1976 年竣工。
位于大阪市住吉区。

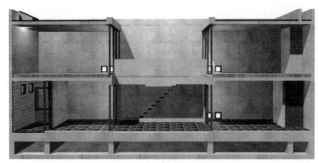

图 2-4　**剖面的构成**
图的右侧为门厅。由门厅进入起居室后，前面便是中庭。穿过中庭便来到了厨房·餐厅和卫生间·浴室。二层的 2 间寝室被中庭隔开。

图 2-5　**中庭**
一层的起居室和餐厅、二层的两间寝室之间被一中庭（外部空间）隔开。

2.1　住吉长屋

住吉长屋（**照片 2-2**）于 1976 年竣工，是**安藤忠雄**设计的代表作之一。这是一幢以打磨得如镜面般光滑的**原浆混凝土饰面**为特征的 2 层住宅。虽然住宅的构成十分简单，但其极为丰富的内部空间却令人惊叹不已。住宅中的中庭意义深远，无时不在提醒着该住宅的存在。

住吉长屋是在传统木结构住宅的基础上改建的。这栋房子与相邻的木结构房屋相连，仅房屋的正面（西侧）临街，是三幢联立住宅中间的一个细长的矩形插入体。**图 2-4** 表示去除北侧外墙的内部结构。位于图右侧的门厅是通向住宅正面道路的唯一的出入口。

一层设有起居室、餐厅（含厨房）和浴室（含卫生间），二层设有两间寝室。一层的起居室和餐厅、二层的 2 间寝室之间被一中庭（外部空间）隔开。**图 2-5** 是计算机制作的中庭效果图。当居住者从起居室前往餐厅，或从寝室去浴室、卫生间时，都需要经过处于室外的中庭。

虽然住宅看上去就像一个封闭的火柴盒，但却显示出大胆创新的空间构成。通过在小小的住所中插入中庭的设计，重新提出了生活与自然的关系。

2.1.1　1/50 的模型

在本章中，我们先制作一个比例为 1/50 的模型，以此学习住吉长屋的构成。

照片 2-1（第 42 页）是一个制作的模型照片。在这个模型中，省略了门窗配件（由门窗框、玻璃构成的部位）及实际存在的地面高差。所以这里制作的只是一个简单的模型[2]。

模型是用 3mm 厚的苯乙烯板制作的。在 1/50 的模型中，厚度 3mm 的材料表示 3×50=150mm 的厚度。

住吉长屋的墙壁及**楼板**（地面的结构部分）厚度为 150mm，但实际建筑的墙壁及楼板的厚度并不一定是 150mm。因部分墙壁（贴有瓷砖的浴室）的厚度不是 150mm 以及楼板需要装修，这样装修后的厚度要大于 150mm，因此，模型的厚度与实际建筑的厚度是不一样的（忽略了厚度）。

但是，对于省却了细部的模型，也可以掌握其形态与空间。模型及图纸的尺寸与其目的有关。为能精确地表示细部，应采用接近实物尺寸的模型及图纸。为表示形态与空间的基本构成，可以采用将某种程度的细部单纯化的模型。我们在这里所学的是如何使实际建筑按 1/50 的比例简单化[3]。

[2]　我们在电影中往往可以看到与实物一般无二的模型道具，所以，制作一个再现实物的模型并非不可能。在建筑的渲染图中，为能真实地表现实物，也有采用精巧模型的。但是，我们在这里的学习目的并不是要制作精美的模型，而是通过制作一个简单的模型来帮助我们理解建筑的形态与空间的构成。

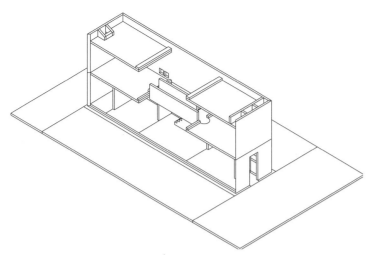

图 2-6 模型的组装

用 3mm 厚苯乙烯板制作的简易模型（省略了门窗装配件及地面高差部分）。

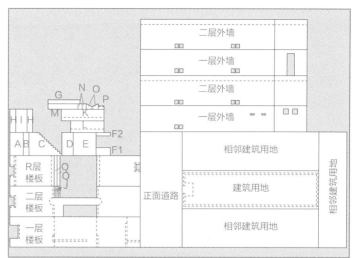

图 2-7 模型的打版纸模

在 B2（728mm×514mm）大小的苯乙烯板中对模型构件进行打版。

模型的制作方法很多，并非只有一种。本章所用的方法如**图 2-6** 所示（如果掌握了模型的制作，便可下功夫进一步提高）。

该模型是由 40 个构件组成的。楼梯的踏步（踏步面。承载脚部的部分、踏步板或踏步竖板）与踏步竖板（连接上下踏步的部分，也被称为踢板）使用绘图纸（优质纸），其他的构件均使用 3mm 厚的苯乙烯板[4]。

模型的制作要领如下：

（1）北侧的外墙可以拆卸（不粘接）。

（2）一层与二层的墙壁分别制作。

（3）与箱形建筑相同，出入口等开口部位用 6 个开孔表示（虽然开口部位在平面图中如何绘制也是本章的学习内容之一，但在模型中只是用简单的开孔表示）。

（4）虽然一层的中庭与各房间及二层的连廊天桥与各个房间地面设有高差，但在这里高差可省略不做（楼板的构成在"剖面图"一节中学习）。

（5）对边角进行处理（第 13 页）。本章中按"45 度角对接"的形式制作模型，但也可以采用直接切除端头部分的做法。

⊞ 练习 2-1 模型的制作

用苯乙烯板制作的所有模型构件的打版纸模如**图 2-8**（第 46 页）所示。试将这些构件组装成模型（用优质绘图纸制作的楼梯部分在第 49 页**图 2-13** 中的模型构件图中表示）。

在 3mm 厚的苯乙烯板上对模型构件图打好版后，用美工刀（＋钢直尺＋剪裁垫板）将其截取并进行粘接、组装。在对苯乙烯板进行粘接时，应与前一章（箱形建筑）的模型一样，用苯乙烯胶粘剂粘接。**图 2-8** 中的虚线是模型构件的组装位置，表示在模型中省略的门窗开口部位及楼面的高差位置。该虚线也可以作为线进行绘制。

若以 3mm 厚苯乙烯板作为原材料的模板构件（除楼梯外的所有模板构件）像**图 2-7** 那样进行配置的话，就可以排入 JIS 规格 B2 的尺寸（841mm×514mm）中。当然，比 B2 大的 A1（841mm×594mm）也可以排下。或者不用 B2 和 A1，而用 2 张 B3（514mm×369mm）或 A2（594mm×420mm）大小的苯乙烯板。

我们从下一项开始，将对由建筑用地、一层、二层、R 层（屋顶层，R 为 Roof）、楼梯等构成的模型组装加以说明。

[3] 在实际业务中，施工详图多采用 1/50 的比例。实际上表示建筑形态与构成的图纸一般用 1/100 或稍小的比例表示。在本章中，因纸面的关系用 1/100 表示，但制作模型及图纸的练习要求采用 1/50 的比例，因为 1/50 的比例便于初学者理解。

[4] 踏步（踏步面）也称为踏步板。虽然将用钢筋混凝土制作的楼梯梯级称为"板"不太自然，但一般不仅楼梯的结构，而且楼梯的梯级也都被称为踏步板，另外，踏步也表示一级梯级的进深尺寸。

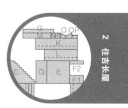

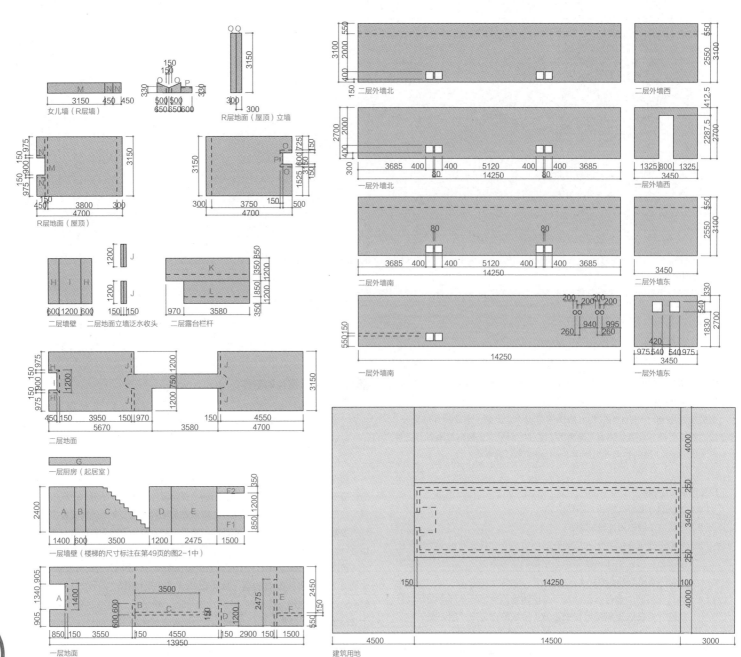

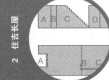

图 2-8　模型构件的尺寸（1/200）

该图是按 1/200 的比例绘制的，但实际模型是按 1/50 的比例制作的。将模型的纸模在 3mm 厚的苯乙烯板上打版后，再用美工刀截取并进行粘接组装。

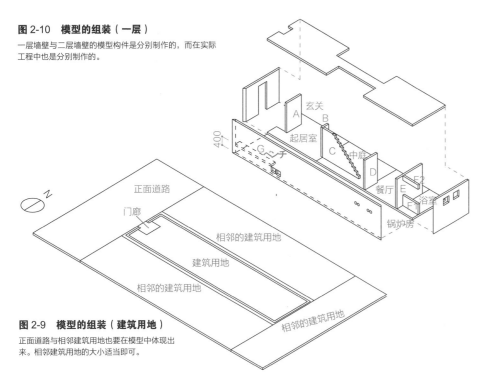

图 2-10 模型的组装（一层）

一层墙壁与二层墙壁的模型构件是分别制作的，而在实际工程中也是分别制作的。

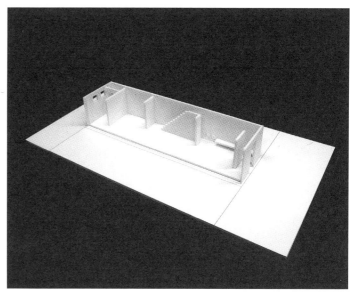

照片 2-3 模型（建筑用地 + 一层）

模型中将一层地面直接放在建筑用地之上。实际上地面的构成十分复杂，模型只是将其简略化了。

图 2-9 模型的组装（建筑用地）

正面道路与相邻建筑用地也要在模型中体现出来。相邻建筑用地的大小适当即可。

2.1.2 建筑用地

建筑用地的组装图如**图 2-9** 所示。

宽 4.5m 的正面道路（房屋西侧）与相邻的建筑用地也都要体现在模型中。相邻建筑用地的大小适当即可。建造房屋的建筑用地可按下述尺寸制作：西外墙表面至正面道路边界为 15cm、南北两面外墙表面至相邻建筑用地边界为 15cm、从东外墙表面至相邻建筑用地边界为 10cm。

门厅前的门厅与地基面（正面道路）在实际建筑中有 15cm 的高差，但模型中该高差可省略不做。门厅处用线条标明。

2.1.3 一层

一层的墙壁包括东西南北 4 面外墙和门廊里面的墙和各房间的内墙。一层的组装方法如**图 2-10** 所示。另外，模型的照片如**照片 2-3** 所示。

在该模型中，一层的地面在建筑用地之上。这样，地基面（建筑用地）与一层地面的水平差即为模型尺寸 3mm、建筑尺寸 150mm，但该尺寸与实际建筑是不一样的。实际上地面的构成十分复杂，详细内容我们在后面将会学到，这里只是用这种方法制作模型。

面北与面南的外墙及面东的外墙上设有方形（大体为正方形的）窗户。面北与面南外墙的窗户开口为 400mm×400mm；面东外墙的窗户开口为 540mm×540mm[5]。另外，面南外墙的餐厅与锅炉房部分安装有 4 个直径为 200mm 的换气口。换气口可用线条表示（也可开孔）。

门廊、室内与中庭的边界、浴室、锅炉房的门窗部分，在模型中可以省略。窗户和门的安装位置用线绘即可。起居室（穿过门厅即到的房间）中，面南外墙的室内一侧还设有钢筋混凝土制的长凳，该长凳在模型中也要体现出来。长凳的安装位置为：其上表面距一层地面 400mm。

另外，在本书的模型中，一层墙壁与二层墙壁的模型构件是分别制作的。实际上一层与二层的墙壁不用分别制作，按一个模型构件制作会更容易一些。模型的制作虽然很麻烦，但正如我们将在后面论述的那样，在实际的建筑中，二层墙壁是在一层墙壁完成后再开始施工。在这里，我们就应像实际建造房屋那样，按照实际的施工步骤对一层与二层的墙壁进行制作。

[5] 在实际建筑中，外墙上安装窗户的开口形状是非常复杂的（窗户的开口形状将在后面讲述）。这里所表示的形状并不是外墙上的窗户开口尺寸，而是减去安装窗户所需凸出部分的尺寸（比表现在外墙的开口尺寸大）。

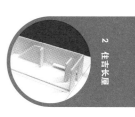

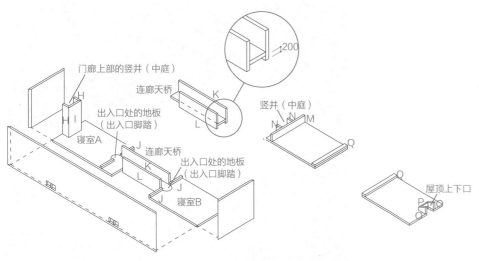

图 2-11 模型的组装（二层）

模型中省略了门、窗部分。

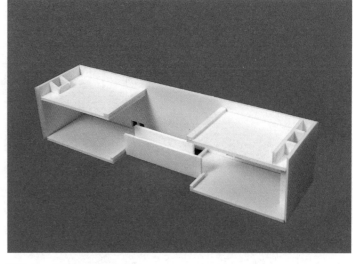

图 2-12 模型的组装（R 层）

在寝室（B）可通往屋顶的"屋顶上下口"下方，设有与收纳呈一体化的楼梯，这在模型中被省略。

照片 2-4 模型（二层 +R 层）

在该模型中，二层地面搭设在一层室内的墙壁上，并置于一层外墙的内侧。

2.1.4 二层

二层与一层一样，墙壁包括东西南北四面外墙和一层门廊上部小**竖井**（上部没有顶棚及屋顶的**空间**）四周的墙壁。二层的组装方法如**图 2-11** 所示。

二层的 2 个寝室由架设在中庭上的连廊天桥连接。连廊天桥设在室外，连廊天桥与各房间之间用玻璃窗·门隔开。虽然模型中可以省去门窗部分，但安装门窗的立起部分（模型构件 J）要有所体现。立起部分的下部设有将在后面说明的梁腋（支撑地面端部的部位），这在模型中可以省略。连廊天桥的扶手（构件 K）按实际建筑制作，即下端的安装位置在距连廊天桥地面向下 200mm 的位置处。

连廊天桥与各房间的地面有 10cm 的高差。对于高差，可在各寝室的门口前设置一个半圆形的**出入口脚踏**（脱鞋处）。也就是说，在实际的建筑中，连廊天桥与出入口的地板（出入口脚踏）要比室内高一个台阶，但这在模型中可以省略不做。出入口的地板（出入口脚踏）用线标出即可。

另外，在该模型中，二层的地板需做在一层外墙的内侧，亦即二层地板的上表面应与一层外墙的上端对齐 [6]。

2.1.5 R 层

住吉长屋的屋顶为钢筋混凝土平屋顶。模型组装图如**图 2-12** 所示。另外，

[6] 二层地面搭设在一层室内的墙壁上，但并未搭设在一层的外墙上，而是置于外墙的内侧。作为模型，也有采用外墙高度与室内墙壁高度一致的方法。但本书中的模型，一层与二层的衔接处采用的是后面所述的与混凝土施工缝一致的方法。

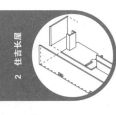

模型照片如**照片 2-4** 所示。

屋顶上门廊上部的竖井（中庭；未装玻璃，是一个每时每刻都可以接受阳光的采光井）和寝室（B）里侧（东侧）顶部的屋顶上下口（这里有一个装有玻璃、可开关的旋转屋顶上下口）的墙壁向上立起。寝室（B）设有与收纳一体化的阶梯，而且通过屋顶上下口便可来到屋顶，这在模型中可以省略。

2.1.6 楼梯

楼梯的模型不一定要用苯乙烯板，可以用绘图纸（优质纸）制作。组装图如**图 2-13** 所示，模型照片如**照片 2-5** 所示。

实际建筑的地面构成十分复杂，这在该模型中很难准确地再现地面的厚度。因地面厚度的不同会影响到连接一层地面与二层地面的楼梯垂直方向的尺寸，所以模型中楼梯的踢板（一级的高度）与实物的尺寸不同。

该模型中一层地面与二层地面的水平差正如**图 2-13** 所示，为 2550mm。因楼梯的级数为 12 级，所以踢板的尺寸即为 2550÷12=212.5mm（实物的楼梯尺寸为 206.67mm）。模型中的踏步（一级台阶的进深）尺寸与实物相同，为 230mm。

在模型中，需用绘图纸（优质纸）制作成一个连续展开的踏步和踏步竖板的模型构件。制作时可以通过将模型构件反复折叠的方式来表现楼梯。在对

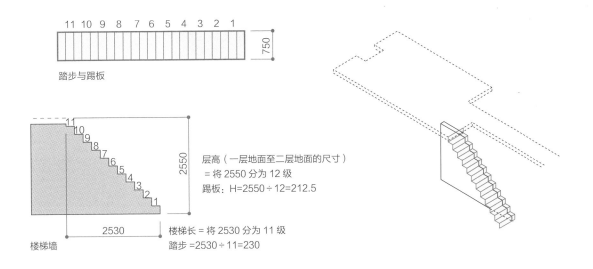

踏步与踢板

层高（一层地面至二层地面的尺寸）
= 将 2550 分为 12 级
踢板：H=2550÷12=212.5

楼梯墙

楼梯长 = 将 2530 分为 11 级
踏步 =2530÷11=230

图 2-13　模型楼梯的尺寸（1/100）
可以将绘图纸按踏步和踢板的形状进行折叠。用绘图纸折叠的楼梯搭设在楼梯墙的上端。

照片 2-5　模型（楼梯）

绘图纸（优质纸）进行折叠时，可以用美工刀在凸起部分加一个折痕印，这样就可以折叠得非常美观了。最后，将绘图纸（优质纸）折叠的楼梯搭设在一层楼梯墙的上端，楼梯部分的制作便告结束。

2.1.7　平面的构成与动线

图 2-14 是用符号表示的住吉长屋平面构成的概念图。通过所绘制的**平面构成概念图**，就可以确认空间的构成。

在这种概念图中，各空间（房间）用圆圈表示，**动线**（人的移动轨迹，即人在住宅里走动、活动的线路。是联系各功能区的路线）用虚线连接。通过用概念图表示空间的位置关系和动线就可以掌握空间的构成。在住吉长屋中，主要的房间都面向中庭配置，中庭是住宅的主动线。

住宅等小规模的建筑平面构成概念图并不那么复杂。但是，在具有各种功能的大型建筑中，动线的构成往往比较复杂。例如观光客人的动线、演员的动线、内部工作人员的动线等。在医院中，则有外来患者的动线、住院患者的动线、医生等工作人员的动线、管理部门的动线等各种复杂的动线。这对整理平面构成概念图与动线的构成非常有效。

模型及平面图中就可以看到平面构成的概念及建筑物内的动线。初涉设计制图的学生应当在掌握动线的同时，对模型及平面图加以理解。

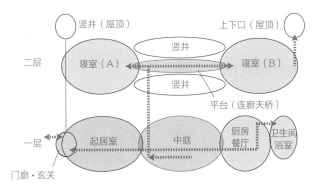

图 2-14　平面构成概念图
各空间（房间）用圆圈表示，连接空间的动线用虚线表示。

照片 2-6　罗马万神庙
古罗马时代修建的万神庙上覆的穹顶直径约 40 余米，其顶部正中有直径 8 余米的圆洞。万神庙穹顶就是用混凝土浇筑的。万神庙至今尚存，是意大利罗马的
观光胜地。

[7] 用于罗马万神庙的水泥与现代的水泥并不是同一种材料。用于现代的钢筋混凝土中的水泥被称为硅酸盐水泥。19 世纪以后，确立了硅酸盐水泥（波兰特水泥）的制作方法。虽然现代混凝土与古代混凝土的制作方法不同，但"用水泥作胶凝材料，砂、石作集料与水按一定比例配合，经搅拌成型"的原理却是一样的。

[8] 虽然"混凝土抗压强度高、抗拉强度低；钢筋抗拉强度高、抗压强度低"已得到肯定，但这并不是对同一性状的混凝土与铁进行比较，而是对混凝土块与细钢筋进行的比较，同样大小的块体，若将立方体的混凝土与铁进行比较的话，铁就是比石头的抗压强度还要高的材料。但是，作为建筑材料是不可能使用铁块的。即使柱子使用铁，也往往是与薄铁板组合使用。因此，作为建筑材料，可以说"石材及混凝土块体抗压强度高、抗拉强度低；数厘米的细钢筋抗拉强度高、抗压强度低"。

2 住吉长屋

2.2　钢筋混凝土与钢筋混凝土墙结构

　　直到前一节为止，我们完成了模型的制作，并了解了住吉长屋的构成。接下来，我们将在绘制图纸的同时，学习住吉长屋的建筑构造（构图设计）。但在此之前，让我们先学习一下钢筋混凝土及钢筋混凝土墙结构的概要。

2.2.1　钢筋混凝土的特性

　　建筑是由**结构材料**、**外装材料**、**内装材料**构成的（这是模型与实物的很大不同之一）。结构材料是搭设建筑的材料。外装材料是一种主要用于装饰外墙及屋顶等表面的材料。内装材料则是用于装修房间·通道·楼梯等内墙·地面·顶棚的材料。

　　在住吉长屋中，除地面楼板、屋顶及部分（浴室部分）外，大部分墙壁均采用原浆混凝土饰面。也就是说，住吉长屋的一大特点就是作为结构材料的混凝土被直接用于外墙与内墙（室内墙壁）的装饰中。

　　混凝土是用水泥作胶凝材料，砂、石作集料与水（加或不加外加剂和掺和料）按一定比例配合，经搅拌成型而得到的。但用于住吉长屋的并不是单纯的混凝土，而是在混凝土中配以钢筋增强的**钢筋混凝土**。用水泥作胶凝材料，砂、石作集料与水（加或不加外加剂和掺和料）按一定比例配合，经搅拌成型而得到的混凝土是古时就用的材料，如古罗马时代建造的**万神庙**（圆形屋顶）就是用混凝土浇筑的[7]（**照片 2-6**）。

　　罗马万神庙上覆的穹顶直径约 40 余米，其顶部正中有直径 8 余米的圆洞。仅从万神庙通过顶部圆洞将外部的光线引入到室内这一点来看，住吉长屋确有与之相似之处。

　　混凝土的历史十分悠久，但混凝土以及配以钢筋增强的钢筋混凝土结构是在 19 世纪后半叶出现的，而被用于普通构筑物则是在 20 世纪以后。

　　石材及混凝土块似乎是不易被压坏的材料，但如果拉拽就很容易破损（易切割）。也就是说，是一种抗压强度高、抗拉强度低的材料。相反，**钢筋**这种铁制的细棒不易被拉拽，但若从两头挤压，即便是很小的力也会被折弯（钢针很难拉断，但却易被折断）。亦即钢筋的抗拉强度高、抗压强度低[8]。

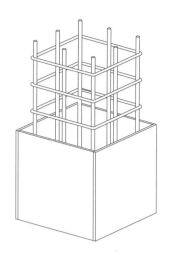

图 2-15　钢筋与模板
钢筋混凝土柱、墙等是在围有钢筋的模板中浇筑混凝土。

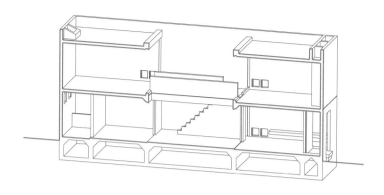

图 2-16　结构体的构成
住吉长屋的结构体部分也包括埋在地基下的基础部分。

抗压强度高的混凝土与抗拉强度低的钢筋组合的钢筋混凝土就是一种抗压强度和抗拉强度都高的结构材料。抗压强度和抗拉强度都高的材料，就是即便使之弯曲也不会被折弯的挠曲力强的材料。我们在前面已经说过，罗马万神庙的穹顶是用混凝土浇筑的，但分布于各处的**内应力**（由外力、温度变化或其他作用等引起的材料内部单位截面积上的力）的结构特点是只具有抗压强度，所以穹顶要用抗压强度高的混凝土浇筑。但一般的建筑是由墙壁·地面等垂直·水平的构件组成的。这些构件在荷载的作用下会造成弯曲变形，所以只能采用抗压强度和抗拉强度都低的混凝土浇筑。

图 2-15 表示普通建筑物中的钢筋混凝土柱的钢筋和**模板**（混凝土结构或钢筋混凝土结构成型的模具）。钢筋混凝土工程是将绑扎的钢筋固定于模板中再浇筑混凝土。钢筋混凝土墙结构的住吉长屋虽没有钢筋混凝土柱，但在这里需要确认的是钢筋混凝土是由钢筋与混凝土组合而成的。

2.2.2　钢筋混凝土墙的构成

钢筋混凝土结构大致可分为两种结构：即用钢筋混凝土制成的柱、梁等框架，由这些框架支撑楼板与屋顶的**钢筋混凝土框架结构**和不用柱和梁而是用墙直接支撑楼板和屋顶的**钢筋混凝土墙结构**。住吉长屋用的就是后一

种钢筋混凝土墙结构。关于钢筋混凝土框架结构，我们将在下一章（萨伏伊别墅）论述。

由结构材料构成的建筑框架称为**结构体**。所谓结构体，相当于人体中的骨骼部分。结构体也被称为**主体**。住吉长屋的结构体部分也包括埋在地基下的基础部分（**图 2-16**）。

住吉长屋的结构体（作为结构体的墙体）厚度为 150mm，地面结构体的楼板厚度为 150mm[9]。正如我们在前面已经论述的那样，因楼板上面还需进行装修，所以包括装修在内的楼板厚度应大于 150mm。值得注意的是，与前面所述的包括地面楼板·屋顶装修在内的**图 2-4**（第 44 页）相比，特别是地面楼板的构成有着很大的不同。

2.2.3　平屋顶

住吉长屋的屋顶为平屋顶。一般钢筋混凝土结构的建筑，屋顶大多都是平屋顶。相反，我们在街镇上经常可以看到的木结构（以木质材料为结构体的框架形式）住宅及寺院的屋顶则往往采用倾斜的坡屋顶。

木结构屋顶呈倾斜状的主要原因是为了确保强度以及**防雨**。所谓防雨，是指为防止雨水浸入房内而采取的措施。在钢筋混凝土建筑中，我们通过后面将要讲到的方法就可以对平屋顶进行防雨处理。

[9]　当为钢筋混凝土墙结构的小型住宅时，结构墙的厚度约为 15 ~ 20 英寸，地面楼板的厚度也多为 15 英寸左右。当然，为了搭建（框架：结构、构架）更大的空间，墙和地面楼板就要更厚一些，但普通大小的住宅配置正交两个方向的墙壁时，墙厚很少采用 30 ~ 40in 以上的厚度。
建筑结构体的墙壁·楼板的厚度及柱子的粗细必须与计算建筑强度的结构计算结果相符。但是在建筑设计中，结构计算的结果不一定可以决定建筑的形态。实际上基本设计（根据基本图纸设计的形态·空间）是先行于结构计算的。因此，首先应按设定的厚度·粗细来绘制基本图纸。因没有基本图纸也就无法进行设计，所以必须按照设想的厚度·粗细进行基本图纸的绘制。学习设计制图的学生，很难设定一个正确的厚度·粗细，只有通过很多案例，才能掌握建筑的尺寸。

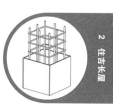

2　住吉长屋

51

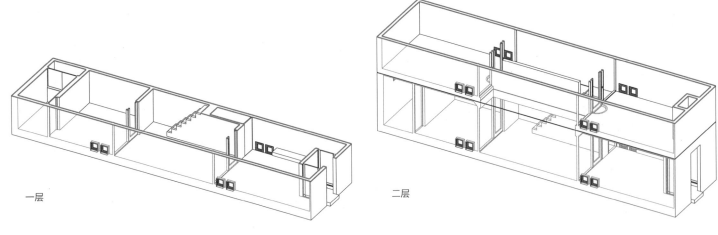

一层　　　　　　　　　　　　　　　　　　二层

图 2-17　水平剖切面

将各层按地面楼板 +1500mm 的高度（目视高）呈水平剖切得到的图。与图 2-1（平面图。第 42 页）相对应。

2.2.4　混凝土墙的特性

　　住吉长屋的室内与中庭（室外）的墙壁均为原浆混凝土饰面。内部与外部通过同一种材料的饰面，从而使室内与室外有机结合，保持了室内与中庭的衔接，使外部内部化或内部外部化。

　　住吉长屋的最大特点就是原浆混凝土饰面。不过，在这里我们并不仅局限于住吉长屋，而是作为一般知识来学习混凝土墙的环境特点。

　　在实际中，从**隔热性**来看是很难将室内与室外两面都做成原浆混凝土饰面的。由此可见，隔热性就是指材料具有将室内外的热流阻断的性质。

　　隔热性好的材料，室外的热能很难被传导到室内。一般，混凝土等质量重的材料容易传热，属于隔热性差的材料。在炎热的夏天，混凝土就会变热；在寒冷的冬季，混凝土则会变冷。另外，像泡沫苯乙烯及布等质量轻的材料就很难传热，属于隔热性好的材料（如即使将泡沫苯乙烯放入盛有热水的浴缸中，漂浮在水面的泡沫苯乙烯也不烫手）。

　　在夏日阳光照射下变热的混凝土，就会影响供冷气房间的清凉效果。受冬季室外温度影响而变得冰凉的混凝土，则会在影响供暖房间供暖效果的同时使房间内的某些部位产生**结露**。所谓结露，是指供暖房间的暖空气接触到冰凉的墙壁、玻璃、门窗框等时，空气中的水蒸气发生液化，冷凝成水珠的现象。天

冷时，汽车放入温暖房间后，挡风玻璃上出现的雾气就是结露引起的。暖空气与冷空气相比，水蒸气（湿气）要更多一些，所以暖空气一旦接触到冰凉的材料，空气的露点温度（空气冷却到水汽开始凝结成水的温度）就会下降，并产生结露。墙壁及窗户上的湿气所产生的结露对建筑材料和家具等会造成腐蚀，而且也令人感到不舒服。

　　在墙壁的外侧及内侧贴泡沫苯乙烯板等**绝热材料**（对热流有较强阻抗作用的材料），就可以防止墙壁的表面出现结露。如果在墙壁的外侧贴绝热材料，就可以抑制日照及空气等对墙壁造成的温度变化（这种隔热方式被称为**外隔热**或**外保温**）。相反，如果在墙壁的内侧贴绝热材料，墙壁的传热就会被绝热材料阻断（这种隔热方式被称为**内隔热**或**内保温**）。

　　因混凝土具有上述性质，所以初学建筑设计的学生不应当简单地将学习的重点放在原浆混凝土饰面上。如果以冷气、暖气房（供冷房间、供暖房间）为前提，那么大多都是利用其他的材料来弥补混凝土特性的不足。也就是说混凝土结构的建筑墙壁，至少也要在墙壁的内侧或外侧铺贴绝热材料后再对墙面进行表层处理。

　　但是，不铺贴绝热材料也可以说是设计的一种多项选择答案，应当说，只要认真施工便可得到具有独特材质美感的混凝土也是生活的一种多项选择答案。

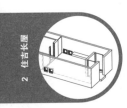

2　住吉长屋

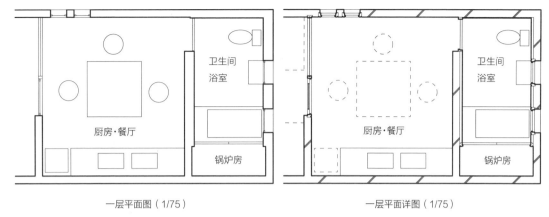

一层平面图（1/75）　　　　一层平面详图（1/75）

图 2-18　简略表现与详细表现

这是一张省略了细部的平面图。右图是表现建筑细部的平面详图。墙体内的 3 条斜线表示这部分材料采用的是钢筋混凝土。图 2-19 是该部分的立体图。

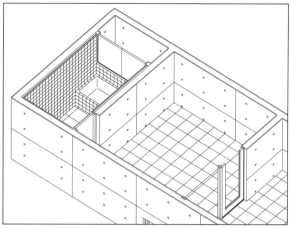

图 2-19　一层水平剖切面图（一层厨房·餐厅及卫生间·浴室）

该图是图 2-18 的立体表现。图中省略了家具·什物器具（厨具、便器、盥洗台等）。

2.3　平面的构成

在本书中，我们将学习住吉长屋的平面构成。因本书中包含了平面图绘制的练习部分，所以学习平面构成和绘制平面图二者可同时进行。如果未能真正理解建筑空间布局设计，就无法完成图纸的绘制。也就是说，为能正确地进行绘图，就必须掌握建筑空间布局设计的相关知识。

住吉长屋的水平剖切面图如**图 2-17** 所示。该图与本章篇首中**图 2-1**（第 42 页）所示的平面图相对应。1/100 比例的**图 2-1** 是省略了细部构成，以简略方式表现的平面图。初学建筑的学生不要按 1/100，而是 1/150 的比例来绘制这种简略表现的平面图 [10]。与已经制作的 1/50 比例的模型对照，绘制一张 1/50 比例的图纸。

图 2-1 虽是以简略方式表现的平面图，但绘制了开口部位的门、窗。在表现平面图时，首先应当理解的是如何在图纸上表现墙壁与开口部位。在前面学习的箱形建筑的平面图（第 10 页的**图 1-1**）中，开口部位只是用一个简单的开孔表示，而实际建筑的开口部位是需要安装门窗等装配件的。在住吉长屋中，只有门廊部分是未装门窗等装配件的开孔，其他部位均装有门窗装配件。

建筑图纸是按比例尺详细或简略绘制的。本节将要学习的是如何在平面图中按一定的比例绘制包括开口部位在内的墙壁。

2.3.1　墙壁的构成

因人所看到的只是墙壁表面的装修面，所以在平面图中应以装修面作为剖切线（剖切面的轮廓）加以绘制。在住吉长屋中，只有一层的卫生间·浴室（以下称"浴室"）的墙壁未采用原浆混凝土饰面，而是**瓷砖饰面**。我们在学习时，应注意浴室的瓷砖饰面墙壁，以及平面图中原浆混凝土饰面墙壁与瓷砖饰面的表现方法的不同之处。

图 2-18 是厨房·餐厅（以下称"餐厅"）及浴室部分的一层平面图。左图为省略细部的简略平面图，右图为表现建筑细部的**平面详图**。详图是绘制施工中必要部分的图纸，是对墙壁内部进行详细绘制的图纸。将**图 2-18** 进行立体表现后便是**图 2-19**。

如果详细地看一下**图 2-18**，就可以得知浴室墙面的装修状况了。围护餐厅与浴室的结构墙（钢筋混凝土部分）的厚度均为 150mm，而浴室墙面需贴瓷砖，所以室内的墙壁要增厚。

在住吉长屋的浴室中，西侧（餐厅侧）与东侧（外墙侧）的墙壁采用 50mm、北侧（外墙侧）与南侧（锅炉房侧）的墙壁采用 15mm 的饰面厚度铺贴瓷砖。这并不是瓷砖本身的厚度 15 ~ 50mm，而是包括了钢筋混凝土墙与瓷砖之间的基底部分。15 ~ 50mm 是指从钢筋混凝土墙到瓷砖表面的厚度。

[10]　如果已熟练地掌握了图纸的绘制，也可按 1/100 的比例进行练习。

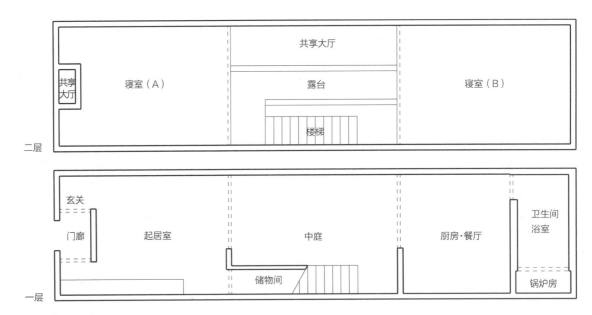

图 2-21　未绘制门窗装配件的平面图

绘有墙体剖切面、露台及楼梯可见线的平面图。
该图没有绘制门窗装配件，只是用虚线标出了门窗装配件的位置。

[11]　如果不仅绘制瓷砖表面，而且连同基底的边界线一起绘制，就会比详图还要详细。但是，就是详图也很难在图纸上表现出瓷砖的具体厚度。例如，当瓷砖的厚度为5mm时，那么在1/20的详图中，瓷砖的厚度就是5÷20=0.25mm。

[12]　初学建筑的学生往往都会错误地认为图2-20中的3根斜线等符号并不是表示材料及装修的符号，而是表示墙体的符号。像图2-20中上图所绘制的墙壁并非普通的墙面，而是表示不做基底的原浆混凝土墙面。

铺贴瓷砖的基底也包括配管及配线等的复杂构成。粘贴瓷砖所需的厚度不能一概而论。对此，应从各种施工案例中总结经验，或通过积累实践经验进行学习。初学建筑的学生很难决定正确的尺寸，所以在绘制平面图时应对墙壁的厚度进行认真的斟酌。

在**图 2-18**（上页）的右图中，绘制在墙壁内的 3 条斜线（呈 45° 角绘制的斜线）表示该部分的材料为钢筋混凝土。**图 2-20** 中的下图是**图 2-18** 中浴室瓷砖墙的放大图，上图是原浆混凝土饰面部分。在下图中绘制了表示瓷砖表面的线条，表现了如何在钢筋混凝土墙上粘贴瓷砖[11]。

详图中标明墙壁的材料及装修要求是不可或缺的，但一般在基本图（用于初步设计的图纸）中往往被省略。一般在详图中都标有表示墙壁的材料及装修的符号，所以基本图中不必再标出[12]。我们主张在绘制基本图时，对于表示材料及装修的符号，可以省略不绘。

图 2-20　原浆混凝土饰面墙与瓷砖饰面墙

下图通过表现瓷砖表面的线条，表示了如何在钢筋混凝土墙上粘贴瓷砖。
绘制在墙内的 3 根斜线表示该部分所采用的材料是钢筋混凝土。

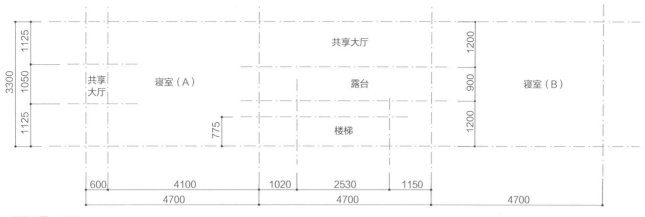

二层平面图　1/100

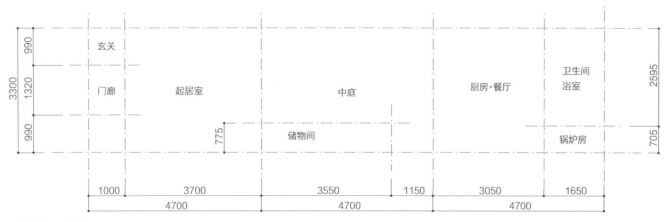

一层平面图　1/100

图 2-22　**基准线的绘图方法**

■ **练习 2-2　墙壁的表现（绘制）**

　　如果不学习开口部位装配件（门及窗）的绘制方法，就不会绘制平面图。**图 2-21** 只是临时省略了门窗装配件的绘制（该图中的虚线表示门窗装配件的位置）。

　　在学习开口部位之前，为了便于理解前面所讲的内容，绘制的平面图中省略了门窗装配件部分。

　　在本书的练习中，我们将按下述方法绘制平面图。图纸有各种不同的绘制方法，虽然也有一些好的绘制方法与下述所讲的方法不同，但我们在这里只是

为了学习如何绘制平面图。

　　（1）基准线应作为草稿线处理，可不标注尺寸。

　　（2）剖切线（剖切面的轮廓）用粗线绘制，可见线（剖切面下方所见部分的外形）用细线绘制。粗线与细线的区分应当明显，中粗线（粗线与细线之间的线条）可不同。

　　应使用 A3 尺寸（420mm×294mm）的绘图纸（优质纸）。应像**图 2-22** 那样，绘制基准线。在练习时，基准线可作为草稿线绘制。

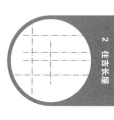

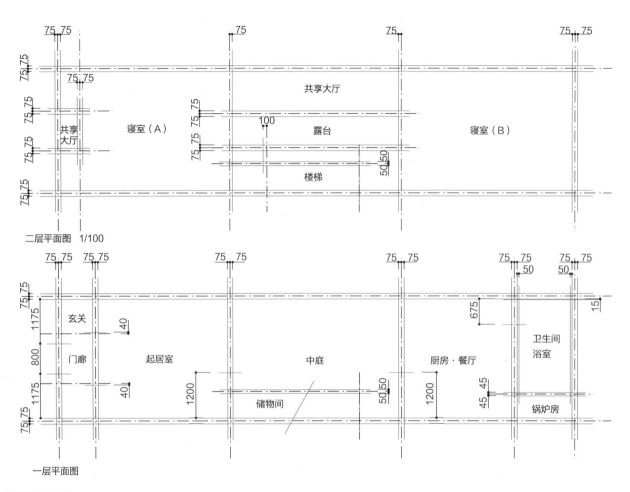

图 2-23 草稿线的绘图方法
与基本图不同，应绘出表示墙体位置的草稿线。

二层平面图 1/100

一层平面图

2　住吉长屋

[13]　平面图是用表示从水平方向剖切的剖切面轮廓线及其从上向下看到的表示外形的可见线绘制的。剖切线与可见线在第一章（箱形建筑）中已作说明（参见第 18 页）。

接下来我们按**图 2-23** 所示那样，绘制出表示墙壁位置的草稿线。在一层平面图中，因楼梯是被剖切的，所以表示剖切的符号也要用斜线绘制。正如在第一章（箱形建筑）中说明的那样，标明楼梯剖切符号的位置在水平剖切面中要求并不高，只要标明大致的位置即可。另外，应在图中标明房间的名称。

如果绘制了草稿线，就可以在草稿线上绘制墙壁的剖切线及楼梯和露台的可见线（目所能及部分的外形线）了 [13]。

此外，楼梯应按 2530mm 的长度共 11 级台阶绘制。因不用箭头标出楼梯

的上下方向也十分明了，所以即使将其省去也无妨（也可不用标出）。

2.3.2 开口部位的构成

到现在为止，我们已完成了表示墙体剖切线和可见线的平面图的绘制，绘制好的平面图应与之前制作的留出门窗开口的开洞相一致。但是，实际中的建筑**开口部位**并不是一个简单的开洞，其构成相当复杂。我们在这里将要学习的是开口部位的构成及其在平面图中的表现。

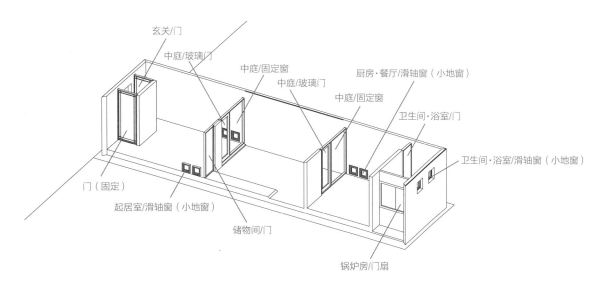

玄关/门
中庭/玻璃门
中庭/固定窗
中庭/玻璃门
厨房·餐厅/滑轴窗（小地窗）
中庭/固定窗
卫生间·浴室/门
卫生间·浴室/滑轴窗（小地窗）
门（固定）
起居室/滑轴窗（小地窗）
储物间/门
锅炉房/门扇

图 2-24　开口部位的构成
一层结构体与门窗装配件示意图（省略了南侧的墙壁与楼梯以及地面装修）。

对于初学建筑的学生来说，能够真正理解开口部位的节点详图恐怕并不是什么易事。最初不必拘泥于绘制复杂的详图，可以简单地表现开口部位。但是，如果不能对详图有一定程度的理解，也就无法简单地表现开口部位。另外，门窗的种类不仅与光线和风的流动有关，而且也与窗面和墙面的位置有关，所以在简单地表现门窗的开口部位时，也应对此特别加以注意。

对住吉长屋精心设计的门窗开口部细部的理解也可以帮助我们学习掌握。就让我们从这些优秀的实际作品中学习开口部位是如何构成的。

2.3.2.1　门窗装配件的种类

门窗装配件的**窗框**由镶嵌的窗玻璃等材料构成。在住吉长屋的门窗装配件中，除浴室的门外，几乎所有的门·窗框架都采用的是钢框。

在这里，我们先抛开住吉长屋不谈，而是从一般的门窗装配件的知识学起。

近几年，住宅的门窗装配件大多都是采用**铝合金门窗框**。因**钢制门窗**、铝合金门窗或用不锈钢制作的门窗框等都是用金属制作的，所以被称为**金属门窗框**。除金属门窗框外，还有**木制门窗框**、**塑料门窗框**等。

铝合金门窗的普及是因为这种自重轻、不生锈的材料适于用作门窗的装配件。通常铝合金门窗是在门窗厂将铝合金薄板型材按组装形状的断面挤压成型的，所以一般是以铝合金门窗的断面作为规格品的。只要不是专门订做挤压成型的门窗，就可以采用断面符合规格的铝合金门窗，但在这种情况下，开口面（镶嵌玻璃的一面）的尺寸就会有一定的自由度。一般情况下，既有决定开口面尺寸的**成品门窗**，也有按设计图中规定的开口面尺寸定做的**定制门窗**。

与对断面为规格品的普通铝合金门窗不同，因钢制门窗是将薄板型材弯曲成一定的形状加工而成的，所以可以随意加工成各种不同的形状。另外，因钢制门窗的单位断面强度要高于铝合金，所以也可以用较细的型材制造门窗。另外，为防止钢制门窗生锈，还需对钢制门窗进行涂漆处理。

采用钢及铝合金制作的金属门窗是一种具有经久耐用特点的型材。但因金属具有易导热的特性，所以金属门窗容易出现结露[14]。相反，因木门窗及塑钢门窗是一种不易导热的材料，所以很难出现结露。因此，木制门窗及塑钢门窗经常被用于住宅建筑中。

如上所述，各种不同材质的门窗各有利弊。

[14] 金属门窗保温性差，室外温度较低时便会影响室内温度。在供暖的房间内，冰冷的材料表面一旦接触含水蒸气多的暖空气，就会引起结露。
近年来，装有隔热材料的金属门窗也开始得到普及。

2　住吉长屋

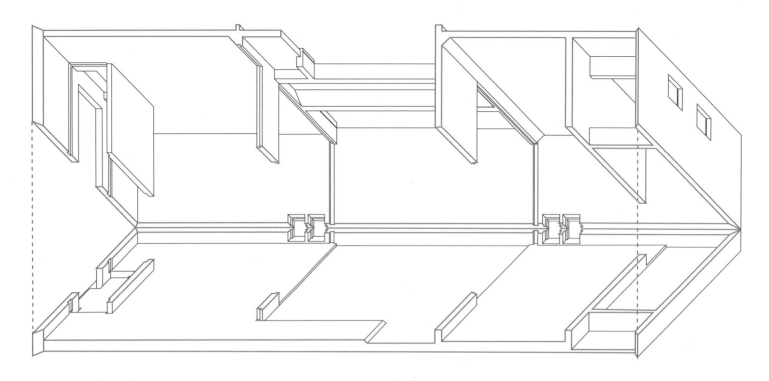

图 2-25　钢筋混凝土墙的形状（一层）
截取南侧墙体，在接近地面的部位进行剖切后的立体图，表示钢筋混凝土墙的形状。

2.3.2.2　一层开口部位

图 2-24 为一层结构体与门窗装配件示意图。门厅、储藏间（楼梯下）、浴室、锅炉房均装有门。另外，起居室与中庭及餐厅与中庭之间用玻璃门和**固定窗**隔开。所谓固定窗，是指装有玻璃且不能开启的窗户。起居室和餐厅分别安装了 4 个和 2 个用于通风的**滑轴窗**。（也称小地窗。向室外开启后窗扇与窗樘在转轴处形成一条离缝的外开窗）浴室也装有 2 个滑轴窗（小地窗）。

这些门窗装配件应固定在钢筋混凝土墙体上。固定门窗的施工方法很多，但一般铝合金门窗和钢门窗等金属门窗大多采用的是与预先埋设的钢筋进行焊接固定的方法。住吉长屋采用的也是这种方法。

要想用这种方法将门窗安装在钢筋混凝土墙体上，就需要预先按门窗的形状**浇筑**（将混凝土浇筑在模板内）混凝土墙。也就是说，钢筋混凝土墙的浇筑必须要考虑到门窗的形状。

图 2-25 表示一层钢筋混凝土墙的形状，图的上部为由接近地面处向上仰视的立体图。

应当注意的是门厅及中庭门窗安装处的墙体和顶棚采用的凹陷方式。应注意切实安装在凹陷处。

2.3.2.3　门厅门

下面我们以门厅门为例，对门窗装配件的安装方法进行说明。门厅门采用的是在 H 型钢（断面为 H 形）的框架上贴钢板的做法。**图 2-26** 所示为水平剖切面的立体图。

在浇筑混凝土时，混凝土墙上开口部的内侧要露出钢筋。门厅门框多处都要预先与埋设在混凝土墙体内的钢筋进行焊接固定。左图中所示门窗安装部位的施工顺序可按右图中所示顺序进行。

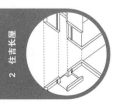

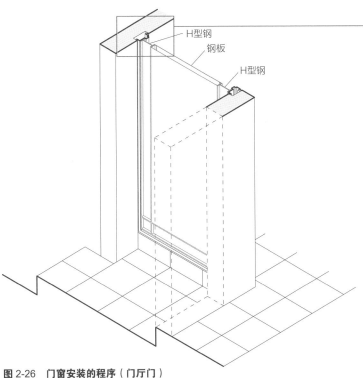

图 2-26 门窗安装的程序（门厅门）

呈水平剖切的门厅门立体图（前面墙壁被剖切的部分用虚线表示）。右图表示左图上部门框部分的安装流程。

2.3.2.4 正面宽度与进深

图 2-26 中右图的最下图表示门窗装配件**正面宽度**与**进深**的尺寸。一般在简单表现的基本图中大多都会省略正面与进深尺寸，但因这对于门窗的构成是一个十分重要的概念，所以特在这里做一说明。

门窗的正面宽度并不是表示门窗本身的大小，而是表示从外观上看到的门窗大小。因门窗框需与预浇的钢筋混凝土墙用十字嵌接的方式加以固定（因门窗框需与预先进行嵌接后一个表面凸出于另一个表面的十字嵌接处理的钢筋混凝土墙安装固定在一起），所以从外观上看到的尺寸并不是门窗本身的尺寸，而只是露出墙面的门窗尺寸。在**创意设计**（眼睛所看到部分的外观设计）中，眼睛所能看到的外观部分的造型是十分重要的，所以设计者在关注正面宽度尺寸的同时，还应对建筑的细部进行设计。在住吉长屋的门厅门中，顶棚与墙体门窗的正面宽度为 15mm。也就是说，从墙壁与顶棚开始，15mm 的尺寸就是门的外露部分。

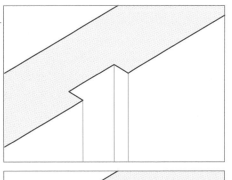

1

钢筋混凝土墙需预先进行嵌接后一个表面凸出于另一个表面的十字嵌接处理。

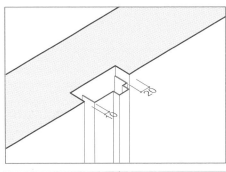

2

与固定在墙体上的门框安装在一起。该框应与预先埋设在钢筋混凝土墙内的钢筋进行焊接。因焊接时焊条需插在钢筋混凝土墙与门框之间，所以该处要留有一定的缝隙。在住吉长屋中，用于焊接的缝隙为 20mm。另外，因（嵌接后一个表面凸出于另一个表面的）十字嵌接的尺寸中包括安装门框的预留尺寸，所以不需进行焊接的部分也要留有一定的缝隙。在住吉长屋中，采用了 10mm 的缝隙。

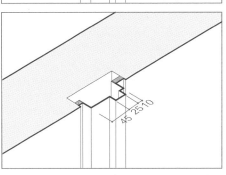

3

门厅门安装后，混凝土墙与门框之间的缝隙需填充合成树脂胶进行**密封处理**。另外，考虑到固定在墙体上的门框也属于墙壁的一部分，所以在该图中用将墙剖切的剖切线（**粗线**）加以绘制。

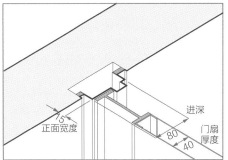

4

用**合页**（或铰链）等将门扇安装在已被固定在钢筋混凝土墙上的门框上。

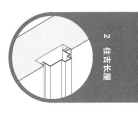

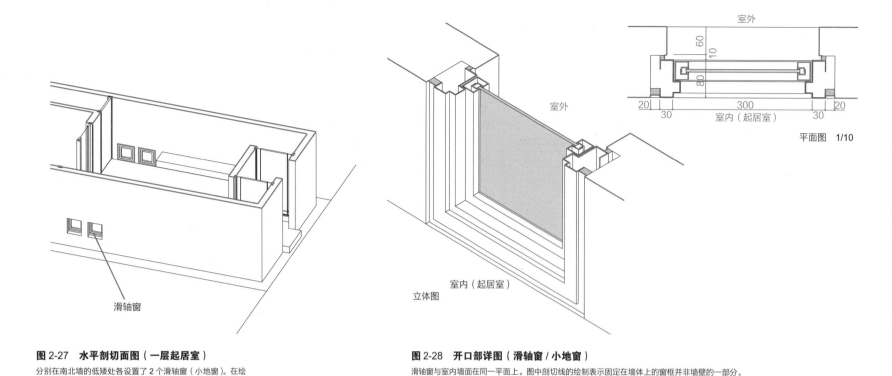

图 2-27 水平剖切面图（一层起居室）

分别在南北墙的低矮处各设置了 2 个滑轴窗（小地窗）。在绘制固定在墙壁上的窗框时，不要将其绘制成墙壁的一部分。

图 2-28 开口部详图（滑轴窗 / 小地窗）

滑轴窗与室内墙面在同一平面上。图中剖切线的绘制表示固定在墙体上的窗框并非墙壁的一部分。

进深是指门框厚度（门窗装配件的厚度）的尺寸。一般情况下，门或窗的厚度不一定与框的厚度一致，都要比门窗框的厚度小一些。住吉长屋门厅门的门框厚度为 80mm，门扇的厚度为 40mm。

2.3.2.5 窗户

下面，让我们一起来学习北侧及南侧墙壁上用于通风的滑轴窗（小地窗）吧。这里应当注意的是门窗配件需安装在墙壁纵切面的哪个位置。

图 2-27 是一层起居室的水平剖切面图。一层起居室南北两面墙壁的较低位置（与地面同高）处分别配置了 2 个 30cm×30cm 的滑轴窗（小地窗）。该窗与墙壁室内侧齐平（窗面与墙面在同一平面上）。也就是说窗户的室内一侧与墙面齐平，而外墙一侧则凹于墙面。该窗的水平剖切面与平面图如**图 2-28** 所示。

在住吉长屋中，墙壁的厚度为 150mm，窗框的进深（窗框的厚度）为

80mm。不只是住吉长屋，一般金属窗框的进深尺寸大多都要小于墙壁的厚度。另外，安装窗框时，往往都要与墙体的外侧表面或内侧表面取齐。

初学建筑的学生在平面图中绘制窗户时，大多都会将窗户绘制在墙体的中间部位。当然，在进行概念设计时也可以将窗户设置在墙体的中间部位，但应当特别加以注意的是，只要不是概念设计，一般很少将窗户安装在墙体的正中处。当窗户凹于钢筋混凝土墙的墙面时，如果从外侧安装就要与外侧墙面齐，若从内侧安装则需与内侧的面对齐。因窗户到底是与外墙面对齐还是与内墙面对齐是设计的一部分，所以在绘制平面图时应对窗户的安装位置加以注意。

从防水的观点看，窗户的安装大多都与外墙面对齐。但住吉长屋的滑轴窗（小地窗）就未采用与外墙面对齐的方式，而是采用了与内墙面对齐的方式。这是因为滑轴窗（小地窗）要与室内的墙面安装在同一平面上。

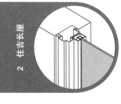

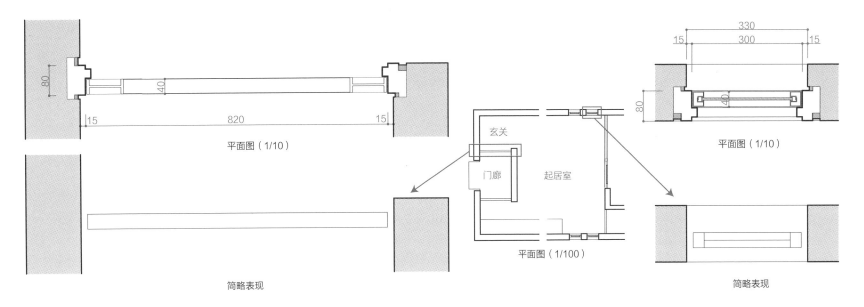

平面图（1/10）

简略表现

平面图（1/100）

玄关
门廊
起居室

平面图（1/10）

简略表现

图 2-29 门厅门的表现
在基本图中，门、窗等开口部位多采用简略的表现方式。在 1/50 ~ 1/100 的简略表现（下图）中，省略了墙壁的凹凸（门、窗框向外凸出或凹陷），只绘制了门、窗可活动部分的外形。

图 2-30 滑轴窗（小地窗）的表现（绘制）
在简略表现（下图）中，省略了墙壁的凹凸，只用细线绘制了窗户可活动部分的外形。玻璃的部分用一根细线表示。

住吉长屋是一栋修建在宽约 4m、进深约 14.5m 的长方形地段上的住宅，因两侧是相邻住宅的外墙，所以住吉长屋与相邻住宅之间只能留有一个通风用的很小的缝隙。因缝隙很小窗户无法向外开启，所以只能在室内进行安装。

在本章篇首的**图 2-1**（第 42 页）所示的平面图中，绘制了滑轴窗（小地窗），但因滑轴窗安装在距离地面很近的位置处，所以正如在**图 2-27**（以人的视线高度为准从水平方向剖切得到的水平剖切面图）中所看到的那样，是无法做到以人的视线高度为准从水平方向进行剖切的。所以，该滑轴窗若是遵循前一章（箱形建筑）"平面图概要"（第 17 页）中所论述的"平面图是从人视线高度的位置将建筑物的各层剖切后，由上向下看到的水平剖面图"这一原理，那么滑轴窗在平面图中就无法表现出来。

但在实际中不到视线高度的开口部位往往也都可以在平面图上表现出来。作为空间的表现技巧，即使开口部位不在视线高度，为表示光线及通风等开放的空间效果，也应当对开口部位进行绘制。这是因为如果表示开口部位，也就

可以表现出用墙壁围起的封闭的空间了。

在住吉长屋的平面图中，到底是将滑轴窗表现出来好还是不表现出来好？就请认真地考虑一下吧！

2.3.2.6 开口部位的简略表现与详细表现

到目前为止，我们学习了开口部位的表现技巧。怎样在图纸中绘制开口部位好呢？

我们在前面已经论述过了，在并非详图的基本图中（1/50 ~ 1/100 的平面图），门、窗等开口部位一般多采用简略的表现方法，也就是说，省略门、窗的形状，采用极简单表现手法的也不少见。

图 2-29 及**图 2-30** 将**简略表现**门厅门及滑轴窗的平面图与详细表现（1/10 的平面图）放在了同一图纸上。在简略表现时，省略了墙壁的凹陷部分，只绘制了门、窗可活动部分的外形。虽然在原理上可活动部分中也表现出剖切线（剖切面），但因其并不表示固定的墙体，而只表现人的动线以及风、光的穿过部分，所以可见线部分最好是用细线绘制。

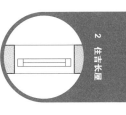

2 住吉长屋

61

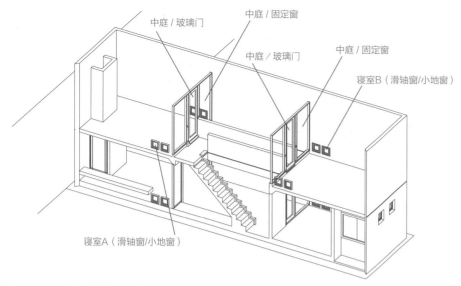

图 2-31　**开口部位的构成（二层）**
省略了南侧的墙壁与地面饰面部分，只表示钢筋混凝土与门窗装配件。

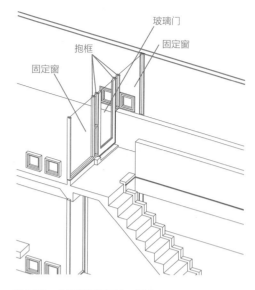

图 2-32　**水平剖切面图（二层）**

[15] 也有将玻璃看作墙壁用粗线进行绘制的图纸。如果考虑将玻璃作为围护房间的墙壁时，也可以用粗线表现。但若考虑房间为一放式空间，而玻璃主要是用于室内采光用时，最好还是用细线绘制。也有的图纸既不用粗线，也不用细线，而是用中粗线绘制玻璃部分的。初学建筑的学生对如何在图纸中表现细线部分会十分茫然，而一旦弄清了其中的道理，就会发现自己的风格。

2.3.2.7　玻璃的种类与绘制方法

　　玻璃有各种不同的种类。虽然使用商品化的玻璃经济实惠，但也有专门订购特殊玻璃的。

　　经常被用于窗户的**玻璃**是称为**浮法玻璃**的平板玻璃。浮法玻璃通常为厚度数毫米（2mm 左右）至数十毫米的平板透明玻璃。平板透明玻璃除浮法玻璃外，还有**钢化玻璃**、**夹层玻璃（双层玻璃）**、**夹网（夹丝）平板玻璃**等从强度、防火、破损、防护等方面加以考虑的各种产品。

　　用于玻璃窗的浮法玻璃及钢化玻璃等的厚度由玻璃面的大小及作用于玻璃面的风压决定。住吉长屋滑轴窗（小地窗）的**开口尺寸**（可活动窗的嵌入部分，窗框的内侧尺寸）为 30cm×30cm，浴室滑轴窗（小地窗）的开口尺寸为 44cm×44cm，而窗玻璃的尺寸则比其小一圈。因窗户的面积很小，所以玻璃的厚度只有数毫米。

　　在**图 2-30**（第 61 页）中，将玻璃及其厚度的绘制简单化了，只用一根细线表示。如何在 1/50 ～ 1/100 比例的图纸上表示出数毫米的玻璃厚度是一个相当难的问题。但是，数毫米宽的 2 根线条按 1/50 ～ 1/100 的比例绘制时，若是绘制得很差，那就会重叠在一起，看上去就成一根粗线了 [15]。

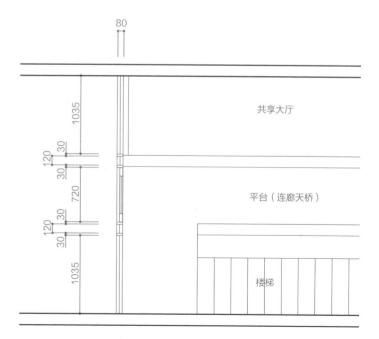

图 2-33　**平台（连廊天桥）部分的平面图（1/50）**
省略了固定在墙体上的窗框形状，抱框用细线表示。另外，玻璃用一根细线表示。

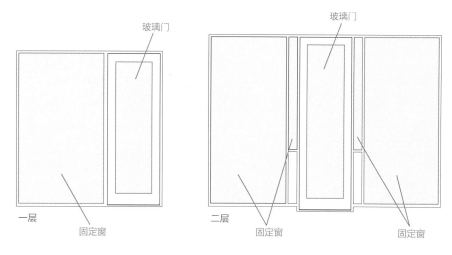

图 2-34　**从中庭方向看到的门窗装配件图**（1/50）

在绘制图纸时，应注意门窗装配件的种类（活动门窗或固定门窗）、玻璃的位置、门窗装配件的安装位置及与墙面的关系、抱框的位置等。

2.3.2.8　二层开口部位

图 2-31 表示二层开口部位的构成。二层的 2 间寝室和平台（中庭上面的连廊天桥）用玻璃门和固定窗隔开。另外，2 个寝室都安装了与一层相同的用于通风的滑轴窗。

图 2-32 表示面对平台（连廊天桥）的玻璃门与固定窗的水平剖切面图。

玻璃门与固定窗通过称为**抱框**（也称门边立木、竖框；英文 mullion）的垂直立在门窗洞口之间的竖木隔开。如果没有这个抱框，就无法将可开闭的玻璃门和固定隔开。

图 2-29 及 **图 2-30**（第 61 页）中所示的开口部位的平面图中，没有绘制被固定在墙体上的窗框，但因单独支撑的抱框不能在图纸中省略，所以对有抱框的部分采用简略表示的**图 2-33**。在图 2-33 中，省略了固定在墙上的窗框部分，包括抱框在内的门窗装配件的形状用细线绘制[16]。另外，玻璃部分用一根细线表示。

▉ 练习 2-3　开口部位的表现（绘制）

下面，就让我们根据已经学过的知识，在以前练习时绘制的墙壁平面图中，再将开口部位绘制下来吧。

门窗框的正面宽度按实际尺寸均为 89mm。**图 2-34** 表示从中庭方向看到

的一层及二层的门窗装配件立面图。我们没有必要拘泥于详细的尺寸，在进行绘制时应对门窗装配件的种类（是活动的还是固定的）、玻璃的位置、门窗装配件的安装位置与墙面的关系、抱框的位置等加以注意。

2.3.2.9　门的开闭方向在平面图中的表现

在本章篇首的**图 2-1**（第 42 页）所示的平面图中，没有绘制**门的开闭方向**。**图 2-35**（第 64 页）是明确表示门的开闭方向的平面图，平面图中门的开闭方向用该图中的绘图符号表示。

门的开闭方向应按便于使用的方向设计。开闭方向应既是包括在设计图中的信息之一，又是实施设计图（用于工程的图纸）中必须表示的内容。但是，在表示建筑物形态、空间构成的基本图中，开闭方向则往往可以省略不绘。至于开闭方向到底是需要在图纸中表示出来还是不用表示，可按照图纸的目的加以选择。

一般情况下，门朝哪个方向开启大多可以按照人们习惯性的行为动作考虑。特别是朝外的门，从防雨的观点出发，往往都采用向外开启的外开门。另外，门的开闭方向大多是以不妨碍人通过的方向设置。因此不用特别加以强调，就可以按想象设置门的开闭方向。但是，有时若不标明门的开闭方向，就不清楚门窗装配件的种类。如住吉长屋的门厅门就是一例。

[16]　也可以采用用粗线表示抱框剖切面的绘制方法。

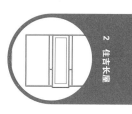

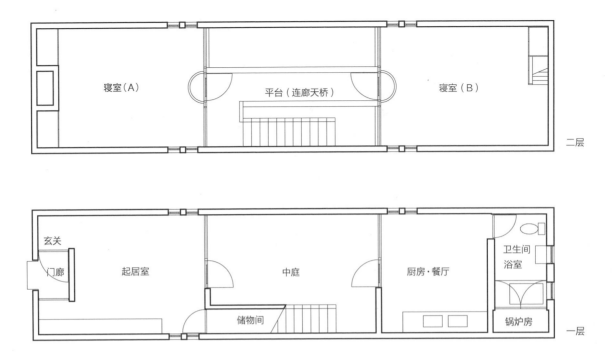

图 2-35　标明门开闭方向的平面图（1/100）
住吉长屋的门廊处设有两个尺寸完全相同的门窗，但可开闭的门只有一个。通过标明门的开闭方向，就可以明确哪个门是可以活动的门了。

住吉长屋的门廊处有北侧（由道路进入门厅的左手）与南侧（右手）2 个门窗装配件。这 2 个门窗装配件是同一尺寸的钢制门窗装配件，而且其安装方法也完全相同，但是，只有北侧的门能够开闭，另一侧的门是不能开启的。如果不标明哪一侧的门可以开启而哪一侧是不能开闭的固定门，就无法对开闭方向加以掌握。

2.3.3　地面的构成

在前面练习时绘制的平面图中，并未表现出应当用可见线绘制的地面高差。我们在本项中将要学习地面饰面及因地面水平差而产生的高差。

2.3.3.1　地面饰面

平面图中表现（绘制）了地面的**接缝**。所谓接缝，是指材料的接缝。例如地面的饰面采用石材时，一般整个地面使用整块石材是不现实的，而是需要铺贴若干块石材，这样一来，石材的衔接部分就出现了接缝。在 1/50 ～ 1/100 的图纸中，并不一定要绘制地面的接缝·图案，但如果将接缝部分绘制出来，那么通过地面的材料感就可以烘托出房间的氛围。

在住吉长屋中，一层的起居室、厨房·餐厅、卫生间·浴室和二层平台（连廊天桥）部分的地面铺设的是**玄昌石**，使用的玄昌石为 300mm×300mm 的方石。二层寝室采用的是**枪木铺地材料**，所用的枪木铺地材料为 75mm 宽的木材（枪木铺地材料的宽度有 100 ～ 200mm 等各种不同规格的）。

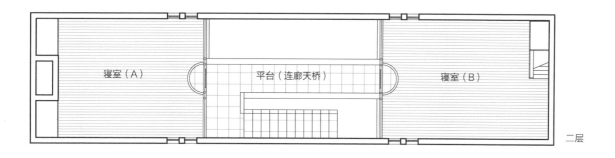

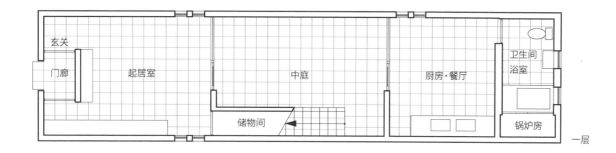

图 2-36　表现地面饰面的平面图（1/100）

表现玄昌石和枹木铺地材料的平面图。一旦将接缝表现出来，起居室、厨房·餐厅和中庭便成为一个连续的空间。内部空间的寝室与外部空间的平台（连廊天桥）的关系一目了然。

图 2-36 是加绘了玄昌石与枹木铺地材料拼缝的平面图。在该图中也表现了**固定**（包括在建筑工程中的家具）家具的鞋柜（起居室）、洗涤台（厨房·餐厅）、便器、浴缸（卫生间·浴室）、壁橱〔二层寝室（A）及（B）〕。

住吉长屋一层的特点是：内部空间的起居室、厨房·餐厅和外部空间的中庭地面铺设的是相同的玄昌石。起居室、厨房·餐厅和中庭这两种完全不同的空间，看上去既像是内部空间，也像是外部空间。也就是说，该处的设计是在将外部空间与内部空间有机结合、融为一体这一理念的指导下进行的。这种空间的构成是通过两者采用同一饰面材料而明确体现出来的。

在二层的平面图中，平台（连廊天桥）地面铺设的玄昌石和寝室地面铺设的枹木铺地材料的不同的材质感，将属于内部空间的寝室与属于外部空间的平台（连廊天桥）的关系凸显出来。

即使是普通的住宅·建筑，室外部分的阳台、游廊等不同于内部空间的场所一旦绘制了室外地面饰面的接缝，与室内部分的边界就很容易被区分

开来。另外，如果将采用瓷砖饰面的浴室等的瓷砖拼接缝绘制出来，也就可以明确。

但是如果将接缝部分全部绘出，图纸就会显得十分凌乱。对铺设窄幅枹木铺地材料的地面拼缝进行详细的绘制，对铺设地毯的地面进行详细的点描也不是合适的绘制方法。或者像**图 2-37**（第 66 页）所示的那样，拼接图案的中间部分不绘制而只绘制一部分，也是避免图纸过度表现的一种方式。

2.3.3.2　地面高差

与墙壁及顶棚不同，地面是人体必须接触的部分。特别是饰面部分，更是一个非常重要的部位。

地面饰面需要有一定的厚度。在住吉长屋中，钢筋混凝土结构体的楼板上就需承载玄昌石和枹木铺地材料。

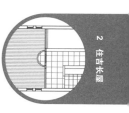

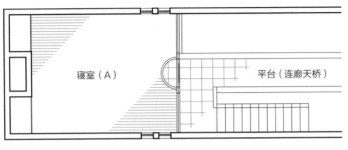

二层平面图　1/100

图 2-37　**地面饰面的表现 / 绘制（二层）**
仅表现（绘制）整个拼接图案饰面中的部分拼接图案。

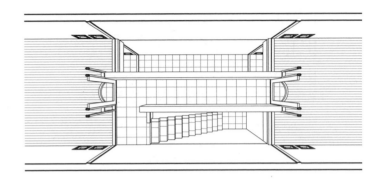

图 2-38　**地面饰面的构成**
即使楼梯与平台（连廊天桥）部分在同一高度但采用不同的材料铺设时，因需表现拼接图案，所以应对此加以确认。

另外，从防雨（防止雨水进入室内所采取的措施）的观点出发，一般外部与内部地面都设有一定的高差。在住吉长屋的一层，起居室、餐厅等室内部分与室外部分的中庭虽然都是用相同的玄昌石铺设的，但起居室、餐厅与中庭之间设有 25mm 的高差。此外，卫生间·浴室的地面采用的也是玄昌石，但卫生间·浴室的地面却要比厨房·餐厅的地面低 50mm。

在二层，属于外部空间的平台（连廊天桥）部分铺设的是玄昌石，室内部分的 2 个寝室采用的是枹木铺地材料，但从平台（连廊天桥）进入寝室的出入口（门周围）处的地面铺设的是玄昌石。

除此之外，也有采用不设高差而在相同高度的地面上铺设不同材料的，如**图** 2-38 中的楼梯与平台（连廊天桥）部分的地面饰面就是一例。

楼梯的踏步（踏步面、踏板）与踏步竖板部分铺设的是玄昌石，而在楼梯旁侧原浆混凝土饰面的墙壁与玄昌石饰面的高度一致，**顶端**是（顶部的水平部分）用抹子抹得像镜面一样光滑的原浆混凝土饰面。另外，楼梯与平台（连廊天桥）衔接的地面也能体现出一部分混凝土饰面的效果。

图 2-39 为地面高差的剖面透视图。最好还是对这些地面的高差加以确认

（可参见第 75 页**图** 2-54 中所示的地面饰面概要）。

此外，在本章篇首的**图** 2-1（第 42 页）所示的平面图中，不仅对地面的高差应加以确认，而且即便是同一平面但采用的材料不同时，因需体现出拼接图案，所以也应对此加以确认。

2.3.4　各部位的构成

平面图中的绘制内容已经学完，下面就让我们学习如何表现共享大厅和顶端吧！

2.3.4.1　共享大厅的表现（绘制）

当平面图中所绘楼层的下一层为共享大厅时，也就是说该楼层的地面为架空层（下一层由支柱架起三面透空与该层中的一部分为一个空间）时，为表示该处未设楼板并明确表示出共享大厅，就可以像**图** 2-40 所示的那样，中空的部分用符号"×"表示，并标出文字"共享大厅"（英文时为"void"）。一般共享大厅的符号"×"用点划线绘制。

2　住吉长屋

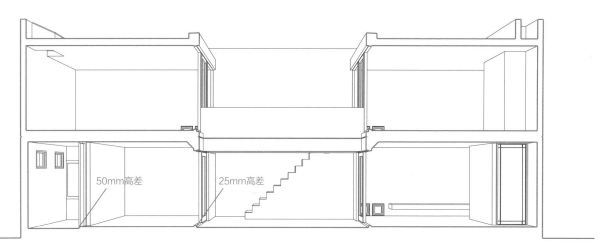

图 2-39　地面的构成

地面楼板上有各种不同的高差。

[图中标注]50mm高差　25mm高差

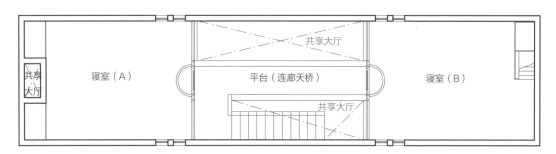

二层平面图（1/100）

图 2-40　共享大厅的表现方法（二层）

为能将没有地面的部分明确表示出来，特在该处用符号"×"标明，并标上文字"共享大厅"。

[图中标注]共享大厅　寝室（A）　平台（连廊天桥）　寝室（B）　共享大厅

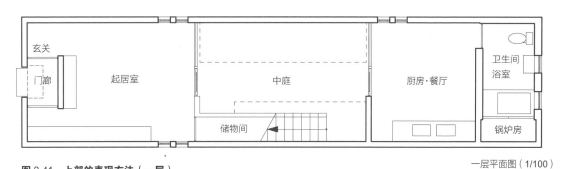

一层平面图（1/100）

图 2-41　上部的表现方法（一层）

中庭上部的平台（连廊天桥）与门廊上部的共享大厅用虚线表现。

[图中标注]玄关　门廊　起居室　中庭　厨房·餐厅　卫生间　浴室　储物间　锅炉房

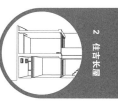

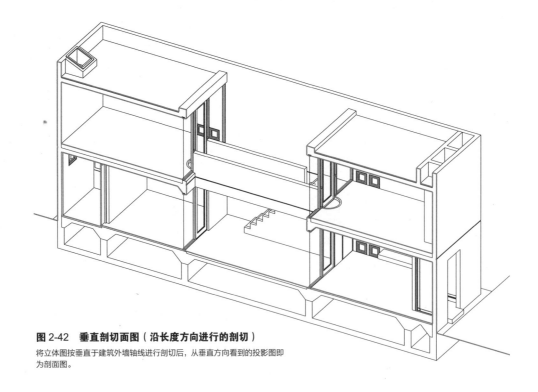

图 2-42　垂直剖切面图（沿长度方向进行的剖切）

将立体图按垂直于建筑外墙轴线进行剖切后，从垂直方向看到的投影图即
为剖面图。

2.3.4.2　上部的表现方法

　　一层中庭的上面为二层平台（连廊天桥）。因一层的平面图是将一层从水平剖切后，从上向下看到的水平剖切面图（水平投影图），所以剖切面以上的二层平台（连廊天桥）就无法在一层平面图中体现。但位于上部的二层平台（连廊天桥）是决定中庭空间构成的一个重要要素。在**图 2-41**（第 67 页）中的一层平面图中，虚线部分表示的是中庭上面的共享大厅。

　　不仅是住吉长屋，当位于上部的屋顶或雨篷等对于这种平面图来说都是重要的空间构成要素时，就应当用虚线将这种外形表示出来。

■ 练习 2-4　平面图的完成

　　下面，就让我们根据前面学过的相关知识，完成平面图的绘制吧！让我们参考本章篇首的**图 2-1**（第 42 页），再将地面高差、固定家具和移动家具加绘在图中吧！也可以尝试着用相关符号将共享大厅及其上部在图纸中表现出来。当然，切不可忘记标出房间名称、尺寸、方向。

2.4　剖面的构成

　　我们在前面学习了平面的构成与平面图的绘制方法。在本节中，我们将要学习剖面的构成与剖面图的绘制方法。对于初学建筑的学生来说，与平面的构成相比，剖面的构成理解上较为困难一些。但是，如果理解了剖面的构成，那么就能够理解整个建筑的构成了。希望大家能够认真地学习剖面的构成。

2.4.1　剖面构成概要

　　图 2-42 ～图 2-44 是将住吉长屋按垂直于建筑外墙轴线进行剖切后的立面图。从垂直方向看到的投影图即为剖面图。在剖面图中，表示剖切面轮廓的剖切线用粗线绘制，剖切面对面的部分用可见线绘制。

　　在将建筑物从水平方向剖切后从上向下看到的水平剖切面图中，被剖切的部分主要是墙壁。相反，按垂直于建筑外墙轴线进行剖切的剖面图中，被剖切的部分不仅有墙壁，而且还包括地面·顶棚·屋顶等。如果不能理解地面·顶棚·屋顶的构成，就不会绘制剖面图。

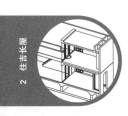

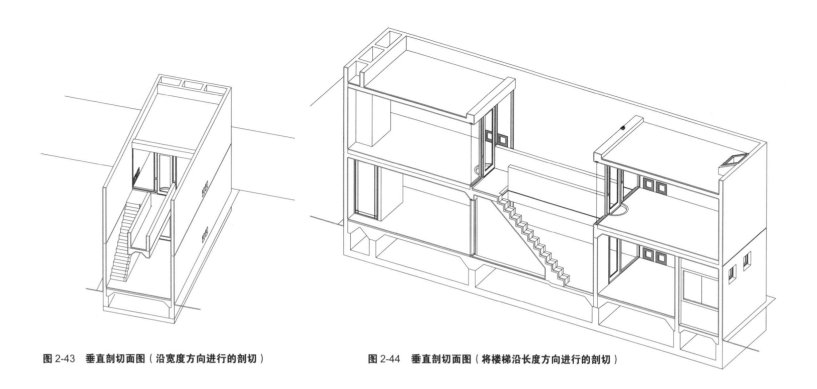

图 2-43　垂直剖切面图（沿宽度方向进行的剖切）　　　　　　　图 2-44　垂直剖切面图（将楼梯沿长度方向进行的剖切）

前面制作的模型只不过是将实物简单化的产物。对此，我们将模型与剖面图加以比较后就会明白。

例如，**图 2-43** 是将中庭沿宽度方向进行剖切后得到的垂直剖切面图，但架设在中庭之上二层的平台（连廊天桥）剖面，因**加腋**（对接合部进行加固的部位）与楼板下相接，其形状十分复杂。这个部位的形状在前面制作的模型中未能表现出来。

此外，在**图 2-42 ～图 2-44** 中，埋设在地基下的**基础**及楼板上的饰面也都被表现出来。基础是将建筑物载荷传递到地基的重要部位，这在模型中可以省略不做。另外在模型中，地面厚度是按模型尺寸 3mm= 建筑尺寸 150mm 制作的，但包括地面饰面尺寸在内的实际地面厚度并不是 150mm。

在表示空间、形态构成的基本图中，可以省略剖切面的内部部分。实际上在本章篇首的**图 2-2**（第 43 页）所示的剖面图中，这些均被省略了（**图 2-2** 是与**图 2-44** 相对应的剖面图）。但是，即使将其省略不绘，也应对剖切面的内部结构加以理解。如果不能理解究竟哪些部分可以省略的话，就不会绘制出正确的图纸。

在本节中，我们将要学习的是那些看得见的部分与看不见的部分，以及看不见的部分应如何处理等内容。在本节中，我们在学习与剖面构成有关的建筑空间设计的同时，对简略表现剖面图的绘制进行练习。

2.4.2　工程的施工工序

建筑是由结构材料、门窗装配件、装饰材料构成的。在建筑工程中，先要进行结构体的施工，而后便是门窗装配件及内外装修工程的施工。为能更好地理解建筑的空间布局设计的构图设计，可以对建筑施工是如何进展的加以掌握。如果掌握了施工工序，就可以理解剖面图中所绘线条的含义了。

下面，我们就通过并非简略而是稍稍详细的剖面图，来解读一下工程的施工工序吧[17]（简略表现的剖面图我们将在后面学到）。

2.4.2.1　基槽的挖掘与抗压板（大面积整体钢筋混凝土板）

在建筑施工的开始阶段，要进行**基槽的挖掘**（挖基坑，挖地基）。接下来

[17]　本书未对与设备有关的工程加以说明。与设备有关的建筑的空间布局设计已超出本书的学习范围。此外，这里所论述的工程的施工工序是根据本书作者的推测编写的，可能与实际的操作会有一些不同（如有错误或不合适之处，由本书作者负责）。

2　住吉长屋

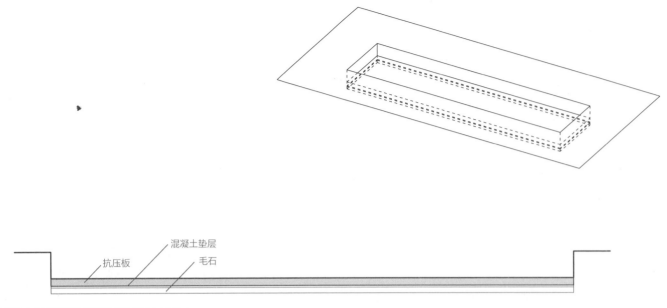

抗压板 ————————— 混凝土垫层
毛石

图 2-45　抗压板（大面积整体钢筋混凝土板）(1/100)
挖好基槽后，需将毛石铺垫在基槽的底面。然后再在毛石上面灌注混凝土垫层，并浇筑抗压板。

[18] 该图中基础的形状
与建筑物大小基本相同。
但在实际的建筑中，基础
的形状要比建筑物大。另
外，坡面（被切除的侧面）
不一定是垂直的。

[19] 住吉长屋的基础立
面、一层墙壁、二层楼板
要同时进行混凝土的灌
注，之后再对一层楼板进
行混凝土灌注。另外，也
有先对基础和一层楼板浇
筑混凝土，然后再对一层
墙壁和二层楼板进行混凝
土浇筑的。但这样基础部
分与一层墙壁就会出现在
原有的混凝土上接打混凝
土。当然，基础与一层墙
壁呈一体的浇筑方法是最
佳的方法。

就要对被称为**抗压板**的钢筋混凝土制作的基槽底板进行浇筑。**图 2-45** 表示
基槽的挖掘部分与抗压板（大面积整体钢筋混凝土板）的构成[18]。抗压板与
后面讲到的基础立面呈一体化，主要是用于将上部结构——建筑物的载荷传
给地基。

　　住吉长屋的基槽挖掘深度为 1.2m，基槽挖掘的底面先用称为**毛石**的碎
石·砂砾铺底，以对称为**混凝土垫层**的基础进行找平，上面**浇筑** 50mm 厚的混凝
土（将混凝土浇筑在模板内）。而后再在其上面灌注 250mm 厚的抗压板（大
面积整体钢筋混凝土板）。作为结构体的抗压板（大面积整体钢筋混凝土板），
需在其内部进行钢筋的**配筋**（将钢筋组合成钢筋网和钢筋骨架）。

2.4.2.2　基础 + 一层墙体 + 二层地面楼板

　　接下来便是在抗压板上对钢筋混凝土结构的基础（立面部分）+ 一层
墙体 + 二层地面楼板进行浇筑[19]。**图 2-46** 中所示的抗压板与基础立面之
间的虚线部分，表示在原有混凝土上进行的混凝土**接打**（当不能同时灌注
混凝土时，新旧两层的界面）。另外，当需要在原有混凝土上接打混凝土时，
混凝土内钢筋网（钢筋骨架）的配筋应具有连续性，以保证接打后结构体
的一体化。

基础立面的宽度为 250mm。带有抗压板的基础按形状被称为**片阀基础**
（具有一定厚度的支承整个建筑物的大面积整体钢筋混凝土板式基础）。

　　虽然住吉长屋采用的是片阀基础，但并不是说所有钢筋混凝土结构建筑的
基础都要采用片阀基础，因为对基础进行设计时建筑物的形状并不是唯一的考
虑因素，还需要考虑地基的强度。所以，到底采用哪种形状的基础最为合理，
还应在对基础强度进行确认的基础上进行设计。这个基础就是该建筑物建设用
地中的基础，建筑物的形状及建筑用地不同，基础的形状也不同。

　　在简略表现的图纸中基础部分可以省略不绘，但无论如何决不能忘记建筑
物下的基础到底是什么形状。对于初学建筑的学生来说，正确地设计基础的形
状并不是一件容易的事。不过，并不是说省略就可以完全不加考虑了，而是希
望能在脑海中加以思考、斟酌。希望能通过对各种案例的学习或通过实际操作，
学习并掌握实际建筑的基础形状。

　　钢筋混凝土结构的墙及**楼板**（构成地面及屋顶等的板状结构体）是用**预拌
混凝土**（在工厂或车间集中搅拌后运送到建筑工地的混凝土，作为商品出售，
故也称商品混凝土）灌注而成的。墙体的做法是先进行墙体内钢筋的配筋（将

2　住吉长屋

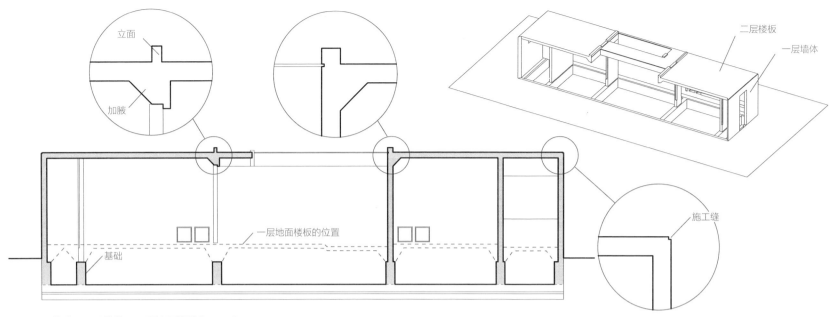

图 2-46 基础 + 一层墙体 + 二层地面楼板（1/100）

抗压板（大面积整体钢筋混凝土板）的上部灌注了钢筋混凝土结构基础 + 一层墙体 + 二层地面楼板。抗压板（大面积整体钢筋混凝土板）与基础之间的虚线表示该处在原有混凝土上接打混凝土。

钢筋组合成钢筋网和钢筋骨架），然后再将模板组装在墙的侧面。而楼板的做法则是在侧面和底面做好模板后，再进行钢筋的配筋。通常楼板的上面不用组装模板，而是在灌注混凝土后用抹子将其表面抹平。

原浆混凝土饰面又称清水装饰混凝土，是选用专用模板浇筑拆模后混凝土表面留有木纹或凹凸几何图案等装饰效果的混凝土。用抹子将混凝土表面抹平是"**压光**"，而不是原浆混凝土饰面。如果由楼板的上侧灌注混凝土并用抹子将其表面抹光，那么楼板的表面就不会成为原浆混凝土饰面。

虽说是题外话，但如果以什么为由欲将楼板的上表面做成原浆混凝土饰面的话，那就需要采用一些特殊的手法：如在其他的地方浇筑混凝土，并在浇筑好的楼板上反复进行设置等。但是，通常楼板上的地面要做饰面，而且用于步行的地面表面也不适合采用原浆混凝土饰面。所以楼板上的地面采用原浆混凝土饰面并不十分实用。

楼板底面的模板要支撑构成楼板的钢筋与混凝土的载荷，混凝土一旦凝固，该载荷便会传递到墙体上。在混凝土完全凝固之前，决不可拆除模板。我们将这种支撑称为**模板用支撑**（拱鹰架、支架）。模板用支撑（拱鹰架、支架）属

于**临建材料**之一，一般多采用铁管。

住吉长屋二层地面楼板的厚度与墙壁相同，均为 150mm。

正如**图 2-46** 中所示，在将二层地面楼板上部的室内与中庭（平台——连廊天桥）隔开的门窗装配件的安装位置处，因需进行防水处理、地面装修及门窗装配件的安装等，所以应对**立面**进行混凝土浇筑。另外，在二层地面楼板下中庭对面的门窗装配件的安装部位，还应设有加腋。加腋的主要作用是通过在开口部位较大的梁与柱的连接处（腋部）加一三角撑来提高结构的强度。

这样，为保证结构上必要的强度及门窗装配件的安装，就需浇筑成各种复杂形状的钢筋混凝土。

一层墙体 + 二层地面楼板的上面要浇筑二层的墙壁。因此，正如**图 2-46** 及**图 2-47** 中所示，一层墙体 + 二层地面楼板和二层墙壁之间就会出现混凝土施工缝。这部分的**施工缝**为高 20mm、深 20mm。所谓**施工缝**，是指对灌注混凝土部位进行防水处理而特意设置的伸缩缝。为防止雨水流入施工缝，应填充雨水无法浸入施工缝的**密封材料**（填充后确保水密性、气密性的材料）。

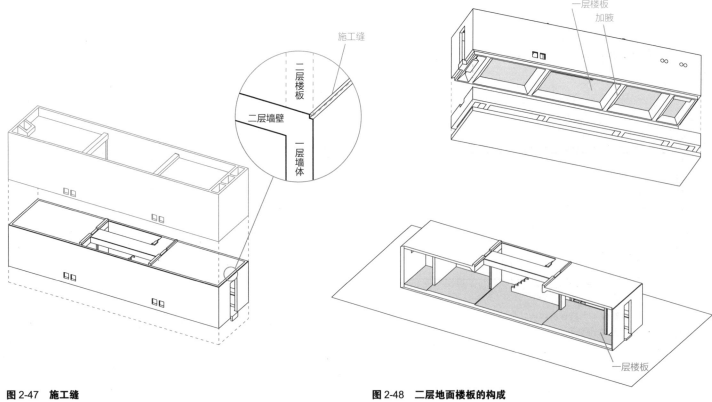

图 2-47　施工缝
一层墙壁 + 二层地面楼板与二层墙壁之间留有施工缝。这部分的**施工缝**为高 20mm，深 20mm。

图 2-48　二层地面楼板的构成
一层地面楼板的下部需进行回填。回填部分的上面要铺设毛石（碎石·砂砾），并在其上面灌注一层地面楼板的混凝土。上图为将抗压板（大面积整体钢筋混凝土板）、一层楼板、一层地面进行分解后由上向下俯瞰一层楼板得到的立面图。

2.4.2.3　一层楼板

　　接下来就要对**图 2-48** 及**图 2-49** 中所示的一层地面楼板进行混凝土的浇灌．楼板的厚度按 120mm 设计。

　　一层地面楼板的下部（基础内部一层楼板与抗压板——大面积整体钢筋混凝土板之间）需进行**回填**作业。所谓回填，是指完成基础等地面以下的工程后，再将土返还基础内并加以填实的作业。在回填土的上面还要铺设毛石（碎石·砂砾），并在其上面灌注一层地面楼板的混凝土。

　　详细内容我们将会在后面加以论述，这里所要注意的是一层地面的饰面高度因房间的不同而有所不同。中庭的地面比起居室及厨房·餐厅低 25mm，比卫生间·浴室低 50mm。为形成这些高差，在对一层的楼板进行浇筑时，必须设有不同的高差。

　　一层楼板与基础的衔接部位设有加腋，一层楼板的下部形状复杂。**图 2-48**

中的上图为将抗压板（大面积整体钢筋混凝土板）、一层楼板、一层地面进行分解后由上向下俯瞰一层楼板得到的立面图。对于基础与楼板的复杂形状应加以确认。

2.4.2.4　楼梯

　　图 2-50 表示在一层楼板上面浇筑的楼梯。

2.4.2.5　二层 + 屋顶 + 女儿墙

　　接下来需按**图 2-51** 所示的那样，对二层墙体、屋面楼板及被称为**女儿墙**的屋顶立面矮墙进行混凝土浇筑。详细内容我们将会在后面加以论述，这里所要说明的是，因女儿墙的下部需进行防水处理，故形状比较复杂。

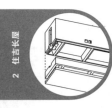

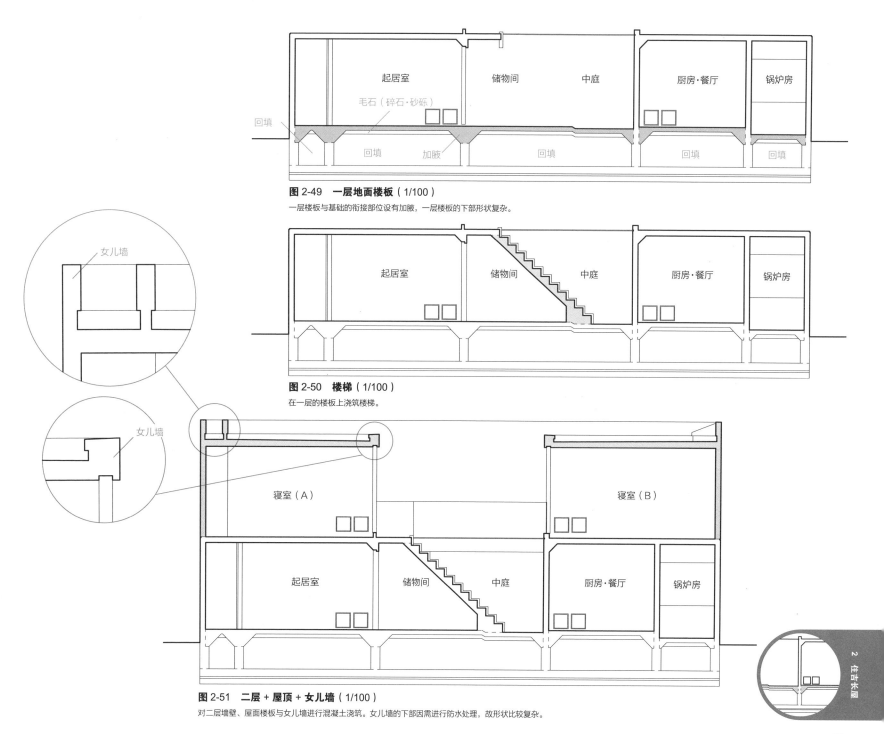

图 2-49 **一层地面楼板**（1/100）
一层楼板与基础的衔接部位设有加腋，一层楼板的下部形状复杂。

图 2-50 **楼梯**（1/100）
在一层的楼板上浇筑楼梯。

图 2-51 **二层 + 屋顶 + 女儿墙**（1/100）
对二层墙壁、屋面楼板与女儿墙进行混凝土浇筑。女儿墙的下部因需进行防水处理，故形状比较复杂。

起居室　储物间　中庭　厨房·餐厅　锅炉房

毛石（碎石·砂砾）

回填　回填　加腋　回填　回填　回填

女儿墙

寝室（A）　寝室（B）

起居室　储物间　中庭　厨房·餐厅　锅炉房

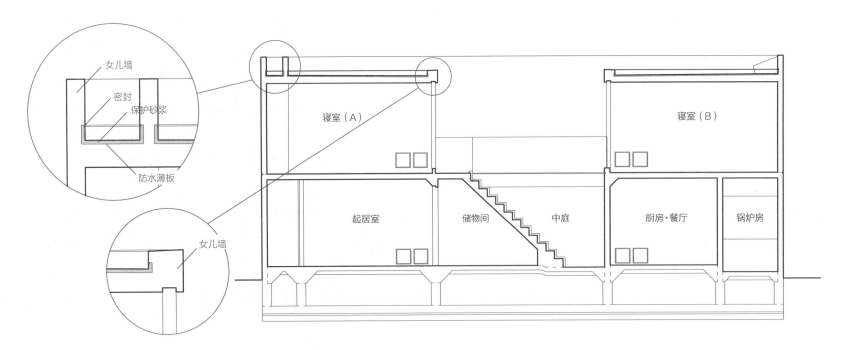

图中标注：
女儿墙
密封
保护砂浆
防水薄板
女儿墙
寝室（A）
寝室（B）
起居室
储物间
中庭
厨房·餐厅
锅炉房

图 2-52　防水（1/100）

在屋顶上，薄板防水的上面应铺设砂浆。图中厚度薄的防水薄板未被表示出来，只表示出具有数毫米厚的保护砂浆。

楼梯中的主要工程——钢筋混凝土工程完成后，结构体便完成了。

屋面楼板的设计厚度为 150mm，但严格来说，中庭一侧和外墙一侧（东立面一侧及西立面一侧）的厚度略有不同。这是因为屋面楼板的上面并不是完全水平的，而是为利于排水设有称为**排水坡度**的斜坡（屋面楼板的下面呈水平状）。在住吉长屋中，位于最下端的中庭与最上端的外墙侧之间有 30mm 的高差。也就是说，屋面楼板的厚度为：中庭是 150mm，外墙侧则是 185mm。因具有一定的倾斜度，所以雨水便不会被积存在屋面上，而是沿着斜坡直接流向中庭。

2.4.2.6　屋顶

图 2-52 表示屋顶的防水。在屋顶上，楼板的上面要进行铺贴**防水薄板**的**薄板防水**处理，并在薄板防水的上面铺设**砂浆**（水泥 + 沙子 + 水）。具有保护薄板防水作用的砂浆称为**保护砂浆**。

在**图 2-52** 中，所表示的并不是厚度比较小的防水薄板，而是具有数毫米

厚的保护砂浆。另外，因保护砂浆的表面具有一定的排水坡度，所以保护砂浆的厚度是不一样的（但看上去似乎是水平状的）。

不仅是住吉长屋，只要是带有屋顶的钢筋混凝土结构的建筑，屋面楼板的上部都必须进行**防水工程**的处理。薄板防水是在屋面楼板上铺设**防水层**的一种常用的方法。在进行薄板防水处理时，应在防水层边端设有数毫米向上立起的泛水收头（如果不设向上立起的泛水收头，水便会从端头处浸入）。为此，防水层的末端要设有向上立起的矮墙——泛水收头。前面所谈到的女儿墙便具有这种立墙的作用。另外，虽然也有利用女儿墙进行防水的方法，但对于初学建筑的学生来说，应能理解女儿墙的作用。

2.4.2.7　门窗装配件

混凝土工程完成后，便进入门窗装配件的安装工程。**图 2-53** 为安装门窗装配件的剖面图。与平面图中**门窗装配件**周围（门窗装配件的安装位置）的结构比较复杂一样，剖面图中的节点详图也十分复杂。

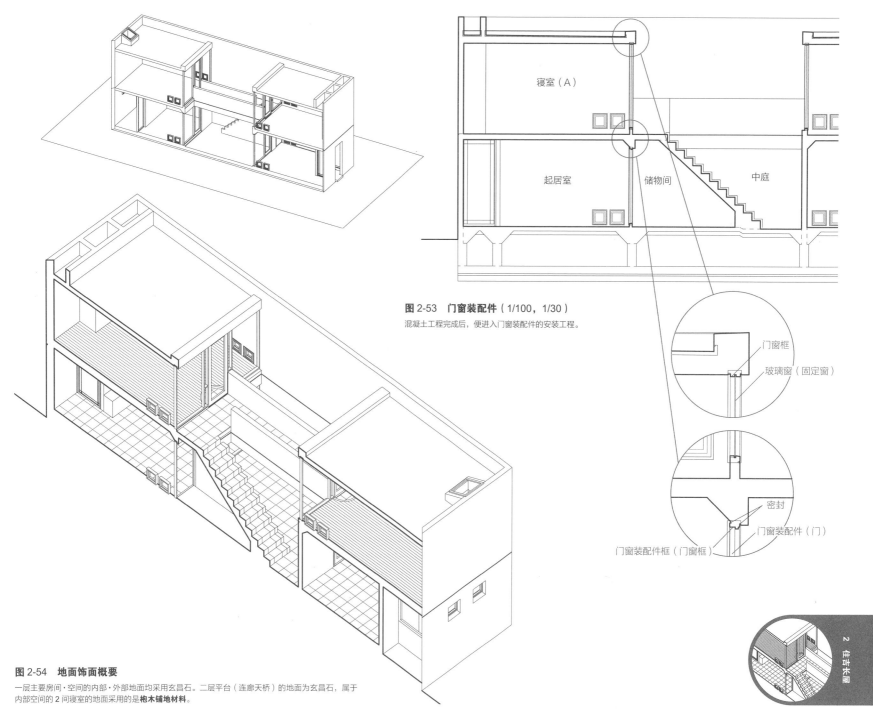

寝室（A）

起居室　　　储物间　　　中庭

图 2-53　**门窗装配件**（1/100，1/30）
混凝土工程完成后，便进入门窗装配件的安装工程。

门窗框

玻璃窗（固定窗）

密封

门窗装配件（门）

门窗装配件框（门窗框）

图 2-54　**地面饰面概要**
一层主要房间·空间的内部·外部地面均采用玄昌石。二层平台（连廊天桥）的地面为玄昌石，属于
内部空间的 2 间寝室的地面采用的是**枹木铺地材料**。

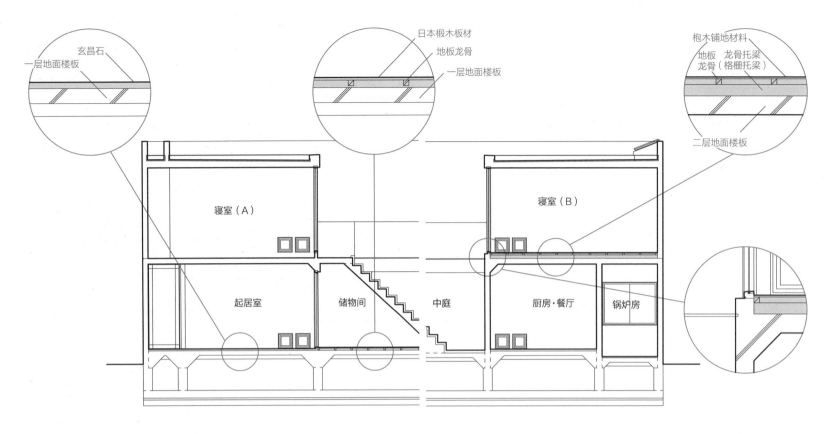

図 2-55 **一层地面饰面**（1/100）
起居室的地面楼板的上表面比地基表面高 250mm。玄昌石在厚 50mm 的范围内进行铺贴。

图 2-56 **二层地面饰面**（1/100）
寝室地面的做法为：在地板龙骨上铺贴日本椴木板材。

[20] 关于木结构地面的构成，我们在第五章（白之家）中已进行了详细的说明。

2.4.2.8　一层地面饰面

　　门窗装配件工程完成后，便开始进入了对地面进行装修的内装工程。**图 2-54** 是表示**地面饰面**概要的立体图。

　　一层的地面饰面，除楼梯下面的储物间与浴室尽头的锅炉房外，其他主要房间·空间的内部及外部地面均为 300mm 见方的玄昌石。二层的地面饰面，属于外部空间的平台（连廊天桥）采用的是与一层相同的玄昌石，而属于内部空间的 2 间寝室则是用**枪木铺地材料**铺地。

　　图 2-55 表示一层地面的装修状况。起居室及厨房·餐厅的玄昌石地面的上表面，比室外地面高 300mm，比地面楼板的上表面高 50mm。也就是说，地面楼板的上表面比地基面高 250mm，对玄昌石进行铺贴时，还要考虑到玄昌石本身的厚度，应在 50mm 的厚度内加以施工。

　　虽然中庭的地面采用的也是玄昌石，但要比起居室及厨房·餐厅的地面低 25mm。正是这 25mm 的高差，才可防止下雨时雨水流入室内。

　　与起居室相连的楼梯下面的储物间地面采用的是称作**日本椴木**的木质板材饰面。由地面楼板至级木（菩提树属）板材上面的装修厚度为 80mm。在这 80mm 的厚度之间铺有 45mm 见方、称为**地板龙骨**的方形木材，而在地板龙骨的上面则铺设日本椴木板材[20]。

2.4.2.9　二层地面饰面

　　图 2-56 表示二层地面的装修状况。二层寝室地面的做法为：在地面楼板上进行木质地板结构（楼板构造）的施工，铺设日本椴木板材后，再铺贴枪木铺地材料。**地面铺设**是在地面楼板上 150mm 的厚度内进行的，而地面结构正

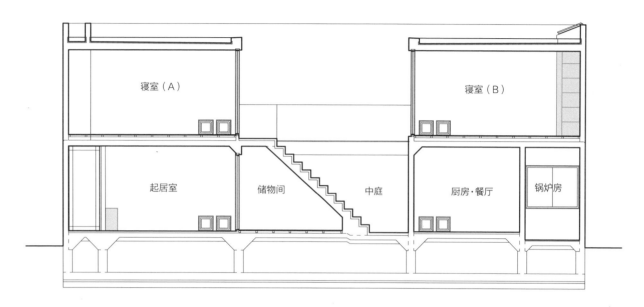

图 2-57　**家具的表现**（1/100）

绘有一层起居室鞋柜和二层寝室（B）壁橱。壁橱是包括可登上屋顶的楼梯在内的固定式家具。

是由安装在这个厚度空间中的**龙骨托梁（格栅托梁）**和地板龙骨组成。

　　一般地面的做法很多，也有直接在地面楼板上铺设地面材料的施工方法。但即便是相同的材料，因地板结构（楼板构造）不同，地板的弹性也会有所不同。也就是说，饰面材料的下面（直接与饰面材料接触的部分）是混凝土还是木质的地板结构（楼板构造），对于踩踏在地板上的感觉是完全不同的。至于硬地面或具有弹性的地面到底哪种更好些，我们不能一概而论，但可以说确保地板具有一定的弹性也是设计的要点之一。

2.4.2.10　家具

　　最后绘制完家具后，剖面图的绘制便告结束。**图** 2-57 是绘有一层起居室鞋柜和二层寝室（B）壁橱的剖面图。该壁橱是一种包括可登上屋顶的楼梯在内的固定式家具[21]。

2.4.2.11　工程施工工序小结

　　以上我们参照剖面图对工程的施工工序进行了说明。一旦理解了工程的施工工序，也就可以掌握剖面图中各线条的含义了。

　　图 2-57 剖面图中各线条的含义已在本章末（第 94 页）的小结中列出，可供参考之用。另外，**图** 2-57 可参照本章篇首所表示的剖面图**图** 2-2（第 43 页），应对那些看不到的部位（地板下及地下等）中都有哪些被遮挡加以确认。另外，还应将**图** 2-57 或**图** 2-2 与前一章箱形建筑的剖面图——**图** 1-2（第 11 页）进行比较，这样，就可以理解实际建筑中像住吉长屋这种优秀的建筑中到底具有什么样的建筑构造了。

[21]　鞋柜和寝室（B）的壁橱尺寸在正式出版物的图纸（第 42 页注 1 所示的）中已标明。因本书不要求掌握其他家具的准确尺寸，所以在图 2-57 中只标出了 2 个家具的尺寸，其他家具的尺寸可按自己的思路标出。

2　住吉长屋

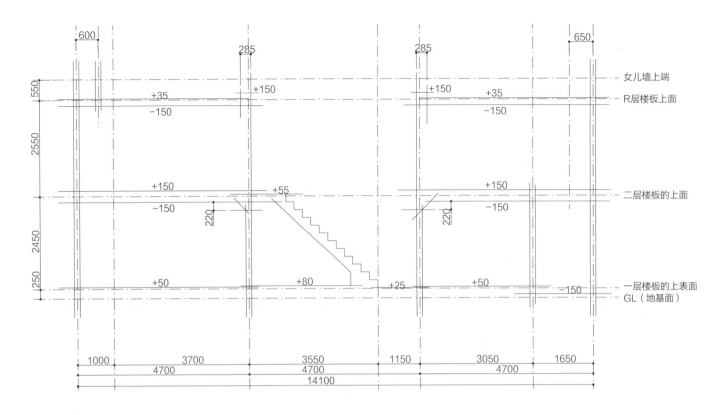

图 2-58 楼梯部分的基准线与草稿线（1/100）

楼板上表面为高度方向的基准，表示地面饰面的草稿线的位置是由楼板的上表面向上下两个方向偏移。

2.4.3 剖面图的绘制方法

如果理解了剖面图的构成，便可以绘制出剖面图了。我们在本节中主要学习的内容是剖面图的绘制。

2.4.3.1 基准线与草稿线

在绘制图纸时，一开始绘制的就是基准线与草稿线（当基准线未明确表示时，也可以将基准线作为草稿线绘制）。**图 2-58** 表示主要的基准线与草稿线。**图 2-59** 表示楼梯的基准线与草稿线。在这些图中，表示地面饰面的草稿线是以楼板的上表面为高度方向的基准线，绘制在稍稍偏离楼板上表面的位置处。[22]

因一层与二层的顶棚是原浆混凝土饰面，所以二层与 R 层的钢筋混凝土楼板的底面便是顶棚部分。另外，由于楼板的厚度为 150mm，因此表

示顶棚的草稿线是在自顶棚的上面向下 150mm 的位置处进行绘制的。因墙壁的基准线在 150mm 墙的中心处，故墙壁的草稿线绘制在基准线左右75mm 的位置处。

面对一层中庭的墙壁·门窗装配件（由门窗框、玻璃构成的部位）的上部与二层楼板的连接处（腋部）加有三角撑的加腋。因与门窗装配件细部有关，所以加腋的形状也十分复杂。**图 2-58** 及 **图 2-59** 是它的简略表现。

楼梯钢筋混凝土部分的设计如 **图 2-59** 中所示，最薄的部分只有 120mm。

2.4.3.2 剖切线

剖切线如 **图 2-60** 所示。该图中除剖切线外，可见线所看到的墙壁·门窗装配件的位置用草稿线表示。

[22] 一般是用地面饰面作为高度方向的基准线。为便于说明，我们在这里未采用地面饰面而是以楼板的上表面作为高度方向的基准线。

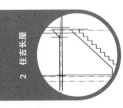

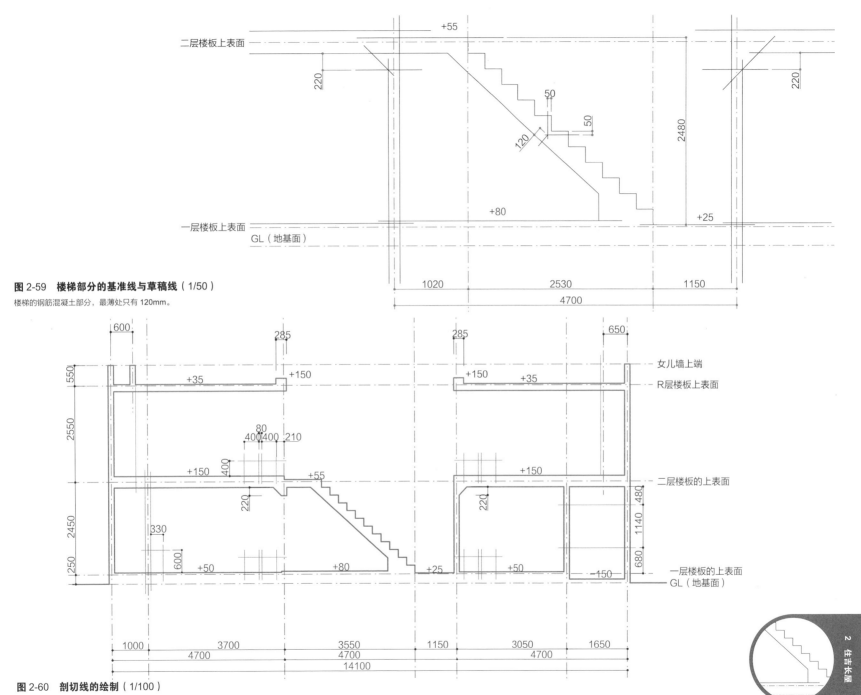

图 2-59　楼梯部分的基准线与草稿线（1/50）
楼梯的钢筋混凝土部分，最薄处只有 120mm。

二层楼板上表面
+55
220
50
120
50
2480
一层楼板上表面
GL（地基面）
+80
+25
1020
2530
1150
4700

600
285
285
650
550
+35
+150
+150
+35
女儿墙上端
R层楼板上表面
2550
80
400 400 210
+150
400
+55
+150
220
二层楼板的上表面
330
220
2450
600
+50
+80
+25
+50
−150
480
1140
680
一层楼板的上表面
250
GL（地基面）
1000
3700
3550
1150
3050
1650
4700
4700
4700
14100

图 2-60　剖切线的绘制（1/100）
根据草稿绘制的剖切线。如果绘制了剖切线，那么，作为可见线看到的墙壁·门窗装配件的位置用草稿线进行绘制。

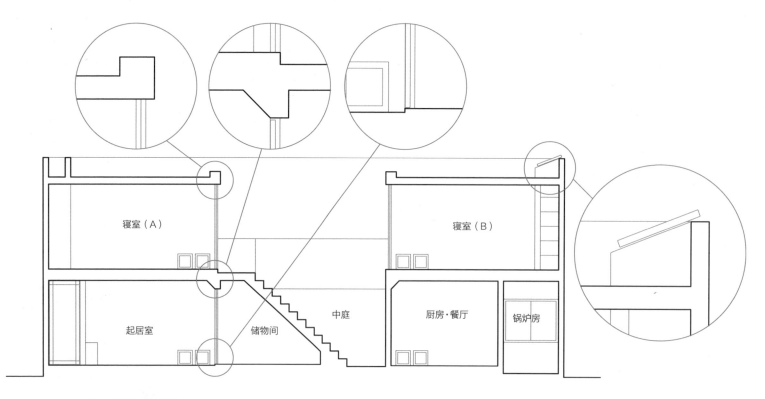

图 2-61　用可见线表现的绘图（1/100）

擦除草稿线，然后用可见线绘制门窗装配件与家具，并标上房间名称后，一幅简略表现（绘制）的剖面图便告结束。

2.4.3.3　门窗装配件与可见线

如果草稿线去除，用可见线表示门窗装配件和家具（鞋柜和橱柜），并标上房间名称，便是**图 2-62** 中简略表示的剖面图 [23]。**图 2-62** 是将剖面图与垂直剖切面图相对应表示的。

图 2-62 是门窗装配件（门、滑轴窗、门扇）和家具（鞋柜和橱柜）的可见线及其简略表现。因剖面图中绘制了所有的可见线而比较复杂，所以可以在某种程度上将其简化表现。另外，**图 2-61** 是将门窗装配件及家具按简单的形状绘制的。

📕 练习 2-5　剖面图的绘制

准备 A3 的绘图纸，通过以下简略的表现方法，绘制一张将楼梯截断的剖面图。绘图比例为 1/50。

（1）外观看不到的部分可不绘制。也就是说，基础、地板结构（地板构造）不用绘制。

（2）安装在墙壁·地面·顶棚上的门窗装配件可不绘制，只是简略地表现门窗装配件即可。

（3）屋顶上的排水坡度可不绘制。R 层楼板的上面为平顶。

（4）基准线用草稿线绘制。

（5）门窗装配件及家具的可见线可简单地进行绘制。

应学习掌握剖切线都是由哪些部位构成的。另外，不要忘记外观能够看到的所有部分都要用可见线进行绘制。绘制时可参考本章篇首的**图 2-2**（第 43 页）及章末汇总中"各部位的构成"（第 94 页）。

[23]　在实际制图中，草稿线是颜色很浅的线条，所以不必将其去除。

2　住吉长屋

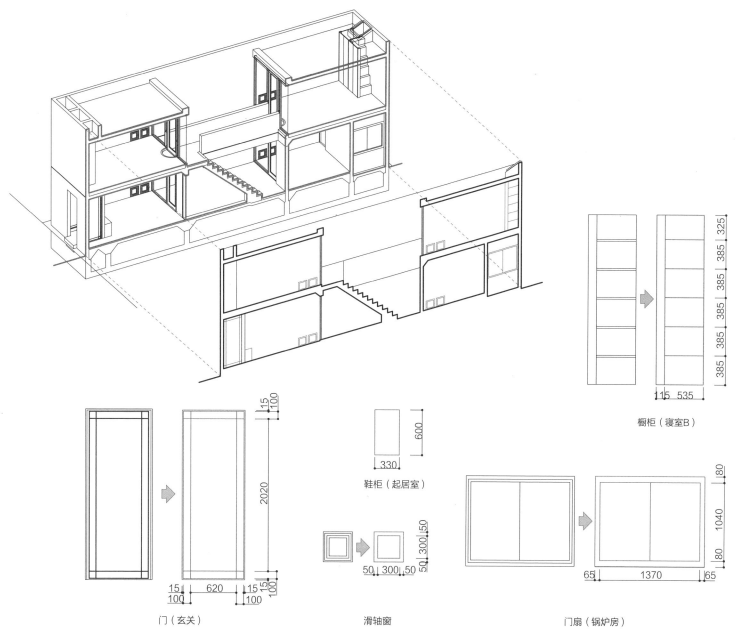

橱柜（寝室B）

门（玄关）

鞋柜（起居室）

滑轴窗

门扇（锅炉房）

图 2-62　门窗装配件与家具（1/50）

虽然表示门窗装配件及家具的可见线实际上应是箭头左所示的形状，但剖面图中都要绘制所有可见线。也可以像箭头右那样采用简略的表现方法。

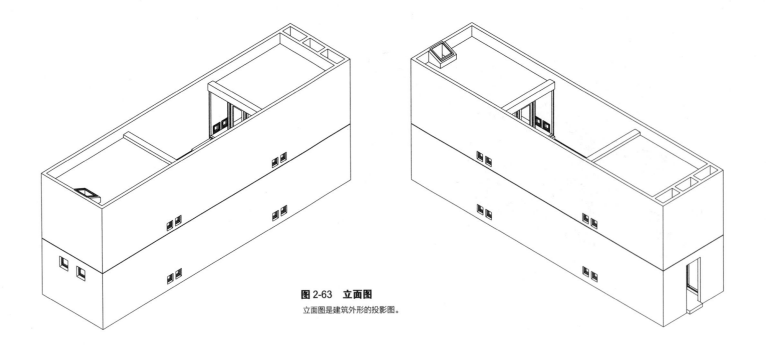

图 2-63　立面图
立面图是建筑外形的投影图。

2.5　立面的构成

到目前为止，我们学习了住吉长屋的平面与剖面的构成。在本节中，我们主要学习立面的构成。

住吉长屋的外形如**图 2-63** 所示，为轴测图。立面图便是该外形的投影图。

2.5.1　外形的表现

因立面图是外墙的投影图，所以住吉长屋就需要绘制 4 个方向的立面图。最简略的立面图就是**图 2-64**。图中只表现了外形与开口部的轮廓、一层墙壁和二层墙壁之间 20mm 宽的混凝土伸缩缝。

2.5.2　原浆混凝土饰面的表现

为在立面图中表现出原浆混凝土饰面的效果，应将模板与扣件（后述）的孔洞绘制在图纸中。

2.5.2.1　模板

外墙的模板采用 1800mm×1800mm 的**胶合板**。虽然这一尺寸的胶合板

可用于很多部位，但也有将其截成小块使用的。**图 2-65** 便是将模板的**放样布置**（layout）置于立面所绘制的立面图。

在**图 2-65** 所示的西立面图（有停车门廊的一面）中，使用的是宽度分别为 1650mm 和 150mm 的模板。将停车门廊上部进行放样布置后用宽 150mm 的模板在立面的接缝拼接。宽 150mm 的模板拼接缝就像神社中支撑脊桁（脊木）柱子的撑脊柱 [24]。另外，因 1650mm+150mm=1800mm，所以也可以看到 1800mm×900mm 的模板拼接缝。

胶合板间的衔接应相互吻合，如果胶合板的**接缝**（衔接部位）没有缝隙及高差的话，那么将模板拆除后，衔接的部位就不会出现凹凸不平的现象。模板衔接的痕迹为**衔接接缝**（同一材料间没有缝隙的接缝）。

如**图 2-66** 所示，边缘线（可见线）与接缝（衔接）的绘图方法是不一样的。与同一平面中的接缝（衔接部位）不同，边缘线（可见线）是表现建筑形态的立体的边缘线。因立面图是从无限远处看到的投影图，所以都可以用细线进行绘制。但是对于接缝（衔接部位），为强调图的立体效果，也可以用可见线绘制。

[24]　构成屋架（屋顶）顶部的水平材料称为脊桁（脊木）。撑脊柱是指直接支撑脊桁（脊木）的。

2　住吉长屋

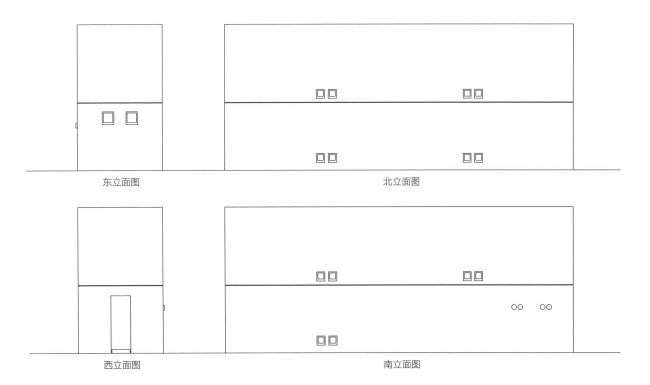

东立面图

北立面图

西立面图

南立面图

图 2-64 立面图（1/50）

立面图的最简略的表现方法。只绘制了外形、开口部位的轮廓和伸缩缝。

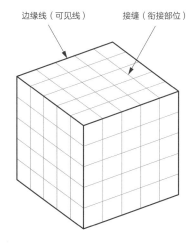

边缘线（可见线）

接缝（衔接部位）

图 2-66 边缘线（可见线）和接缝（衔接部位）

边缘线是表示建筑形态的立体的边界线。接缝则是存在于同一表面内的衔接部位。

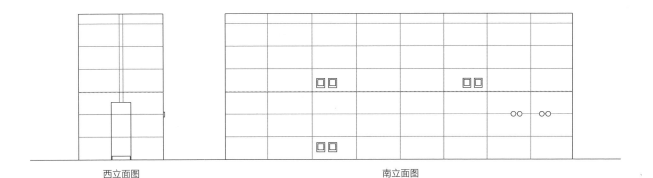

西立面图

南立面图

图 2-65 表现模板接缝的立面图

外墙的模板采用 1800mm×900mm 的胶合板。虽然这一尺寸的胶合板可用于很多部位，但也有将其截成小块使用的。

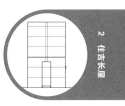

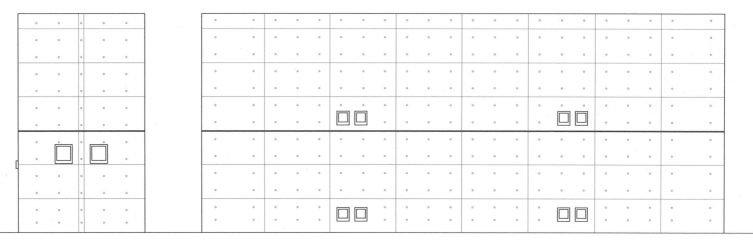

东立面图　　　　　　　　　　　　　　　　　　　　　　　　北立面图

图 2-68　**立面图**（1/100）

表示模板衔接缝的立面图中加绘了扣件（连接件）的痕迹。

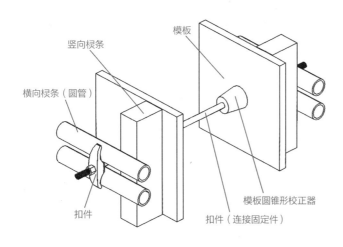

模板

竖向椀条

横向椀条（圆管）

模板圆锥形校正器

扣件

扣件（连接固定件）

图 2-67　**扣件**（**连接固定件**）

2.5.2.2　扣件（连接件固定）

模板是用称为**扣件**（**连接固定件**）的金属件将临建材料进行固定的。**图** 2-67 是模板扣件的示意图。

在进行混凝土浇筑时，模板要承受混凝土的压力。扣件作为模板与临建材料的连接点，会将这种压力传递到临建材料上。因此，应将扣件按均等的距离进行连接。住吉长屋中的扣件大多都是按水平方向 600mm、垂直方向 450mm 的间隔均等设置的。

一般，扣件是被埋设在灌注的混凝土中的，扣件的端部（模板圆锥形校正器）要与模板一起被拆除。这样，这部分就会在混凝土上留一小孔。通常这一小孔是用砂浆填实的。正是这种砂浆填充的扣件孔和模板的衔接缝才给了原浆混凝土饰面墙一种独特外观。

如果对模板进行放样布置，那么在设计与之相关的扣件的配置时就应当考虑到便于混凝土填充这一因素，这也会成为决定原浆混凝土饰面的一大要素。**图** 2-68 及本章篇首的**图** 2-3（第 43 页）便是表示模板衔接缝及扣件（连接件）痕迹的立面图。

▉ 练习 2-6　立面图的制图

下面，就让我们根据平面图、剖面图的尺寸，进行立面图的绘制吧。与平面图、剖面图相同，用 A3 的纸并按 1/50 的比例绘制。

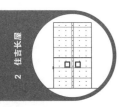

图 2-69　用 CG 完成的空间表现（二层寝室）

图 2-70　用 CG 完成的空间表现（室内构成）

2.6　计算机图形学

　　到目前为止，我们通过模型与图纸学习了住吉长屋的形态与空间。在本节中，我们将一改传统的绘图思路，而是通过 CG（Computer Graphics，计算机制图）对住吉长屋的图形进行生成的。**图 2-69** 及**图 2-70** 就是通过 CG 来表现住吉长屋的空间的。

　　与不能正确理解建筑的空间布局设计（构图设计）就无法绘制正确的图纸一样，在制作 CG 时也必须理解建筑的结构（构图设计）。因此，通过 CG 的制作就可以对建筑的空间布局设计（构图设计）再次进行复习。

　　虽然在教室中是不可能进行实际的建筑施工的，但在计算机上却可以对建筑进行图形的生成。如果能认真地进行绘制，那么就会如同进行实际上的工程施工那样，在计算机上就可以建造建筑了。不仅如此，而且还可以明确地知道将要建造的建筑空间到底是一个什么样的空间。

　　本书中所提供的立体图并不是用手工绘制的，而是用 CAD 应用软件及 CG 软件绘制的。本节的说明对如何绘制立体图也是一种启示。

　　在 CG 制图中，也需要有一些与建筑无关的、CG 所特有的绘图技巧。在本节中，我们将从"在绘制 CG 的过程中学习掌握建筑的空间布局设计"的角度出发加以说明。当然其中也会涉及 CG 的绘图技巧。

　　CG 的绘图技巧对于不习惯用 CG 绘图的学生来说，不仅不太容易掌握，而且也很难产生兴趣。但是，正如学习图纸及模型的绘制技巧是学习建筑的一部分那样，学习 CAD 及 CG 也是学习建筑专业不可缺少的一部分。下面，就让学习建筑专业的学生们兴趣盎然地来学习 CAD 及 CG 吧 [25]。

2.6.1　CG 结构

　　一般 CG 的制作是按下述顺序完成的。

　　（1）模板化

　　（2）设定表面材质

　　（3）设定视点与视野（决定 CG 与构图）

　　（4）设定光线

　　（5）绘图

　　其中的"（1）**模板化**"，是指在计算机上表现出建筑形态的绘图作业。被模型化的建筑则是通过称之为"（5）**绘图**"的绘图操作成为 CG 透视图或 CG 动画表现的。

　　将建筑进行图形生成的操作就是"（1）模型化"，"（2）~（5）"则是 CG 特有的操作。

[25]　一般 CG 是采用专用的应用软件进行图形制作的。在本书中，并未言及到底应当用什么样的应用软件绘图，只是对 CG 制作的原理作了说明。另外，本书中没有专门布置制作 CG 的练习题，主要是希望各位能各显身手，选择适合自己的应用软件，对 CG 有所挑战。

另外，本节中所示的 CG 是用 Shade（e-frontier 公司）的 CG 应用软件绘制的。

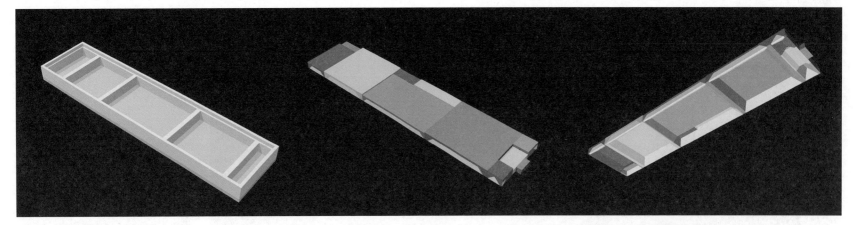

图 2-71　基础部分的立体图形

抗压板（大面积整体钢筋混凝土板）与基础泛水部分的模型。在实际建筑中，基础是与一层墙体同时浇筑的，但这里则是将基础部分与墙体剖切后制作的模型。

图 2-72　一层地面楼板的立体图形

一层地面楼板中，停车门廊、起居室、中庭、餐厅、浴室、锅炉房等各房间的高度与进深都不相同。所以在 CG 模型中，地面楼板是由多个部件构成的。

图 2-73　一层地面楼板（仰视）

地面楼板的下部设有加腋（在基础的连接处加一三角斜撑，相当于柱子上"牛腿"的部分）。

2.6.1.1　模型化

本章所示立体图是将一个 CG 模型进行剖切、分解绘制的。这些 CG 的模型是在计算机上将住吉长屋的各个模块组装生成的。

效果图的生成有各种不同的方法。例如，如果制作 CG 的目的是想得到从某一视点生成的作品投影图，那么只将所看到的部分生成模型化图形就足够了，而不需要将整个建筑生成模型化的图形。既可以用 CG 生成简单的模型化图形，而且若需要详细的 CG 图形时，也可以生成精致的模型化的图形。在 CG 的造型中，与图纸及模型相同，精度的变化是通过输出的尺寸实现的。

本章的效果图图形是根据以下要求制作的：

（1）生成基础、地面、墙壁等主要部位的图形。特别是采用钢筋混凝土的结构体，应采用准确的尺寸生成图形。

（2）对于地面装修、墙面装修（浴室墙面瓷砖）、屋面防水，都需生成包括基底（铺贴装修材料的素土地面）在内的相同形状的模型化图形。但基底本身可以省略。

（3）门窗部分可以用简单的形状生成模型化的图形。

（4）密封（填充缝隙、接缝的材料）可不用生成模型化的图形。

也就是说，本章中的 CG 模型是指对结构体按大致与实际建筑相符的尺寸比例进行模型化图形的生成，另外，虽然基底部分未进行模型化处理，但结构体与装修饰面的位置关系与实际建筑一致。

在本节中，我们通过对 CG 的模型进行分解，再次对住吉长屋的形态构成加以确认。

2.6.1.2　表面材质与光线的设定

在 CG 中，单独生成的形状是无法表现混凝土或木质那种**表面材质**的纹理效果的。所以在 CG 中需要对表面材质加以定义。另外，因 CG 中事先并不存在光线的问题，所以还需对光线从哪个方向投向建筑进行设定，亦即**光线的设定**。

虽然建筑的形状（形态）是通过模型化加以定义的，但是紧靠形状是不能表现建筑空间的。建筑中的地面·墙壁·顶棚都需表现出不同的材料质感。另外，还需通过光线加以表现。

在本节中，将通过表面材质、光线的设定对住吉长屋的空间构成（材质感及光线的构成）进行再确认。

2.6.2　形态（形状）的构成

下面，就让我们在对 CG 进行确认的同时，再次对住吉长屋的形态（形状）构成进行一下复习。

2.6.2.1　基础

图 2-71 表示抗压板（大面积整体钢筋混凝土板）与基础泛水部分的 CG

2　住吉长屋

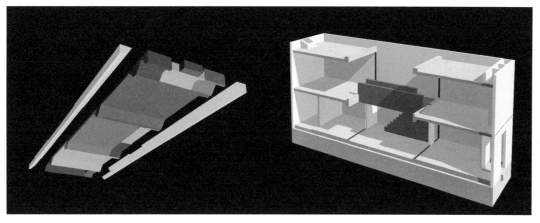

图 2-74　加腋的效果图
在实际施工中，地面楼板与加腋是一体的，但在该 CG 模型中，长度方向的加腋构件是单做的。

图 2-75　墙体模型
含有墙壁的开口及凹入部分。图中的红色部分为开口部及凹于墙面的侧面。

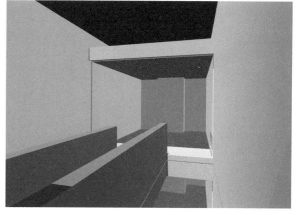

图 2-76　墙体模型（连廊天桥）
二层开口部位周围的墙体包括凹于墙面用于安装窗户的部分。

模型。实际的建筑的基础部分是与一层墙体同时浇筑的，但在该 CG 模型中，是将基础部分与墙体剖切后制作的。

2.6.2.2　地面楼板

图 2-72 是一层地面楼板的 CG 模型，该图中未绘制基础部分，只是表示了地面楼板。

实际建筑是由各个不同的部位组成的。CG 模型也是将建筑的部位作为构件加以定义的，通过构件的组合将整个建筑模型化。

模型化有各种不同的方法，本书中主要介绍一种最普通的方法，即在平面的形状上加上厚度与高度的方法。**图 2-71** 及 **图 2-73** 中所示的抗压板（大面积整体钢筋混凝土板）、基础泛水、地面楼板都是通过具有一定厚度及高度、形状相同的构件组合而生成立体图形的。

在 CG 应用软件中，具有一定厚度及高度、形状相同的构件多称为**柱状体**（也称为**扫描体**）。柱状体是指绘制三维平面图或立面图，通过将该平面图或立面图向进深方向或高度方向扫描（拉伸）而形成的立体图形。

在立体图形的生成过程中，实际建筑部位的形状与 CG 模型的构件形状往往并不一致。一个建筑的部位通过 CG 特有构件的组合就可以生成立体图形。

一层地面楼板中的停车门廊、起居室、中庭、餐厅、锅炉房等房间的高度及进深都不一样。为能表现这些高度与进深的不同，地面楼板的 CG 模型便由多个构件组成。在**图 2-72** 中，各构件分别用不同的颜色加以区分。

图 2-73 是由地面楼板的下方向上看的模型。从下向上看，就可以知道地面楼板下部加腋（在基础的连接处加一三角斜撑，相当于柱子上"牛腿"的部分）的形状了。

一层地面楼板的加腋也是通过 CG 特有构件组合生成立体图形的。加腋向长度方向（由门厅向浴室的方向）以及与长度方向正交的宽度方向拉伸。

在实际的混凝土工程中，所有的加腋都是与地面楼板同时浇筑的，所以实际上地面楼板与加腋是一体的。也就是说正如**图 2-74** 所示，宽度方向的加腋是与地面楼板呈一体的构件，长度方向的加腋构件与地面楼板不是一体，而是单独的。虽然这两者在 CG 模型中都非常重要，不过在 CG 中，即使构件非常重要也只能放在次要位置了（**图 2-72** 及**图 2-73** 中，应优先考虑宽度方向的加腋构件）。

2.6.2.3　墙壁

图 2-75 及 **图 2-76** 表示在基础与楼板上加有墙壁的 CG 模型（还加有楼梯、连廊天桥）。

在用作墙壁的模板上开出表示门窗开口部位的开孔，并对用于窗户安装的凹于墙面的凹陷部位和接缝处的凹陷部位等进行设计与制作。在**图 2-75** 及**图 2-76** 中，因嵌接后一个表面凸出于另一个表面的十字嵌接及凹陷的侧面用

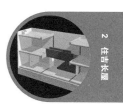

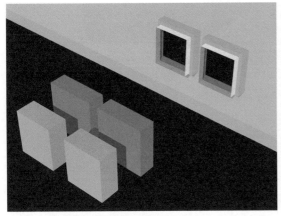

图 2-77　开口部的效果图（滑轴窗）

图 2-78　窗框的效果图

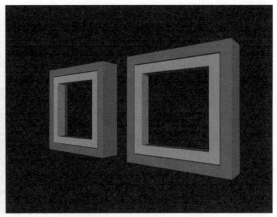

图 2-79　窗框的效果图（滑轴窗）

图 2-80　门窗框效果图（二层卧室）

图 2-81　门窗框效果图（一层餐厅）

红色表示，所以应对哪些部位是嵌接后一个表面凸出于另一个表面的十字嵌接以及哪些部位是凹陷加以确认。

当制作从远处观看的 CG 模型时，对于嵌接后一个表面凸出于另一个表面的十字嵌接及凹陷部分的细部可采用简单化或省略的做法。不过如果要表现门或窗与墙壁的净空时，该处就无法掩饰了。

因实际上窗户是安装在墙体上的，所以在制作的模型中，墙体上就留有安装窗框的凹陷部分。为将安装在住吉长屋外墙上的滑轴窗进行模型的立体化处理，特在墙壁上做出表示门窗开口的形状（**图 2-77**）。

2.6.2.4　门窗装配件

图 2-78 是加有门窗装配件（门框）的 CG 模型。

在本书中，安装在外墙上的滑轴窗窗框是按**图 2-79** 所示进行模型化处理的。实际建筑中的窗框并不像模型中的这么简单，这里只是将复杂的形状用简单的模型表示而已。

图 2-82　光线的表现（一层起居室）
从一层起居室及二层寝室向中庭看去得到的 CG 模型。

图 2-83　光线的表现（二层卧室）
从一层起居室及二层寝室向中庭看去得到的 CG 模型。

图 2-80 及图 2-81 是在增加门窗框后对 CG 模型进行渲染处理的效果图例。

2.6.3　光线的构成

到目前为止，我们完成了钢筋混凝土结构体和门窗装配件的模型化处。虽然其中的装饰部分还未完成，但在制作之前先对光线的构成加以说明。

图 2-82 及图 2-83 是从一层起居室及二层寝室向中庭看去得到的 CG 模型。在图 2-82 中，除表现出照射在中庭的光线外，还表现出了上部连廊天桥光影的效果。在图 2-83 中，则表现了中庭与寝室的光线效果。这些图是以"住吉长屋由没有装饰的白色材料和透明玻璃构成"作为假设条件制作的，只是对光环境进行的一个模拟。

这样的图若不对光线进行设置，就无法进行绘制。只有对如何用 CG 表现光线的效果进行认真的思考，才能掌握光的原理、建筑与光的关系。

2.6.3.1　直接光与环境光

光分**直接光**与**环境光**两种类型。所谓直接光，是指太阳及照明器具等光源

发出的光，而环境光则是指除光源外的各种物体的扩散光、反射光。

在 CG 中，间接光的设定是非常麻烦的。为能正确地设定间接光，必须对所有的构件表面会产生什么样的扩散光、反射光进行定义。但是若将所有的构件作为光源加以定义就会加大工作量，这是不现实的。

实际在进行 CG 的制作时，可以将间接光换成直接光加以表现，或者也可以采用推测间接光的各种绘制技巧。

2.6.3.2　光源的种类

CG 中对光源的处理包括：**无限光源**、**点光源**、**线光源**、**面光源**等。无限光源是指太阳光。点光源是灯泡那种由一个点发出的光源。线光源是类似于荧光灯那种由线状照明发出的光源。面光源则是指整个面都发光的光源。

无限光源、点光源、线光源可以对太阳光及照明器具进行图像处理后设定光线，但对于面光源，就很难进行图像的处理。

建筑中的房间是由墙壁、地面、顶棚等围起的一个空间。实际中的墙壁、地面、顶棚本身并不是光源，但即使不是光源，因光线可以反射到其表面，所以它们的表面是有光的。也就是说，它们的表面作为间接光的光源是可以映射

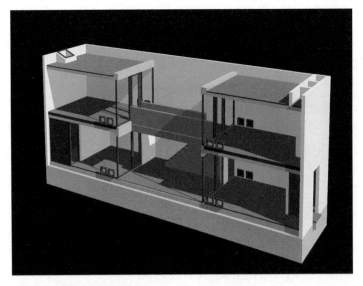

图 2-84 装修材料的效果图
为地面装饰部分铺贴在地面之上，墙壁瓷砖部分粘贴在墙面上的 CG 模型。

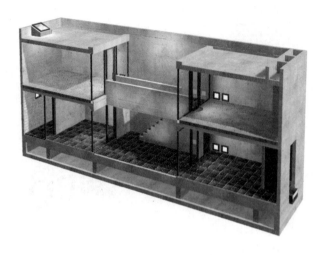

图 2-85 装修材料的表现
图 2-84 的装饰部分与墙壁的表面为玄昌石、地板材料、瓷砖、原浆混凝土饰面那种材质感的 CG 模型。

在其他的物体上的。

虽然所有的墙壁、地面、顶棚都不会给其他物体带来太强的光线，但在 CG 中应根据需要将墙壁、地面、顶棚等作为面光源进行处理。

2.6.4 材质感

2.6.4.1 装饰材料的模型化

图 2-84 是加有地面装饰部分和浴室·卫生间墙面瓷砖部分的 CG 模型。

其中，装饰部分可以用"块"（存储在图形文件中仅供本图形使用的由一个或一组实体构成的独立实体）制作，基底部分则不用模型化。也就是说，装饰材料是作为具有基底厚度的柱状体进行模型化处理的。

因"外观看不到的部分可不做模型化处理"是 CG 制作的基本技巧，所以可以省略基底的砂浆部分的模型。住吉长屋的顶棚是由混凝土、地面是由装饰材料构成的，地面楼板上的装修材料采用砂浆抹面的方法。

图 2-85（该图中也表现了混凝土的材质感）是将模型化的装修材料进行渲染处理的效果图，经渲染后材料的表面便具有了玄昌石、地板材料、瓷砖那种材质感。

2.6.4.2 材质感的置换

图 2-86 是将混凝土墙与一层地面铺设玄昌石进行渲染处理的中庭的 CG 模型。另外，**图 2-87** 表现的是墙壁原浆混凝土饰面的渲染效果。

在这些图中，**图 2-88** 所示的图像铺贴在墙壁上。也就是说，墙壁的表面的原浆混凝土饰面就像铺贴的壁纸。在这些模型中，墙壁及地面在外观上可以看到的各种材料都与粘贴壁纸的原理是相同的。这种将图像贴在模型表面的 CG 技法就称为**置换**。

置换的方法中包括将图像粘贴在整个面上以及将一个图案反复进行粘贴的方法。可将 1800mm×900mm 的混凝土模板及 300mm×300mm 的玄昌石作为一个连续的图案铺设在墙面或地面上。不过，重复铺贴同一种图案显得比较单调，所以设计时还应开动脑筋，有所创意。

虽然像在表面上粘贴图像这样的置换原理比较简单，但置换中也有很多技巧。如在表面上赋予一定凹凸的**凹凸置换**就是其中的技巧之一。

凹凸置换是在表面粘贴凹凸图案的方法。**图 2-85 ~ 图 2-87** 是将**图 2-88** 中的下图表示的图像粘贴在混凝土模型上，并使图中的黑色部分凹陷后加以渲染的效果图。

图 2-86 混凝土的表现（中庭）
除混凝土墙壁外，一层地面为玄昌石材质感的 CG 模型。

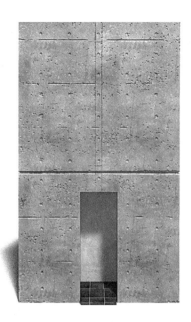

图 2-87 原浆混凝土饰面的表现（正面）
混凝土墙面表现为原浆混凝土饰面效果的正面墙。

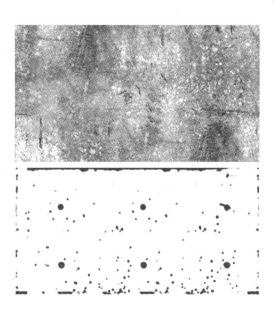

墙壁的 CG 模型本身是一个表面平滑的立体物。但是，实际中的墙壁表面并不是平滑的。混凝土表面粗糙以及模板板材的接打缝都会使混凝土表面留有凹凸不平的痕迹。另外，模板扣件也会在墙壁的表面留下小孔。

一般，很难正确地将这些小的凹凸以及粗糙的表面加以模型化。对于模板扣件的痕迹，也许可以采用从墙壁挖孔的方法制作。但是，若将大量的模板扣件痕迹进行模型化定义，CG 模型的数据量（描述形状所必需的数据量）就会增大，而且在进行渲染处理时也需要很长的时间。

不仅是原浆混凝土饰面，就连墙壁的凹凸等也没有必要通过模型化处理对其形状加以定义，而最效率化的方法就是采用凹凸置换的手法对其材质感进行渲染处理。

这种技法就是 CG 的特点，这与对建筑材料的材质感进行再确认的学习并非没有关系。

图 2-88 混凝土的渲染效果

图 2-89　**空间的表现（一层起居室）**

2.6.5　CG 的空间表现

　　在本节中，我们将对 CG 模型、光线、材质感进行说明。这里可以通过对混凝土的一个表面凸出于另一个表面的十字嵌接及门窗等细部构件的正确模型来表现建筑的规模感，并确认是如何通过光的构成来完成的。另外，还可以对空间通过材质感带来的印象加以确认。

　　本节最后的**图 2-89** 所示为用 CG 表现的一层起居室的透视图。

2.7 本章小结

在本章中，我们在制作了住吉长屋的模型后，学习了平面图、剖面图、立面图的绘制，并学习了钢筋混凝土结构的住吉长屋的建筑构造。下面就让我们对钢筋混凝土构筑物的建筑构造的相关知识做一下复习。

■ 结构概要

1 □ 抗压强度高的混凝土与抗拉强度高的钢筋组成的钢筋混凝土，是一种抗压强度与抗拉强度都很高，挠曲力也很强的材料。

2 □ 建筑是由结构材料、外装修材料、内装修材料等各种建筑材料组合在一起构成的。由结构材料构成整个建筑物的框架就称为结构体。住吉长屋的结构形式是以墙壁作为结构体的钢筋混凝土结构。主要墙壁的厚度为15cm，构成地面的结构体——地面楼板的厚度也是15cm。

■ 墙壁的构成

3 □ 一般，混凝土墙壁的表面多采用贴瓷砖等外装材料、内装材料。但是，住吉长屋的墙壁除浴室（含卫生间）外，钢筋混凝土结构墙的表面未做任何修饰，而是采用了将墙壁表面打磨得像镜面一样光滑的原浆混凝土饰面的做法。

4 □ 住吉长屋浴室的墙面为瓷砖饰面。浴室墙壁钢筋混凝土部分的厚度与其他墙壁一样虽然也是15cm，但贴瓷砖的部分就略厚一些。在平面图中，采用原浆混凝土饰面时，结构体的轮廓线不变；但贴瓷砖时，瓷砖的表面要绘制饰面线。

■ 开口部位的构成

5 □ 安装门、窗等装配件的开口部位的构成十分复杂。当在图纸上简略地表现开口部位时，应在了解建筑细部详图的基础上，适当地省略建筑的细部。即使在简略表现的图纸中，也可以将风·光穿过门窗的状况以及门、窗、墙壁表面的坑洼状态表现出来。

6 □ 门窗装配件是由门窗框及镶嵌在框内的玻璃等材料构成的。住吉长屋的门窗框是将框的固定部分与预先埋设的钢筋焊接固定的。在对地板·墙壁·顶棚进行钢筋混凝土的浇筑时，应考虑到门窗的安装形状。

■ 地面的构成

7 □ 因地板是人必须接触的部分，所以地板的装修就是至关重要的部位。住吉长屋一层的室内（起居室、餐厅等）及室外（中庭）部分的地面铺设的是玄昌石。二层的室外（平台——连廊天桥）部分的地面铺设的是玄昌石，而室内（二层寝室）部分的地面则采用的是枹木铺地材料。这些地面的装修部分均要求有一定的厚度。

8 □ 地面有不同的高差。特别是室内与室外部分，如果考虑到泛水的话，那么自然需要设置一定的高差。住吉长屋一层地面的室内（起居室、餐厅等）与室外（中庭）部分的地面均铺设的是玄昌石，而且室外的地面要比室内地面低一个台阶的高度。

■ 各部位的构成

9 □ 将钢筋组合成钢筋网和钢筋骨架的方法称为配筋，将混凝土灌入则称为灌注混凝土。钢筋混凝土结构的墙壁·楼板是通过将商品混凝土（预拌混凝土）浇筑在由面板和支撑材料组成的模板内完成的。墙壁是在完成钢筋的配筋后，为保证能将钢筋包覆而在墙的两侧进行模板的组装。楼板则是在地面及侧面组装模板后，再进行钢筋的配筋作业。一般楼板的上侧不用模板，而是在灌注混凝土后用抹子对楼板表面进行压光处理。

10 □ 住吉长屋是在进行基槽的挖掘后，再浇筑称为抗压板（大面积整体钢筋混凝土板）的基础底板的。抗压板（大面积整体钢筋混凝土板）具有将建筑物的荷载传递到地基的作用。

11 □ 建筑物是通过基础来实现与地基的一体化的。住吉长屋的基础形状称为片阀基础。基础是根据建筑物的形状、地基的强度进行设计的，其形状也是各种各样的。

12 □ 一般，钢筋混凝土是在各层的原浆混凝土上进行接打的。防止雨水由接打部分浸入就是通过施工缝实现的。

13 □ 因钢筋混凝土要求具有结构上的强度及需要安装门窗等，所以就要浇筑成复杂的形状。住吉长屋二层楼板上面的房间与中庭（连廊天桥）隔开的门窗安装位置处，考虑防水、地面装修及门窗的安装等因素，应在该处设置泛水。另外，面对二层地面楼板下中庭的门窗装配件的安装部位，还应设有加腋。

14 □ 混凝土浇筑后，在混凝土结构成型前不得将模板拆除。模板是由面板和支撑系统组成的。模板支撑是临建材料的一种，一般多采用铁制模板。

15 □ 模板是用称之为"扣件（连接固定件）"的金属件加以固定的。在向模板内浇筑混凝土时，模板要承受一定的压力。扣件作为连接模板与临建材料的接点，具有将承受的压力传递到临建材料的作用。因此，扣件应按一定的间距配置。模板拆除后扣件留下的图形印迹，成为混凝土原浆饰面特有的装饰。

16 □ 一般，平屋顶上都应做防水处理。建筑物外墙高出屋面的矮墙部分——女儿墙具有将立面防水层端部压紧的作用（即将屋面防水层延伸到女儿墙上，做成泛水）。

■ **各部位名称**（以下剖面图中各部位名称）

A：碎石   B：混凝土垫层（厚 50）

C：抗压板（大面积整体钢筋混凝土板）

D：基础立面   E：GL

F：一层楼板（厚 120）

G：一层楼板饰面（玄昌石 厚 50）

H：储物间地面（日本椴木的木质板材饰面）

I：阳台地面饰面（玄昌石 厚 75）

J：一层楼板饰面（玄昌石 厚 50）

K：一层楼板饰面（砂浆抹面）

L：一层墙壁（厚 150）

M：二层地面楼板（厚 150）

N：混凝土接打缝（在原有的混凝土上接打混凝土的衔接缝 20×20）

O：地板基底（地板龙骨 45×45 @450）

P：地板基底（龙骨托梁 90×90 @750）

Q：二层地面饰面（日本椴木的木质板材 厚 15）

R：门窗装配件（玻璃）

S：门窗装配件（钢窗框）

T：防水（步行用防水卷材、防水砂浆抹光）

U：接缝（混凝土与防水砂浆的衔接缝）

V：女儿墙

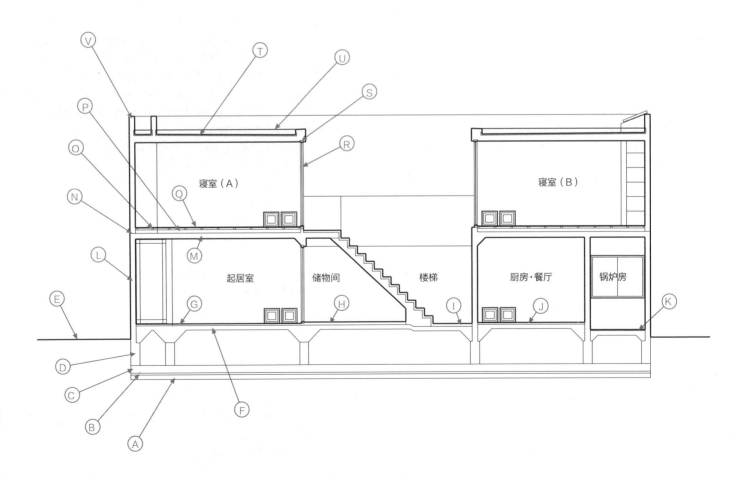

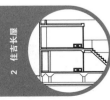

3. 萨伏伊别墅

钢筋混凝土框架结构

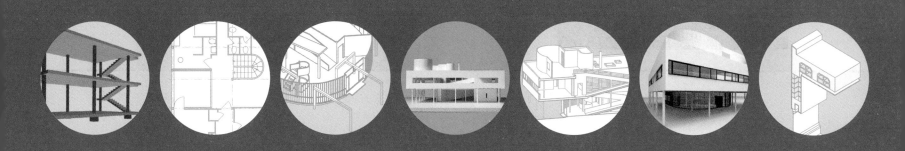

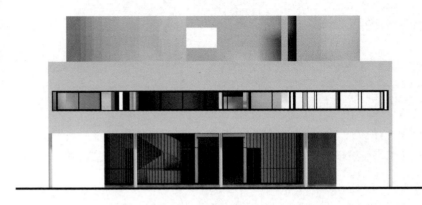

南立面图

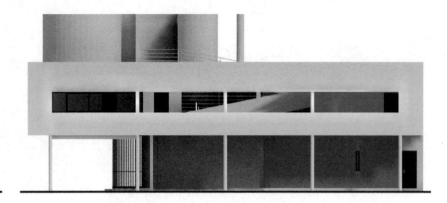

东立面图

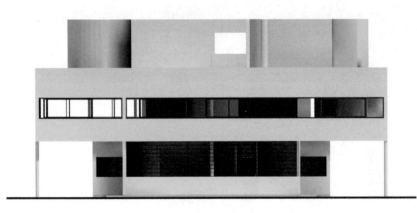

北立面图

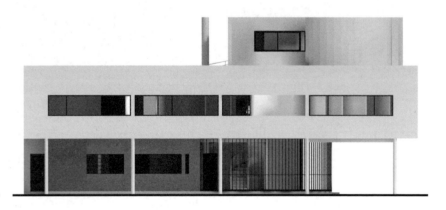

西立面图

图 3-1 立面图（1/200）

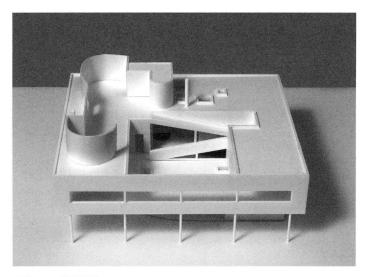

照片 3-1　模型照片

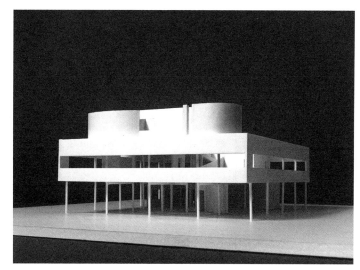

照片 3-2　模型照片

上一章中我们以住吉长屋为例,学习了钢筋混凝土墙结构的建筑空间设计。在本章中,我们将以近代建筑的杰作——萨伏伊别墅为例,学习钢筋混凝土框架结构的建筑的空间布局设计。

所谓**框架结构**,是指由**柱**(垂直的结构体。工程结构中主要承受压力,有时也同时承受弯矩的竖向杆件)和**梁**(工程结构中的受弯杆件,连接在柱子顶部的水平结构体)组成的能承受垂直和水平荷载的结构。"Rahmen(刚性构架、刚性框架、钢架)"一词是德文,英文为"frame"。墙板结构是通过墙壁这种"面"来完成构筑的,而框架结构则是通过梁和柱这种"线"所架构的结构。

萨伏伊别墅是一座体现现代建筑风格,具有明快、简洁轻便、自由等特色的建筑,而且也是一种结构复杂的建筑。**图 3-1** ~ **图 3-3** 为 1/200 比例的萨伏伊别墅立面图、平面图和剖面图(平面图、剖面图在下一页)。另外,**照片 3-1** 及**照片 3-2** 是按 1/100 比例制作的模型照片。

图 3-1 中所表示的立面图是从远处看到的萨伏伊别墅四个立面的 CG 图(Computer Graphics)。虽然利用阴影表示立体感与用线条绘制的立面图有所不同,但这种立面图相当于从无限远处观看建筑物时所得到的投影图。

图 3-2 中的一层平面图表示比地面 +1.5m 稍高的位置。也就是说,是从坡道的**休息平台**(楼梯或坡道中途)的稍上方截断绘制的图纸(在比坡道的休息平台稍低的位置处剖切后得到的平面图见第 108 页的**图 3-13**;而第 109 页的**图 3-15** 则表示地板 +1.5m 的水平剖切面图)。

二层平面图是从坡道的休息平台稍低的位置处进行剖切后绘制的。在这些平面图中,只绘制了便于开启的外门(门的开启方向,室内的门没有绘制)。

图 3-3 的剖面图是从坡道进行剖切绘制的。

在第 1 章(箱形建筑)及第 2 章(住吉长屋)中,我们学习了先制作模型再绘制图纸的建筑空间设计。在本章中,我们将在理解萨伏伊别墅的复杂图纸的同时,制作一个模型(1/100 比例)。若未能完全理解图纸就无法制作模型,所以就需要正确地理解图纸。为了制作模型,也有必要绘制与之相关的图纸。

时至今日,萨伏伊别墅已不再作为住宅使用了。目前,法国国家文物保护中心(Centre des Monuments Nationaux)已将其列为文化遗产并对外开放。现在的萨伏伊别墅正在进行改建,有些部分与最初修建时的风格略有不同 [1]。本章所示的图纸是作者参照勒·柯布西耶财团(Foundation Le Corbusier)所保存的包括原版图纸在内的众多图纸,并经过实地调查后绘制的(虽然有些与原版图纸略有不同,但其中的一部分图纸有简略表现的部分)。

[1]　虽然最初萨伏伊别墅是作为别墅进行设计的,但实际上在很长的一段时间内都是作为住宅使用的。第二次世界大战后,萨伏伊别墅一直未再使用,被列为法国文物保护单位。

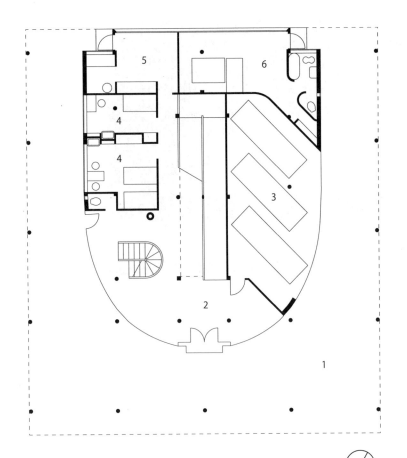

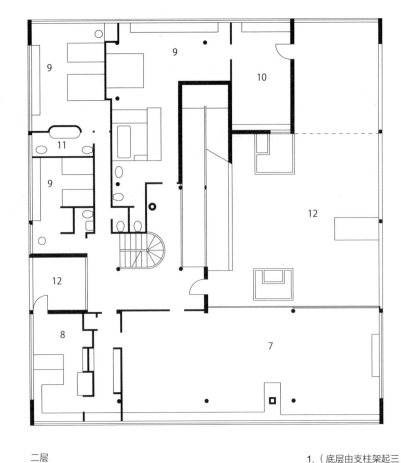

一层

二层

图 3-2　平面图（1/200）

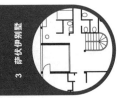

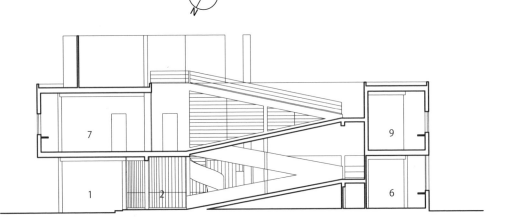

图 3-3　剖面图（1/200）

1.（底层由支柱架起三面透空的）架空层
2. 门厅
3. 车库
4. 单间
5. 盥洗室
6. 起居室（司机用起居室）
7. 起居室
8. 厨房
9. 寝室
10. 书房
11. 浴室
12. 阳台

照片 3-4　朗香教堂
修建于距瑞士边界几英里的法国东部索恩地区郊外。

照片 3-5　拉杜瑞特修道院
修建于法国里昂近郊。

照片 3-3　萨伏伊别墅
萨伏伊别墅是勒·柯布西耶设计的钢筋混凝土结构住宅，修建在巴黎附近的普瓦西（Poissy）的花园中。

3.1　萨伏伊别墅

　　萨伏伊别墅（**照片 3-3**）是**勒·柯布西耶**（1887 ~ 1965 年）设计的钢筋混凝土框架结构的别墅，1931 年建于法国巴黎附近普瓦西（Poissy）的花园中 [2]。

　　萨伏伊别墅是 20 世纪上半叶现代主义建筑的典范作品之一，称得上是现代建筑的做法在近代建筑中的延续。

　　萨伏伊别墅共三层。底层为三面透空、底层开敞、用柱支撑的**架空层**，汽车可以驶入；内有门厅、车库和仆人用房。二层为**主要房间**（起居室等主要生活、活动的房间）。二层的一部分和一层屋顶被设计成称为**屋顶花园**的室外空间，并用坡道连接。外墙（朝外的墙壁）设有称为**横连窗**的水平向的玻璃长窗。

3.1.1　现代建筑五要素

　　近代之前的欧洲的传统建筑大多都是用石材及砖砌筑的墙壁构筑的。作为结构体的墙壁需要有一定的厚度，所以窗户的开启往往很麻烦。由于勒·柯布

西耶打破了传统的空间设计，创造出一个近代的新的建筑空间，由此使得钢筋混凝土结构引起了人们的关注。

　　钢筋混凝土是将抗压力强度高、抗拉强度低的混凝土配以抗拉强度高、抗压强度低的钢筋制作而成的，是一种抗压强度及抗拉强度都很高的材料。据考证钢筋混凝土发明于 19 世纪后半叶，而被用作普通构筑物的构筑材料则是在 20 世纪以后。1931 年建成的萨伏伊别墅采用的是当时新兴的钢筋混凝土技术，是一幢实现新的功能、形态和空间的建筑。

　　勒·柯布西耶在萨伏伊别墅之后，还设计了很多杰出的现代建筑作品。他晚年的建筑设计作品在采用钢筋混凝土的同时，还体现出一种欧洲传统建筑的风格。

　　例如，1955 年修建于法国索恩地区郊外的**朗香教堂**（Notre Dame du Haut Ronchamp）（**照片 3-4**）就展现了用厚重墙体围护的建筑空间（虽然其特点是厚厚的墙壁，但该建筑的结构形式仍为钢筋混凝土结构）。此外，在 1957 年法国里昂近郊修建的**拉杜瑞特修道院**（**照片 3-5**）中就可以看到西欧修道院围绕中庭而建的传统的平面构成。

[2]　通往巴黎的地铁线路直达普瓦西。下车后步行约 20 分钟即可到达萨伏伊别墅。

3　萨伏伊别墅

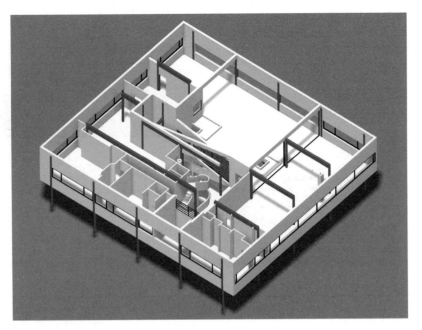

图 3-4　自由的平面
表示二层平面的构成。墙壁并未采用由柱子与梁彩色线条部分组成的框架（结构体），平面的构成具有自由度。

照片 3-6　自由的立面
直接建在地上的外墙。窗户安装在墙壁的任意位置。屋顶上的墙壁采用了增加变化的曲线形墙体。

到目前为止，钢筋混凝土技术已建造出各种各样的建筑。今天的钢筋混凝土建筑采用了由柱及梁构成的钢筋混凝土框架结构等各种不同的结构形式。

在迄今为止的著名建筑作品中，虽然采用钢筋混凝土结构的建筑并不少，但在现代建筑的初期，能够如此赤裸裸地表现钢筋混凝土结构的建筑只有萨伏伊别墅。

萨伏伊别墅于 1929 年开始修建，它体现了勒·柯布西耶在 7 年前提出的**"现代建筑五要素"**（**"新建筑的五个特点"**）。现代建筑五要素是指"自由的平面、自由的立面、（底层由支柱架起三面透空的）架空层、屋顶花园、横连窗"。虽然用钢筋混凝土框架结构并不一定能实现这 5 个要素，但却可以说只有通过钢筋混凝土结构的方式才能如此鲜明地表现出它的与众不同。

萨伏伊别墅是勒·柯布西耶"现代建筑五要素"观点的具体体现。下面，我们就看一下萨伏伊别墅是如何体现"现代建筑五要素"的。

3.1.2　自由的平面

在现代之前的建筑中，大多都采用墙板结构。与此相反，如果不采用墙板结构，而是采用能承受垂直和水平荷载的钢筋混凝土梁柱的框架结构，那么就可以在任一位置设置墙体，从而实现**自由的平面**。

在住吉长屋（参见第 2 章）中，采用的是承载在地面上的墙体支撑着屋顶的结构形式。这样的话，一旦墙体坏了，整个建筑就会发生倒塌。相反，因萨伏伊别墅采用的是墙体与整体结构无关的结构形式，所以即便是墙体倒塌，整个建筑也不会发生坍塌。

图 3-4 是表示萨伏伊别墅二层平面构成的立面图（柱子与梁用桃红色线条表示，未绘制屋顶层的部分）。柱子与梁的框架（结构体）未去除，这样对墙体的复杂配置就可以一目了然了。

3.1.3　自由的立面

当采用框架结构时，便会使外墙从结构中解放出来，立面的构成就会具有一定的自由度。萨伏伊别墅的外墙直接建在地面上，窗户可安装在任意位置。

照片 3-7　架空层

为一层门厅前的架空层。架空层的设计使整个建筑显得十分轻巧，整个建筑看上去就像是飘浮在空中一般。

照片 3-8　通往二层起居室的屋顶花园

二层露台平屋顶上的屋顶花园。

照片 3-9　横连窗（二层起居室）

外墙上的横连窗。

屋顶上的墙壁采用了增加变化的曲线形墙体。萨伏伊别墅的**自由立面**外观轻巧，空间通透，与欧洲传统建筑造型沉重、采用厚重石砌墙壁的风格形成了强烈对比（**照片 3-6**）。看上去萨伏伊别墅就像是一个缓缓着陆的 UFO。

3.1.4　架空层

架空层是指由独立支柱支承、底层透空的空间。支承建筑物的"桩"源自法文，在现代建筑的五要素中，"桩=用独立支柱支承的空间"。架空层的设计使整个建筑显得十分轻巧，整个建筑看上去就像是飘浮在空中一般。**照片 3-7** 为一层门厅前的架空层。

3.1.5　屋顶花园

屋顶花园是实现钢筋混凝土框架结构后，利用平屋顶修建的可在屋顶上步行的外部空间。在萨伏伊别墅中，二层的露台与屋顶层被设计成屋顶花园，2 个庭院用坡道连接。**照片 3-8** 拍摄的是二层露台的屋顶花园。

屋顶花园是修建在建筑物屋顶、露台等处的外部空间。屋顶花园未设屋顶，只在花园的一部分建有墙壁。萨伏伊别墅屋顶层的墙壁采用的是曲线形墙体，二层的露台用外墙围护。在墙壁和地面上装有下照灯（光线可以通过下层的天窗照到房内）及种植了绿色植物，而桌子等则采用了固定式家具。也就是说，屋顶花园就是具有各种建筑要素，配有绿色植物及家具的建筑室外空间。

3.1.6　横连窗

横连窗是指立面横向延伸的长窗。因萨伏伊别墅垂直方向的结构体是支柱组成的框架而不是墙体，所以可以在墙壁的任意位置处开设窗户。采用横连窗使建筑立面显得十分轻巧。另外，通过横连窗可以使外部的光线最大限度地射入室内。

照片 3-9 拍摄的是二层起居室。配以横连窗的外墙是由结构体的圆柱支承的。

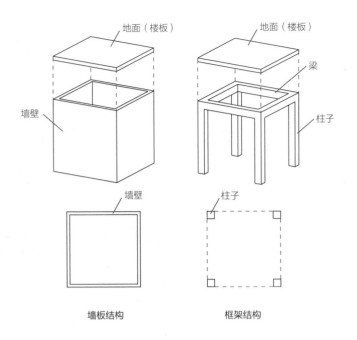

地面（楼板）
地面（楼板）
梁
墙壁
柱子
墙壁
柱子

墙板结构

框架结构

图 3-5　墙板结构与框架结构
墙板结构的结构体采用的是四周围以墙体的形式。框架结构的结构体采用的是柱子与梁的形式。

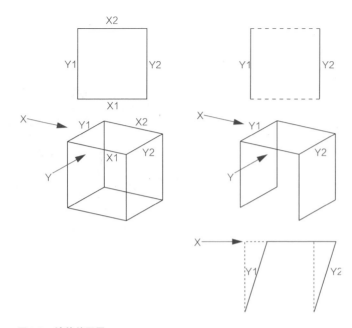

图 3-6　墙体的配置
若像右图那样，墙体未设 Y 方向的墙壁（只有 Y1、Y2）时，建筑物就无法抵御来自 X 方向的水平力，其稳定性也就得不到保证。

3.2　框架结构

现在大型的中、高层建筑中一般多采用**框架结构**。框架结构并不是钢筋混凝土结构，即使在将钢框架结构、钢框架与钢筋混凝土结合在一起的钢框架钢筋混凝土结构等其他结构中，也是最一般的结构。

在开始学习萨伏伊别墅之前，让我们先学习一下框架结构吧。

3.2.1　墙板结构与框架结构

墙板结构建造的空间与框架结构建造的空间有很大的不同，可以说是由结构体的墙围护的空间。**图 3-5** 表示墙板结构与框架结构的不同。

墙板结构中的墙最好采用正交的两个方向呈平衡配置的方式。这不仅是将地面·屋顶等的重量均匀传递到地基的必要条件，而且还是地震·风灾发生时能够承受水平力的条件。如**图 3-6** 中左图所示的那样，当采用墙板结构时，

X1、X2 的墙壁可以抵御来自 X 方向的水平力，Y1、Y2 的墙壁则可抵御来自 Y 方向的水平力，从而才可确保整个建筑物的安全。倘若建筑物像右图那样只是修建了 Y1、Y2 的墙壁，而未修建 X1、X2 墙壁的话，那么建筑物稳定性就得不到保证。

在现实中只要下一定的功夫也可以采用右图那样的结构形式，像住吉长屋（参见第 2 章）就未采用四周围以墙体的形式。不过作为基本的原理，可以说墙板结构的空间还是应采用四周围以墙体的形式。

3.2.2　框架结构的接合部

在由柱子与墙壁呈格子状构架组成的框架结构中，如**图 3-7** 左上图所示的那样，构件（柱子与梁、梁与梁）的**接合部**必须是**刚性**接合。采用刚性接合意味着连接时可以保证接合部的角度不会改变。如果按照左上图那样连接而使接合部的角度出现随意改变的话，那么矩形框架就会被挤压成棱形。也就是说，所谓框架结构就是接合部通过刚性接合而保证框架形状不变的结构形式。

3　萨伏伊别墅

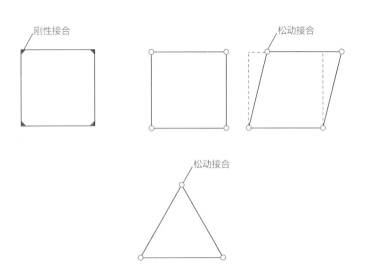

图 3-7　接合部的概念

框架结构的接合部必须采用刚性连接。倘若连接处可以随意活动的话，矩形框架就会变形，而在桁架结构中，即使采用松动结合形式进行衔接，其形状也不会出现变形。

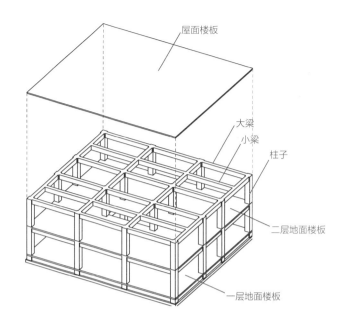

图 3-8　框架结构的架构模型

在框架结构中，柱子与柱子之间或大梁与大梁之间需架设梁，梁的上部铺设楼板。

相反，如果像**图 3-7** 中所示的那样，采用三角形构成的结构形式，那么即使接合部出现松动（衔接处即使发生转动），结构的形状也不会改变。这种由三角形构件构成的结构被称为桁架式结构。

框架结构中采用刚性结合的接合部称为**刚性接合**，桁架结构中采用松动接合形式的衔接称为**铰接（铰接合）**[3]。

3.2.3　框架结构的构架

框架结构是中心为抗剪薄壁筒，外围为普通框架的架构形式。在框架结构中，由柱子与梁构成立体的框架，在梁组成的水平框架上搭设各层的地板楼板（地面楼板）。

图 3-8 表示框架结构的架构模型。作为一个 2 层建筑的模型，只表示出极为简单的钢筋混凝土框架结构的柱子·梁·地面楼板的部分。这里的各层地面楼板上都架设有梁，柱子与梁构成了格子状的框架。

梁分为两种：一种是直接在柱子与柱子上架设的**大梁**；另一种是在大梁与大梁之间架设的**小梁**。当地面楼板直接架设在大梁上的面积（架设大梁的框架面积）大时，因楼板有一定的厚度，故其重量就会增加。但若采用小梁，梁的框架面积就要小得多，楼板的重量也会轻很多。

正如上述的那样，框架架构中包括直接架设在柱子与柱子上的大梁，根据需要也可在大梁与大梁之间架设小梁并在梁之上架设楼板。

[3]　在实际的建筑中，可根据需要设计成刚性接合、铰接。在框架结构中，既有部分衔接处采用松动结合形式的，也有在桁架式结构中采用刚性结合形式的。

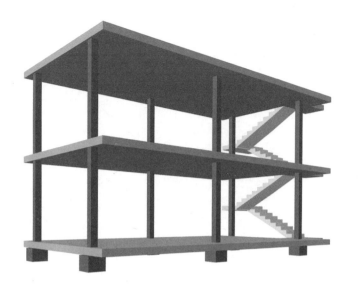

梁

基础梁（连接基础的梁）

图 3-9　多米诺骨牌体系（再现图）

左图为原始的多米诺骨牌体系的再现图。右图是在原型上加绘了梁。如果按照标准的框架结构对多米诺骨牌体系进行架构的话，则会像右图所示的那样。不过，因绘制地面需花费一定的时间与精力，故仅按左图的方式表现其架构形式。

3.2.4　多米诺骨牌体系

多米诺骨牌体系是勒·柯布西耶在 1922 年提出新建筑的"五要素"的 7 年前（1915 年）提出的 [4]。**图 3-9** 中的左图是根据勒·柯布西耶的概念图再现的图形。多米诺骨牌体系模型只是一个简单的模型,模型中将墙壁部分去除,只表现了柱子支撑在地面的部分。采用这种开敞、自由的空间是为了便于进行说明。

多米诺骨牌体系是框架结构的构架模型。不过，实际上这并不是标准框架结构的构架模型，这是因为在多米诺骨牌体系中，各层的地板是由柱子直接支承的。

在多米诺骨牌体系中，柱子的顶部是相接的，而支承地面楼板的梁是看不到的。如果多米诺骨牌体系只是一般框架结构的构架模型，就会像右图所示的那样，柱子的顶部及基础若是通过梁进行连接，那么地面楼板就必须通过梁来支承。

所谓框架结构，就是指地面楼板直接支持在柱子上的称之为**无梁板结构**的架构形式。在无梁板结构中，通过柱子顶部支撑的楼板支撑点处的厚度就需加大。另外，由于柱子与楼板的结合部也比较复杂，因此，多米诺骨牌体系也可以考虑采用无梁板结构的架构形式。

如果对右图与左图加以比较的话，就可以看出，在右图中，楼板下面的顶棚是通过梁进行分区的，左图中的顶棚则未由梁进行分区而是"自由的顶棚"。因不仅墙体而且梁也是分割空间的要素，所以在可以表现"自由的平面"的多米诺骨牌体系中，恐怕梁是无法实现这一要求的。

例如尽管多米诺骨牌体系是一种满足"自由的平面"理念的概念，但却不能说是表现标准框架结构架构的模型。不过，按照勒·柯布西耶的建筑构造的理论，在采用框架结构的萨伏伊别墅中，实际上确实实现了多米诺骨牌体系的"自由的平面"。至于该建筑的构成，我们将在后面的章节中加以论述。

[4]　多米诺骨牌体系提出后的第 7 年，即 1922 年勒·柯布西耶提出了新建筑"五要素"。7 年后设计了萨伏伊别墅。

3　萨伏伊别墅

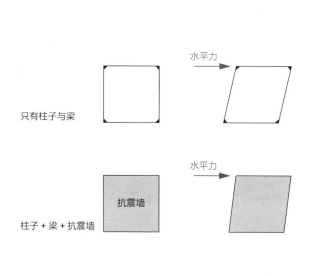

图 3-10　抗震墙的概念

为抵御水平力，在柱子与梁的框架结构中，设置抗震墙是十分有效的。

只有柱子与梁

水平力

柱子 + 梁 + 抗震墙

抗震墙

水平力

玻璃

核心区

抗震墙

办公室

EV

EV

卫生间

PS

卫生间

开水间

21000

9000

18000

图 3-11　写字楼的平面模型（标准层平面图，1/300）

图的左侧为办公室，右侧为电梯、卫生间、开水间、管道间等核心区。

3.2.5　框架结构中的结构墙

在地震多发的日本，因考虑到抗震因素，即便在框架结构中，往往也会在柱子与柱子之间配置具有一定厚度的抗震墙。所谓抗震墙，就是指作为结构体的**结构墙**（与整个建筑物结构有关的墙体）。

虽然在修建于法国的萨伏伊别墅中看不到抗震墙，但我们大可不必拘泥于此，最好还是先学习了解一下抗震墙吧！

在建筑物中，假设不会有地震及风等因素的影响，那么建筑物就会因建筑本身与建筑物内部的重量而产生垂直应力（发生在垂直方向的力）。但在实际中，建筑物往往会因风及地震的发生而产生水平应力（发生在水平方向的力）。

为能抵御水平应力，在框架结构中设置抗震墙是十分有效的。**图 3-10** 表示的是抗震墙的概念。正如**图 3-10** 中的下图所示，因框架结构设有抗震墙，

所以建筑物作为"面"才能对水平力具有抵御作用。

因抗震墙只对墙面水平方向的应力有效，故仅在建筑物一个方向配置抗震墙是不够的。抗震墙应当按不与建筑物平行（通常是正交）的方向设置。另外，抗震墙并不是可以任意设置的墙，而应当是设置在柱子与柱子之间的墙壁。

图 3-11 所示为设有架空层写字楼的**标准层**（具有同一平面的楼层）平面图。该写字楼平面图的左侧是办公室，右侧集中设置了楼梯、EV（电梯）、卫生间、开水间、PS（管道间。设备配管空间）等。我们将楼梯、EV 等的**垂直动线**（来往于上下的要素）及卫生间、开水间、PS 等设备间集中的部分称为**建筑物的核心（中枢）**。

在依靠（建筑物中变电、冷暖调节等机房的）**核心系统（中心系统）**运转的写字楼等中，作为围护建筑物核心的墙壁采用抗震墙是最为合理的。只有将抗震墙集中于核心区，写字楼的外墙才有可能实现玻璃幕墙的设计。

3　萨伏伊别墅

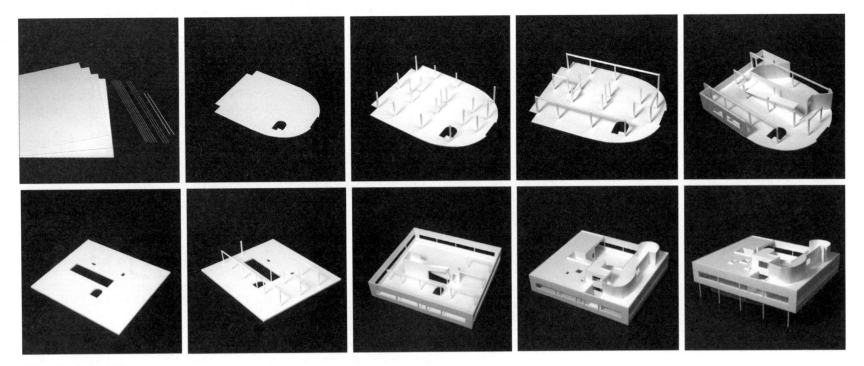

照片 3-10　模型的制作
用苯乙烯板和塑料圆棒、塑料方棒按 1/100 的比例制作模型。

3.3　萨伏伊别墅模型

在本章中，我们将按一层、二层、屋顶层的顺序，用 1/100 的比例制作模型 [5]（**照片 3-10**）。

3.3.1　模型的制作方法

模型按下述方针制作：

（1）比例为 1/100。因萨伏伊别墅的平面大小约为 20m 见方，高度约为 10m 左右，所以模型的大小约为 20cm×20cm×10cm（高）。

（2）萨伏伊别墅**内墙**（分隔房间的**隔断墙**）的配置比较复杂。模型中室内墙可以省略，只制作**外墙**（位于建筑外侧的墙）即可。但是，因二层坡道周围的内墙与外墙相互交错，所以也需制作内墙的部分。

（3）一层需制作所有的柱子，二层只制作与墙体呈一体化的柱子即可。也就是说，只制作二层中独立支撑的柱子（与墙壁无关的柱子）。

（4）门·窗要在模型中表现出来（门窗五金连接件可不制作）。

（5）模型中要制作坡道，但阶梯部分可以省略。另外，坡道、阶梯、露台中的扶手也可省略。

（6）模型采用白色材料。萨伏伊别墅中大部分的墙壁与柱子都用白色涂装。虽然有的部分采用彩色涂装，但一般在模型中不用彩色表现（也可表现）。

（7）地下部分可以省略不做，仅制作地上的部分即可。

3.3.2　模型的材料

模型采用以下材料（也可适当变更）。

（1）苯乙烯板

厚 1mm，尺寸为 A2（594mm×420mm）的苯乙烯板 1 张。
厚 2mm，尺寸为 A2（594mm×420mm）的苯乙烯板 1 张。

[5] 因制作一个精巧的模型需要花费一定的时间和精力，所以，模型中无关紧要的部分可以省略不做。但是，如果精力充沛，向自己发起能否制作出一个精致模型的挑战也未尝不可。

3　萨伏伊别墅

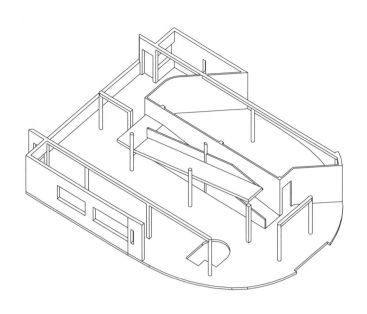

图 3-12　一层的构成（模型）
在模型中仅制作了一层地面、柱子、梁。本书中的模型省略了内墙部分。

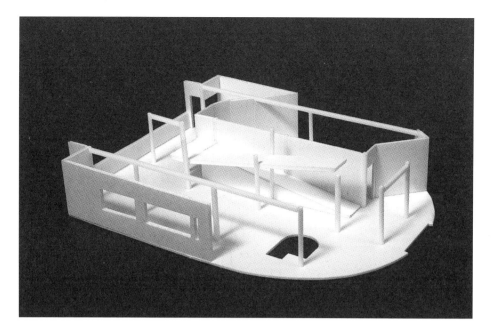

照片 3-11　模型（一层）
一层部分的模型。架空层部分的模型待二层部分完成后再制作。

厚 3mm，尺寸为 A2（594 mm×420mm）的苯乙烯板 1 张。

1mm、2 mm 厚的板材（用于制作墙壁）[6]。3mm 厚的板材（用于制作地面）[7]。

（2）塑料棒（塑料制的棒材）[8]

　　直径 2mm 的圆棒　×6 根（长 25cm）

　　2mm 见方的方棒　×5 根（同上）

　　直径 4mm 的圆棒　×1 根

　　4mm 见方的方棒　×1 根

直径 2mm 的圆棒和 2mm 见方的**塑料棒**（用于制作柱子及梁）。萨伏伊别墅的柱子粗细不等，但在模型中可忽略不计，一律采用直径 2mm 的圆棒或 2mm 见方的方棒制作。4mm 的圆棒或方棒用于烟囱的制作。

（3）模型的基础

准备好模型的基础。正如本书篇首**照片 3-1**、**照片 3-2**（第 97 页）中所示

的模型，模型的基础应采用 7mm 厚的苯乙烯板（A2：594mm×420mm）。

3.4　一层模型的构成

在采用框架结构的萨伏伊别墅中，分隔房间的墙壁并不是作为结构体的柱子·梁，而是随意配置的。萨伏伊别墅的空间构成十分复杂，那些复杂交错的梁与墙、坡道与螺旋楼梯等，不禁使人联想到人体的内脏。

在本节之后，我们在学习萨伏伊别墅中各层的构成的同时，还将学到钢筋混凝土框架结构所产生的复杂的空间构成。下面，先让我们学习一层的构成吧！

一层部分的模型按（1）地面、（2）柱子与梁、（3）墙壁的顺序进行。

照片 3-12 及**照片 3-11** 表示完成的一层模型。架空层的部分在二层完成后再制作。

[6]　墙壁为约 20cm 与 8cm 两种类型。在模型中分别用 2mm 和 1mm 厚的板材制作。

[7]　地面的厚度为 28cm。在模型中用 3mm 厚的板材表示。

[8]　也可以用木制的圆棒取代塑料棒。不过在使用木圆棒·木方棒时，需用丙烯酸性的水性绘笔等刷白。

3　萨伏伊别墅

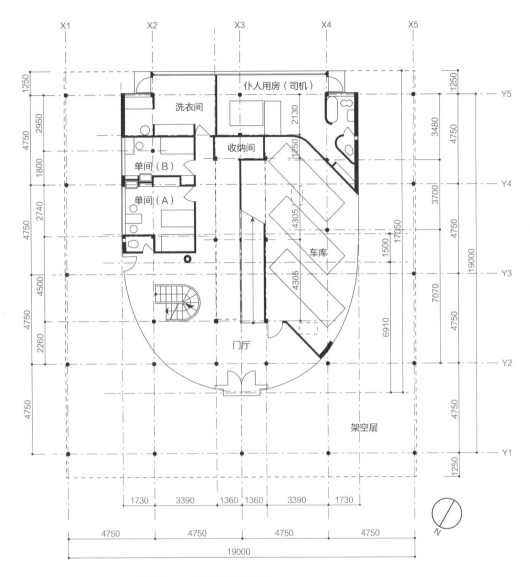

图 3-13 一层平面图（1/200）

对尺寸、基准线、门的开启方向等进行了绘制（部分尺寸以实际测量为准）。剖切面的高度为坡道休息平台的稍下方处。坡道休息平台的下方为收纳间。

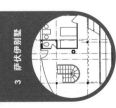

照片 3-12　入口甬道

A：通往萨伏伊别墅的入口甬道（正面为北立面）
B：一层部分为车库
C：由车库前通往门厅的甬道

A

B

C

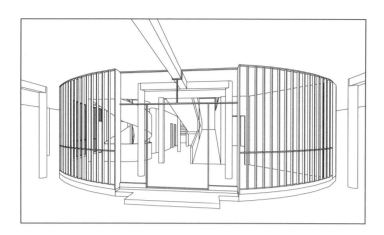

图 3-14 门厅
从正面可以看到通往二层的坡道。坡道左侧的一部分为螺旋楼梯。

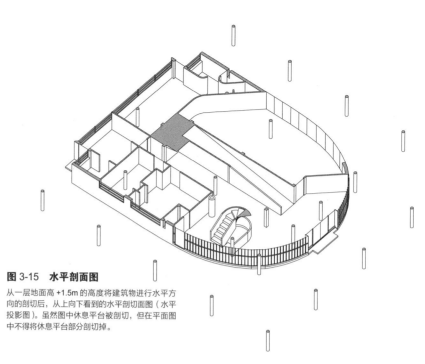

图 3-15 水平剖面图
从一层地面高 +1.5m 的高度将建筑物进行水平方向的剖切后，从上向下看到的水平剖切面（水平投影图）。虽然图中休息平台被剖切，但在平面图中不得将休息平台部分剖切掉。

因部分柱子与墙是一体的，所以作为模型，完成墙壁的制作后再制作柱子要更容易。但在实际的建筑中，非结构体的墙壁是不能在结构体的柱子完成之前进行砌筑的。在本书中，一层部分的模型按实际建筑的建造顺序——先建造柱子、后建造墙；二层部分的模型则按先建造墙、后建造柱子的施工顺序进行。

3.4.1 一层平面图

图 3-13 是表示尺寸的一层平面图（剖切面，坡道休息平台的下方为收纳间）。在该图中，间距 4.75m 的基准线按 X1 ~ X5、Y1 ~ Y5 标出 [9]。

萨伏伊别墅的一层配有架空层、车库（停车场）、门厅门厅、起居室、2 个单间、洗衣间。当时在修建时，一层的起居室是作为管理人员（司机）用房而设置的。

不过**图 3-13** 是将剖切面全部遮盖的平面图。在箱形建筑及住吉长屋（参见第 2 章）中，并未剖切面遮盖，而是用粗线表示剖切面的轮廓线（剖切线）。但在本章中，则是将平面图的剖切面遮盖后加以表现的（在剖面图中，剖切面用轮廓线表示）。另外在**图 3-13** 中，坡道上面二层地面的形状以及车库上部的下照灯的形状用虚线表示。本章首篇**图 3-2**（参见第 98 页）所示的平面图中省略了室内门的绘制，而在**图 3-13** 中则标出了门的开启方向。

萨伏伊别墅是一幢占地面积很大的别墅，别墅的入口甬道距公路有相当一段的距离。与其相连的道路位于别墅的北面。**照片 3-12** 表示从道路前往萨伏伊别墅门厅的入口甬道的画面。

萨伏伊别墅的整个建筑由立柱支承，底层三面透空，汽车可以驶入。设置在其内的车库位于萨伏伊别墅的东侧，由**图 3-14** 所示的南向的门厅弧形玻璃窗所包围。一进入门厅，从正面便可以看见通往二层主要房间的坡道。坡道位于平面图的中央，左侧的一部分是螺旋楼梯。

螺旋楼梯的下面为底层（机房）。也就是说该楼梯不仅与通往二层的楼梯相连，而且也是通往底层的楼梯。

在平面图中，通往上一层的楼梯上部未在图纸中表现，只表现了通往下层的楼梯。在一层平面图所绘制的楼梯中，因通往底层的楼梯和通往二层的楼梯在平面图中是相重叠的，所以所绘制的是两层楼梯的踏步（踏步面）。另外，由于坡道与底层相连，因此仅将剖切面以下的部分绘出。

图 3-15 表示的是一层水平剖面图。从一层地面 +1.5m 的高度将建筑物进行水平方向的剖切后从上向下看到的水平剖切面（水平投影图）。与**图 3-13** 及**图 3-2**（第 98 页）的平面图进行对照后，对平面图就容易理解了。

[9] 因作为结构体的柱子是配置在基准线上的，所以这些基准线也称为"轴线"。基准线的称谓中特将其称作"0 轴线"。另外，基准线交叉的部分称作"0轴线与 0 轴线的交叉点（交点）"（参见第 20 页）。

3 萨伏伊别墅

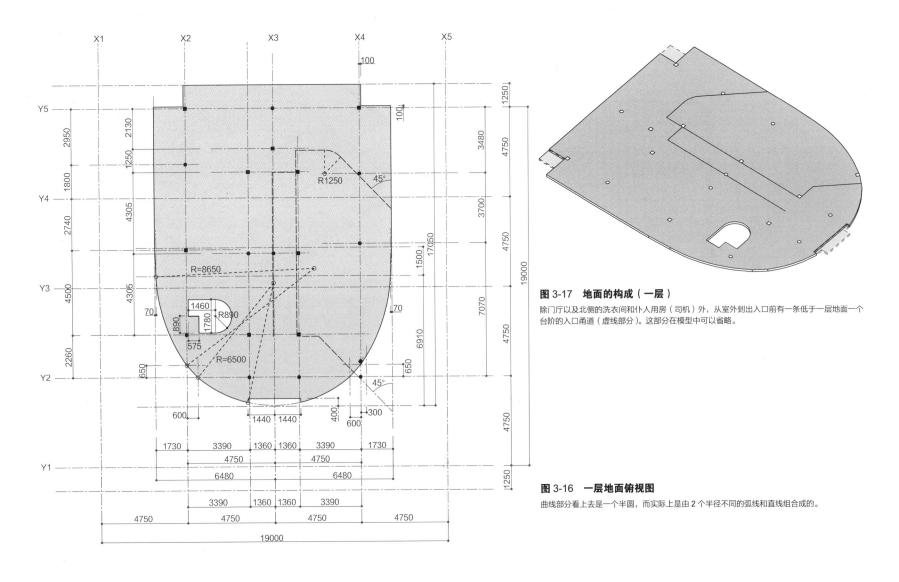

图 3-17　地面的构成（一层）

除门厅以及北侧的洗衣间和仆人用房（司机）外，从室外到出入口前有一条低于一层地面一个台阶的入口甬道（虚线部分）。这部分在模型中可以省略。

图 3-16　一层地面俯视图

曲线部分看上去是一个半圆，而实际上是由 2 个半径不同的弧线和直线组合成的。

3.4.2　一层地面

　　一层由架空层、车库和仆人用房组成。地基面与一层地面的高差为 150mm。

　　一层地面的一部分采用了弧形。**图 3-16** 是一层地面的**俯视图**。俯视图就是表示某一部位形状的图，是从上向下看到的水平面的投影图。

　　猛一看去曲线部分是一个半圆形，但实际上它是由半径为 8650mm 和 6500mm 的 2 个不同圆弧加上直线组合而成的一个复杂的形状。

■ 练习 3-1　一层地面的制作

　　用厚度 1mm 的苯乙烯板制作一层的地面。实际建筑的地基面与一层地面有 15cm 的高差，但若采用 2mm 厚的苯乙烯板，该高差可用 10cm 表现。允许与实际建筑的尺寸略有不同。

　　我们可参照**图 3-16**，在苯乙烯板上对地面的形状进行绘图及剪切，然后再在地面上对从地面向上立起的柱子与墙壁的位置进行绘制。在**图 3-16** 中，面对车库的墙壁位置用虚线表示（只表示墙面一侧的位置，未表示出墙壁的厚度）。

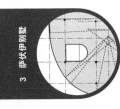

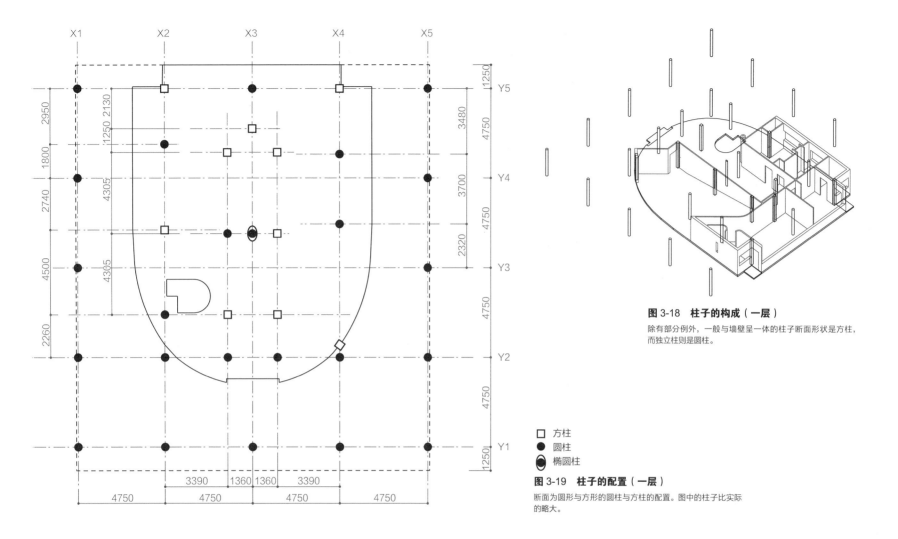

图 3-18　柱子的构成（一层）

除有部分例外，一般与墙壁呈一体的柱子断面形状是方柱，而独立柱则是圆柱。

□　方柱
●　圆柱
◉　椭圆柱

图 3-19　柱子的配置（一层）

断面为圆形与方形的圆柱与方柱的配置。图中的柱子比实际的略大。

当决定在模型中不制作底层及通往底层的楼梯时，可将楼梯的部分除去。除门厅以及北侧的洗衣间和仆人用房外，从室外到出入口前有一条低于一层地面一个台阶的入口甬道（参见图 3-17 的虚线部分）。这部分在模型中可以省略不做。

3.4.3　一层的柱子

萨伏伊别墅中有与墙壁呈一体的柱子和与墙体不相连、独立支撑的**独立柱**。图 3-18 表示的是一层柱子的分布状况。

柱子的断面形状有 2 种。除有部分例外，一般与墙壁呈一体的柱子断面形状是方柱，而独立柱是圆柱（圆柱中也包括椭圆柱）。在图 3-19 中，设置圆柱的位置用符号"●"、方柱的位置用符号"□"表示。

如果只看架空层部分，那么柱子设置在间隔 4.75m 基准线的交叉点处。但是，室内几乎所有的柱子都未设置在交叉点处。有的交叉点没有设置柱子，也有的柱子设置在偏离交叉点的位置处。

因 X3 轴线上设有坡道，所以该处未设支承上一层地面楼板的柱子。这样，理应在 X 轴上并列排设的柱子便按距 X 轴 1360mm 的偏移间隔，设置在 X2 轴及 X4 轴侧。

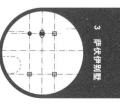

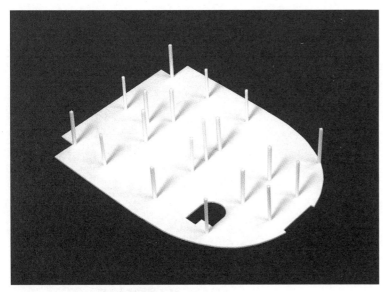

照片 3-13　模型（一层／地面 + 柱子）
架设在一层地面上的柱子。柱子的顶部与梁相接。

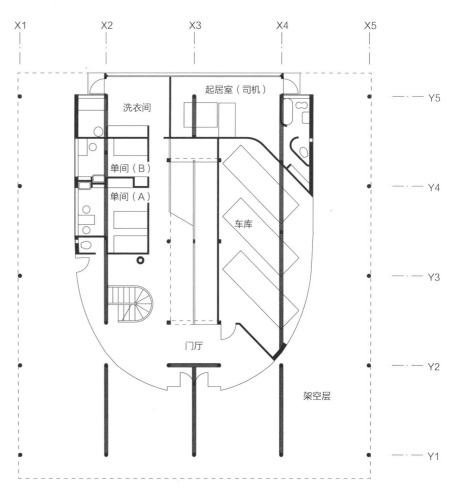

图 3-20　一层梁的俯视图（1/200）
将一层上部的梁与一层平面图重叠后绘制的图。萨伏伊别墅的梁并未采用格子状的架构形式，大部分是按同一方向架设的。

[10]　建有萨伏伊别墅的法国和日本相比，其地震状况全然不同。如果在日本修建萨伏伊别墅，恐怕就需要采用比较粗的柱子了。

[11]　勒·柯布西耶对建筑各部分尺寸的设计是根据他所创制的以人体为依据的设计基本模数，即"设计基本尺度"提出的。

X1 轴与 X5 轴上的柱子是按 1.75m 的间距均等并列设置的。但是，设置在室内的 X2 及 X4 轴线上的柱子未按等间距设置。

柱子的偏移量是按一定的规则设计的。所谓与 X 轴呈平行方向偏移（一下称 X 轴方向），就是所有柱子的偏移量都是按距 X1 ～ X5 以及 X3 轴 1360mm 的间隔平行移动至基准线上。但是，与 Y 轴呈平行方向偏移（以下称 Y 轴方向），就不一定是所有柱子的偏移量都设置在 Y1 ～ Y5 轴上。特别是 Y3 与 Y4 轴，只在两端设置了柱子。

对于为什么柱子只能在 X 轴方向的基准线上偏移，我们将在后面进行论述。萨伏伊别墅的一个很大的特点就是：柱子的设置不一定是按等间距设计的，而是只有部分柱子按一定的位移量设置。

萨伏伊别墅纤细的柱子给人一种简洁明快的感觉[10]。实际中的柱子尺寸十分复杂，圆柱断面的直径并不是一样的，而是在 25 ～ 30cm 之间变化的（实际测量的话，X2 轴及 X4 轴上的柱子约为 30cm，其他的柱子约为 25cm）。另外，还有部分柱子为椭圆形柱（一层坡道中心的柱子断面为椭圆形）。方柱的一个边的尺寸约为 20cm。

此外，一层达柱子之高的**顶棚高**（地面到顶棚面的距离）是按 2800mm 设计的。2.8m 的顶棚高度与住吉长屋（第 2 章）或一般的住宅相比，已经是相当的高了[11]。

3.4.4　一层梁

就像一般的框架结构那样，萨伏伊别墅中的梁并未采用格子状的架构方式。**图 3-20** 表示一层上部（一层顶棚水平面）的梁表现在一层平面图上的俯视图。

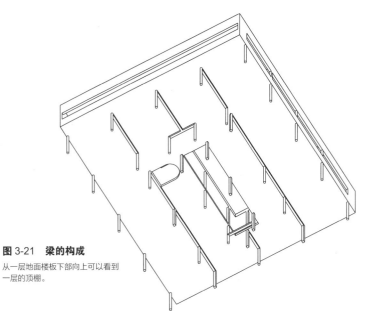

图 3-21 梁的构成
从一层地面楼板下部向上可以看到
一层的顶棚。

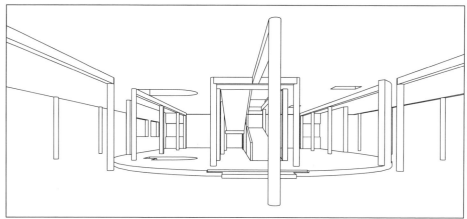

图 3-22 梁的构成（一层）
一层室内透视图（省略了一层墙壁、窗户、楼梯等）。梁从门厅一直向室内纵深延伸，形成一个连续的空间。在朝着室内尽头的方向有
一个十字相交的梁，柱子与梁组成的框架是坡道前的一道门。

图 3-21 则表示除去一层地面后，从下部向上看到的仰视图。

一层上部的梁，架设在 X2 轴、X4 轴和 X3 轴以及坡道前的 Y2 轴上。只有位于门厅上部 Y2 轴上的梁架设在 Y 轴方向。如果这是例外的话，那么梁都是架设在 X 轴上的 [12]。

也就是说，萨伏伊别墅一层上部的梁除有一处例外，其他的梁都架设在 X 轴上。这样，框架组成的刚性框架结构只有在 X 轴方向才能成立，而在 Y 轴方向上则不成立刚性框架结构。但在萨伏伊别墅中，地面楼板在 Y 轴方向起有梁的作用，并实现了刚性框架结构。

对于地面楼板结构架设在 Y 轴方向从而起有梁的作用，我们还要在后面进行学习，并再次对萨伏伊别墅中梁的构成加以确认。

勒·柯布西耶提出的"自由的平面"，就是平面由格子状刚性框架结构的框架构而成的。不过，若是梁按格子状架设，那么空间便是由梁进行划分。虽然梁并不是像墙那种可将空间进行分割的构件，但如果顶棚的下面向外挑出的话，那么在视觉上就会感到因空间被分割而显得杂乱无序。

萨伏伊别墅的梁并未采用格子状的架设方式，而是按一个方向进行架设。这样不仅空间不会被分割，而且还会因梁在一个方向架设而产生一个连续的空间。**图 3-22** 表示一层室内梁的架设状态（图中省略了室内墙、窗户、阶

梯等）。那种具有深邃的连续性之感的空间构成就是因梁与地面楼板的构思产生的。

一般梁大多架设在 X 轴方向上主要与柱子的位置偏离 X 轴基准线有关。

如果萨伏伊别墅的结构采用格子状框架的标准刚性框架结构，那么柱子就要设置在格子交点的位置处。柱子的顶部是通过梁呈格子状连接的，柱子的位置是不能偏离的，但是在萨伏伊别墅中，因梁与梁的交点是不存在的，所以柱子在梁下就可有一定的活动量。

■ 练习 3-2 一层柱子与梁的制作

在前面已做好的地面楼板上立柱，然后将柱子固定在梁上。柱子与梁的构成如**图 3-23**（下页）所示。立柱时应注意圆柱与方柱没有什么不同（**照片 3-13**）。架空层的柱子最好是在二层地面楼板完成后，再安装在二层地面楼板的下面。但对于后面将要用到的构件，在这里我们要先制作出来。

实际建筑的圆柱直径约为 25cm，而方柱的边长约为 20cm。但是，因很难准确地表现粗大的柱子，所以模型中圆柱的直径按 2mm、方柱的边长按 2mm 制作。

[12] 可考虑在 Y 轴方向坡道上行起始处的上部与休息平台的下部架设梁。但是，位于坡道上行起始处上部的梁不得从顶棚的下面露出来（应隐藏在二层地面楼板中）。另外，架设在休息平台下面的梁也应隐藏在内。

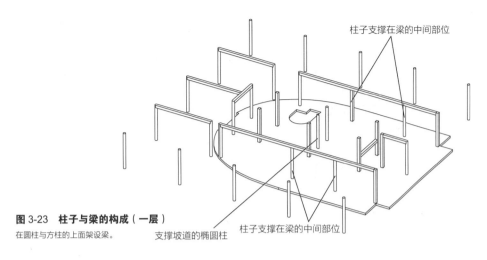

柱子支撑在梁的中间部位

图 3-23　柱子与梁的构成（一层）
在圆柱与方柱的上面架设梁。

支撑坡道的椭圆柱

柱子支撑在梁的中间部位

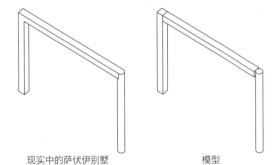

图 3-24　柱子与梁的衔接
在实际中，建筑的柱子与梁的衔接部分就
像左图所示的那样呈一体化。但模型中的
柱子与梁的制作可按右图所示。

现实中的萨伏伊别墅　　　　　模型

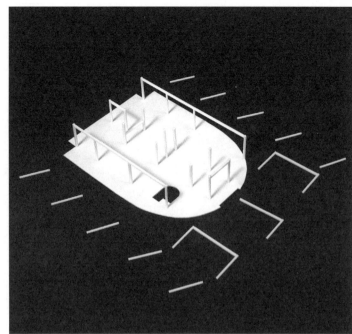

照片 3-14　模型（一层／地面 + 柱子 + 梁）
在该模型中，支撑梁端部的柱子尺寸为 28mm，支撑在梁中间的柱子尺寸则为 26mm。实际建筑坡
道中央的柱子断面为椭圆形，但在模型中采用的是 2mm 的圆柱。这个柱子可以与后面的坡道一起制
作。所有的梁都采用 2mm 见方的方棒制作。

因室内顶棚高为 2800mm，所以立在地面楼板上的柱子长度应为 28mm。
不过，当将梁（2mm 的方棒）架设在柱子上时，柱子的长度应为 26mm（参
见**图 3-23**）。

架空层的柱子长度是室内顶棚高 28mm 加上地面厚度 1mm，即 29mm
（实际建筑中，架空层的顶棚高是 2950mm）。

模型中省略了基础的部分，而实际建筑的柱子下面是基础，整个建筑的重
量通过柱子传递到基础，是靠基础支撑的。

模型中所有的柱子都采用同一尺寸制作，而将它们垂直立起时，将所
有柱子的顶部做在同一高度上并不容易做到。当需要制作一个高精度的模型
时，可以采用下述方法：在地面楼板开孔后将柱子插在孔内，并通过贯通孔
的部分来调整柱子的高度。如果有精力的话，还可以再做得精致些。不过，
即使使用这种将柱子立在地面上的方法进行认真的制作，也要注意将立柱顶部

对齐。

所有的梁用 2mm 见方的方棒制作。至于梁的长度，可参考**图 3-20**（第
112 页）绘制梁平面图，并通过测量柱子间的尺寸进行加工。

因柱子与梁是同时浇筑混凝土的，所以实际建筑中的柱子与梁的衔接部
分就如**图 3-24** 中左图所示的那样是一体的。但是，由于在模型中很难做到
柱子与梁呈一体，因此在制作时可以将梁夹在柱子之间（柱子优先）或将梁
架设在柱子之上（梁优先）。在**图 3-23** 中，柱子与梁的端部衔接时先制作柱
子（柱子有限）；而柱子放在梁下的中间位置时，其高度与梁底部同高（梁优
先）。不管是柱子优先还是梁优先，都只是模型上的问题，先做哪个都可以。

另外，模型中圆柱与梁（方棒）接点部分的制作没有捷径可走。如果只是
单纯地截断方棒，那就会像右图所示的那样，方棒与圆柱的接点处产生缝隙。
所以，在制作时应注意不得出现缝隙。

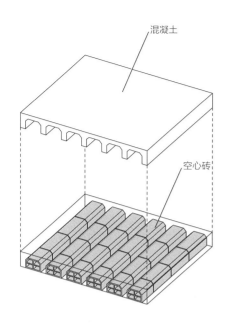

混凝土

空心砖

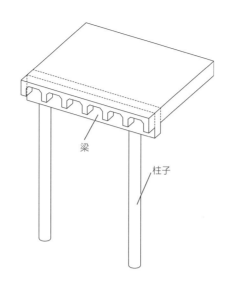

梁

柱子

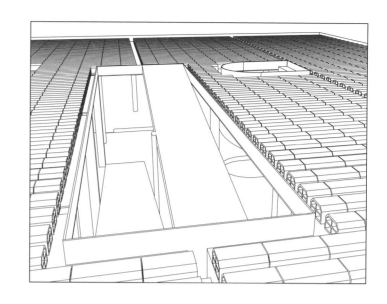

图 3-25　利用空心砖施工法制作的中空楼板

在架设楼板的方向配以空心砖，以使其在空心砖之间起到梁的作用。空心砖的内部做有空洞，从而可减轻砖的自重。

右图为二层地面楼板（坡道附近）混凝土浇筑工程中空心砖配置的草图。该图绘制的是在地面楼板模板上并排的空心砖，所以图中没有绘制钢筋及支承模板的临建材料。另外，也没有绘制柱子及坡道的模板（坡道与楼板地面不是同时浇筑，而是在楼板之后浇筑的）。实际建筑中模板的搭设并没有这么简单，一般是比较复杂的。

3.4.5　萨伏伊别墅的地面

如果我们知道为什么萨伏伊别墅的地面具有架设在 Y 轴方向的梁的作用的话，就能理解地面的构造了。

萨伏伊别墅的地面楼板的设计厚度为 280mm。这个厚度包括饰面的厚度，但与一般钢筋混凝土结构建筑的地面楼板的厚度相比要厚得多。住吉长屋（第 2 章）地面楼板的厚度是按 150mm 设计的（无论是墙板结构还是框架结构，一般建筑的地面楼板厚度约为 120 ~ 150mm）。

萨伏伊别墅地面楼板采用的厚度为 280mm，小梁的架设应与外露于下部的梁呈正交。

萨伏伊别墅的地面楼板具有梁的作用。正如**图 3-25** 中所示，楼板采用的是利用空心砖施工法制作的**中空楼板**（楼板内部为中空结构的楼板）。**图 3-25** 中的左图是中空楼板构成的概念图，右图为二层地面楼板混凝土浇筑工程中空心砖配置的草图（并不是详细掌握相关数据后绘制的图）。

所谓采用空心砖施工法制作的中空楼板，是指在**梁间方向**（在架设楼板的方向）配置空心砖（具有中空结构的砖），砖与砖之间起有梁的作用的部分就

是地面楼板。虽然在混凝土浇筑后可以将砖埋入混凝土内，但因砖内有空洞，所以地面楼板的内部小梁与空洞就会并列排列。

承压在地面楼板上的荷载会将地面楼板压弯，所以地面楼板应够承受这种荷载。起有小梁作用的中空楼板可以增强梁间方向的弯曲刚性。空心砖不仅可以作为地面楼板内模板使用，而且还可以通过在楼板内采用中空的形式而减轻地面楼板的自重。

在萨伏伊别墅中，因采用了具有很强挠曲力的中空楼板，所以只要在一个方向架设梁就可以满足设计上的要求了。另外，因要维持梁下的位置，支承梁的柱子可以根据需要进行移动。

此外，还可以将地面楼板及梁设计成自支承处向外挑出的形式。我们将地面楼板及梁向外挑出的部分称为**悬臂梁**。在萨伏伊别墅中，悬臂梁向 Y1 轴及 Y5 轴的外侧挑出 1250mm。萨伏伊别墅的特点就是地面楼板只是沿着 X 轴的方向向外挑出 [13]。

[13] 由 X2 轴及 X4 轴向外延伸的楼板向 X1 轴及 X5 轴的外侧挑出。因 X1 轴及 X5 轴有柱子，所以由 X2 轴及 X4 轴向外延伸的部分就与悬臂梁有所差异。但是，可以考虑将楼板一直延伸至悬臂梁的 X1 轴及 X5 轴，并在其端部用柱子加以支撑。

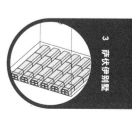

3　萨伏伊别墅

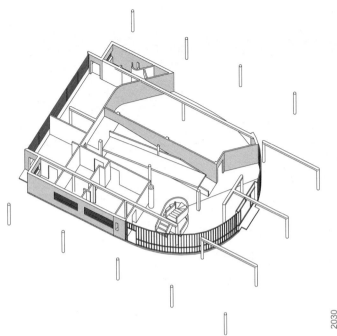

图 3-26　墙壁的构成（一层）

将顶棚去除，表示柱子、梁、墙壁的构成。
图中粉色部分表示外墙，其他部分表示内墙。

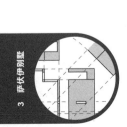

图 3-27　墙壁的展开图（一层）

该图表示将墙壁横放在平面图上的形状（室内一侧朝上）。另外，图中所示的窗户尺寸是实际测量的大致尺寸。本书中没有掌握坡道及休息平台厚度
的设计尺寸。该图中的厚度尺寸为200mm，而实际上要稍稍薄一些。

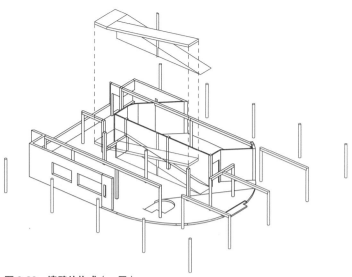

图 3-28 墙壁的构成（一层）
外墙的构成。室内墙壁未做图示。

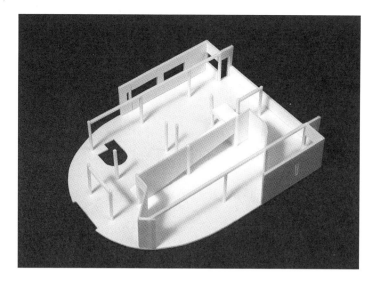

照片 3-15 模型（一层/地面＋柱子＋梁＋墙壁）
面向架空层的墙壁采用 2mm 厚的苯乙烯板、汽车库的墙壁采用 1mm 厚的苯乙烯板制作。

3.4.6 一层墙壁

萨伏伊别墅的结构体是柱子、梁和地面楼板，而墙体本身并不是结构体。墙壁不是钢筋混凝土结构，是由砖组成的。但是作为饰面，因柱子和墙都被涂为白色，所以采用砖墙的墙壁难得能有如此令人感到震撼之美的效果。

图 3-26 表示一层的所有墙壁。另外，**图 3-27** 表示外墙及车库部分墙壁的形状。**图 3-28** 是该部分的立体构成图。

正如**图 3-27** 所示的那样，表示从正面看到的墙壁空间形体的表面在平面摊平后得到的图形就称为**展开图**。与表示外墙形状的立面图相对应，表示室内墙壁空间形体表面图纸就是展开图。另外，展开图通常都是按每个房间绘制的。因**图 3-27** 表示各房间室内墙壁平铺形状的绘制方法，所以一般所谓展开图就是指绘制方法的不同。

采用砖砌形式的萨伏伊别墅的墙体，外墙（朝外的墙壁）厚度的设计尺寸为 20cm，其他室内的墙壁的设计厚度为 8cm。这些厚度是由 16cm 厚的 2 层砖与 5cm 厚的饰面组成的 [14]。关于墙体的构成我们稍后再做说明，这里我们

只关注墙体厚度的 2 种类型。

墙壁上装有门和窗户。关于**门的宽度**，勒·柯布西耶曾有过下述论述 [15]。

关于门的宽度，根据多年的经验，可以说其中 2 种宽度最为合适。一种宽度是 75cm。采取这种尺寸，不会影响家具的搬入搬出。另一种宽度是 55cm。对于不需要搬动家具的卫生间及浴室来说，这一尺寸就足够用了。

🔲 练习 3-3 一层墙壁的制作

下面让我们制作一个一层的外墙吧！制作的模型如**照片 3-15** 所示。

墙壁的高度与顶棚的高度一致，均为 2800mm。希望能参考**图 3-27** 所示的展开图绘制图纸，并计算出墙壁的宽度。

面向架空层的墙壁采用 2mm 厚的苯乙烯板、汽车库的墙壁采用 1mm 厚的苯乙烯板制作。位于门厅北侧的玻璃墙为弧形，但在模型中玻璃墙的玻璃部分可省略，做成开口部。另外，模型只制作外墙部分，室内的墙壁可以省略（若有精力，最好也制作室内墙壁的模型）。

[14] 在下述文献中有这样的论述："墙壁采用 16cm 厚和 5cm 厚的 2 层砖砌筑"（文献第 182 页）。

参考文献：
Jacques Sbriglio.Le Corbusier La Villa Savoye. Foundtiov Le Cortusier, Birkhäuser, 1999.

[15] 是本人在注 14 中对上述书籍的译文（文献第 80 页）。原文见勒·柯布西耶财团的相关资料（FLCH1-22-66）。

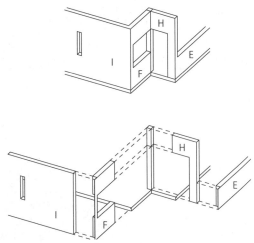

图 3-29 墙体的组装
将一边的苯乙烯板切除只留有表面部分的衔接方法。

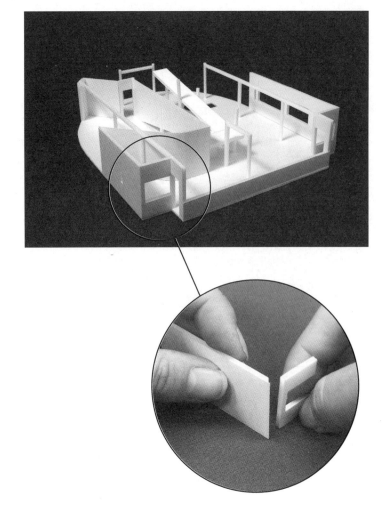

照片 3-16 模型（墙体的组装）
按图 3-29 所表示的边缘处理方法难度高。可采用下面照片不同于图 3-29 的方法进行边缘处理。

[16]　在图 3-29 和照片 3-16 中对构件 I 和构件 F 进行衔接时，对边缘处理（切割式）的方法是不同的。图 3-29 中是将构件 F 进行切割，而在照片 3-16 中则是将构件 I 进行切割。在进行衔接时，因无法看到构件 I 内侧（墙体的室内侧）的衔接，所以适于采用图 3-29 中的方法，但这种方法的难度较高。也可以采用照片 3-16 的做法。

开门开口部的宽度为 800mm（加上门框宽度 750mm），开口部的高度为 2000mm，应按该尺寸在墙壁上开口。**图 3-27** 表示窗户的尺寸（参见第 116 页）。

因构件 J 及构件 P+Q 是与柱子相接的墙壁，所以在制作构件时应考虑到柱子的形状。另外，梁贯穿的墙壁是指梁直接榫接在墙体上。

下面所述的二层柱子是由与墙体呈一体化的许多柱子组成的，而一层与墙体呈一体化的柱子却并不多。正如我们在前面所论述的"模型的制作方法"（第 106 页）那样，本书中模型的一层部分按实际建筑的设计制作了所有的柱子（二层部分只对与墙体一体化的柱子进行了制作）。

坡道周围的墙壁构成比较复杂。汽车库侧的坡道下面为汽车库的一部分，而休息平台的下面则作为收纳室使用。**图 3-57** 及**图 3-58**（第 136 页）表示包括二层部分在内的坡道周围墙壁的构成情况，可供读者参考。

作为模型的制作技巧，应当掌握用苯乙烯板制作的墙体衔接部分的**边缘处理**。**图 3-29** 及**照片 3-16** 是以东北角为例，将一边的苯乙烯板切除只留有表面部分的衔接方法 [16]。

这就是"切割式"的衔接方法。在正交墙壁端部边缘的处理中，也可以采用在第一章（箱形建筑）中介绍的将 2 个面按"45 度角切割"后进行衔接的方法（第 13 页）。但在萨伏伊别墅中，因墙的高度不同，所以很难采用"45 度角切割"（很难对构件 E 和构件 H 进行"45 度角切割"）。

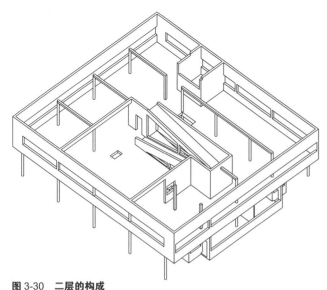

图 3-30　二层的构成

二层的构成（省略了室内墙壁部分）。

3.5　二层模型的构成

在传统的模型中，一层部分的地面·柱子·梁和主要的墙壁都要进行制作。下面就让我们一起学习二层模型的构成吧！

二层模型是按下述顺序制作的：（1）地面、（2）柱子、（3）梁、（4）建筑立面（外墙为主的立面）、（5）坡道、（6）除建筑立面外的其他墙壁。但是，作为与墙体呈一体的柱子和梁以及安装在墙体上的柱子要在墙体完成后再进行制作。墙壁模型与一层模型的制作相同，可以只制作外墙，室内墙壁可以省略。**图 3-30** 表示二层的"地面＋柱子＋坡道＋外墙"。

3.5.1　二层平面图

图 3-31 表示标有尺寸的二层平面图。在萨伏伊别墅中，二层是**主要层**。起居室、主要房间等都设置在二层。二层是一个内部空间与外部空间（屋顶花园）混合在一起的复杂平面。

图 3-32（参见下页）是二层地面楼板 +1.5m 高的水平剖面图。与**图 3-31** 相对照，可以更好地理解二层的平面构成。

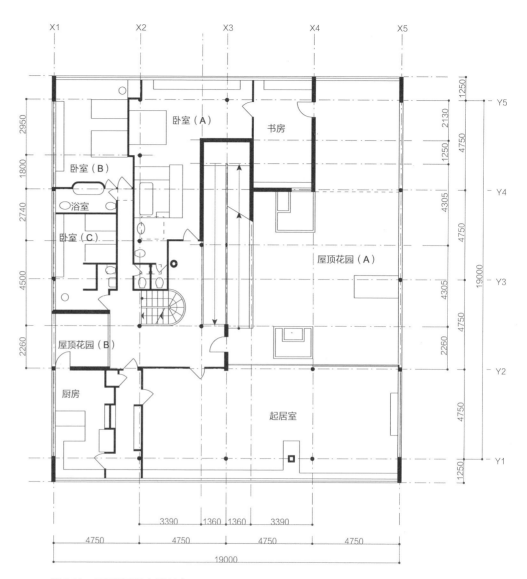

图 3-31　二层平面图（1/200）

起居室、主要房间等都设置在二层。在二层，内部空间与外部空间混合在一起。

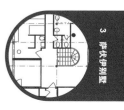

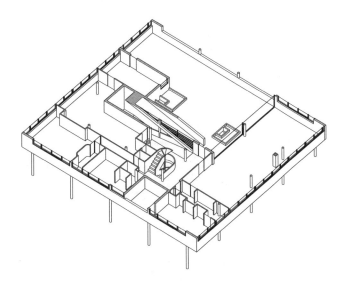

图 3-32　**水平剖切面图（二层）**

在二层的地面楼板 +1.5m 高从水平方向剖切后得到的水平剖切面图。

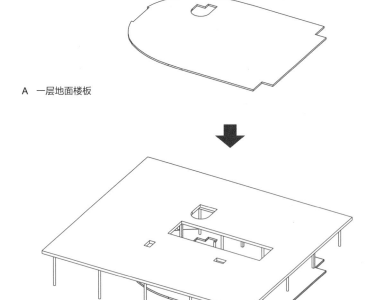

A　一层地面楼板

B　一层柱子 + 二层地面楼板

3.5.2　钢筋混凝土工程的施工流程

我们在前面已经论述过了，萨伏伊别墅的地面楼板是厚 280mm 的中空楼板。在学习二层地面楼板之前，让我们先学习萨伏伊别墅的钢筋混凝土工程。

与我们在第 2 章（住吉长屋）接触过的钢筋混凝土墙结构相同，钢筋混凝土框架结构的混凝土浇筑也是按层进行的。萨伏伊别墅的钢筋混凝土墙结构体部分的工程施工流程如**图 3-33** 所示。

上图（A）只表示出一层的地面楼板，而在实际建筑中一层地面楼板的下面还设有地下层及基础部分。中图（B）在一层地面楼板的上面加上了一层柱子 + 一层上部梁 + 二层地面楼板，这个一层柱子 + 一层上部梁 + 二层地面楼板在混凝土工程中应同时进行浇筑。下图（C）是再加上二层柱子 + 二层上部梁 + 屋顶层地面楼板。以上就是直至二层的钢筋混凝土结构体的构筑工程。

钢筋混凝土框架结构的住吉长屋（第二章）与钢筋混凝土框架结构的萨伏伊别墅的最大不同就在于：萨伏伊别墅中的墙壁不是按钢筋混凝土工程的施工流程进行的。萨伏伊别墅的墙壁是在钢筋混凝土结构体都完成后，再在地面楼板上用砖砌筑成墙。

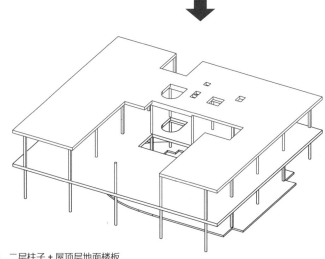

C　二层柱子 + 屋顶层地面楼板

图 3-33　**钢筋混凝土工程的施工流程**

钢筋混凝土结构体（柱子 + 梁 + 地面楼板）是从下向上浇筑。

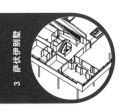

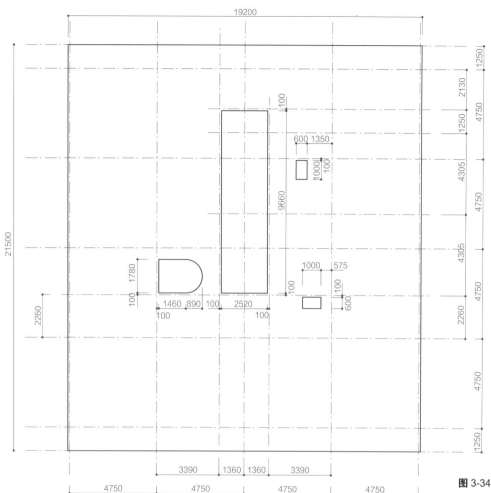

照片 3-17　模型（二层）
用 3mm 厚的苯乙烯板制作。

图 3-34　二层地面的结构平面图
二层地面的模型构件应按该图进行制作。地面上的开口部为
阶梯、坡道、顶部采光。

3.5.3　二层地面

二层地面的结构平面图如**图 3-34** 所示。在地面楼板的周围建有厚 200mm 的外墙。

在坡道与阶梯的位置处，地面楼板上开有开口。坡道附近的 1000mm×600mm 的 2 个开口部是一层汽车库上部的顶部采光（顶部采光尺寸是按实际测量的估算值）。

■ 练习 3-4　二层地面的制作

下面，让我们一起制作二层地面吧！厚 280mm 的地面是用 3mm 厚的苯乙烯板制作的。二层地面的形状是按**图 3-34** 制作的（**照片 3-17**）。

因二层地面是架设在一层柱子与梁的上面的，所以在模型中可以将二层地面下面的一层柱子及梁的位置标出。由于模型组装好以后，一层的柱子与梁的位置很难标出，因此应在组装之前参照一层平面图先将其标出。

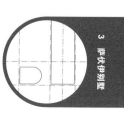

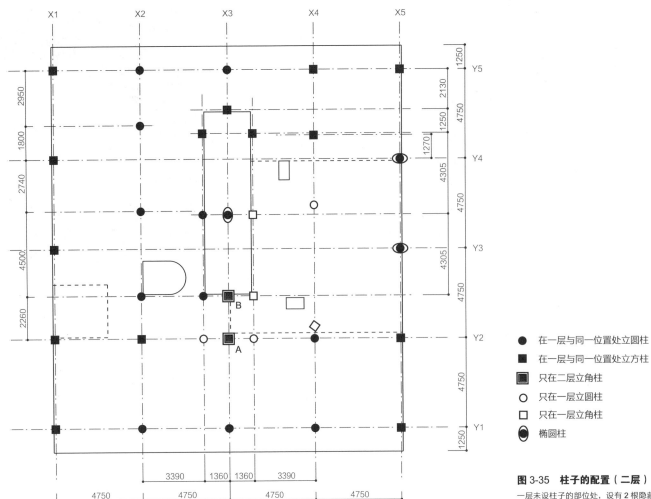

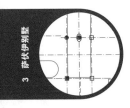

X1 X2 X3 X4 X5

Y5 Y4 Y3 Y2 Y1

1250
2130
1250
1270
4305
4305

2950
1800
2740
4500
2260

4750 4750 4750 4750

3390 1360 1360 3390

B

A

● 在一层与同一位置处立圆柱

■ 在一层与同一位置处立方柱

▣ 只在二层立角柱

○ 只在一层立圆柱

□ 只在一层立角柱

◉ 椭圆柱

图 3-35 柱子的配置（二层）

一层未设柱子的部位处，设有 2 根隐藏于墙内的柱子（图
中的 A 和 B）。另外，在该图中，对柱子粗细的绘制较为夸张。

3.5.4 二层柱子

图 3-35 是二层柱子的配置图（柱子要比实际的粗一些）。其中的符号"●"
或"■"表示一层与二层的柱子在同一位置（"●"表示圆柱、"■"表示方柱），
也就是说，这些柱子从一层到二层是相连的。符号"○"或"□"表示只有一
层配有柱子，而二层没有配置，是一层柱子的位置。

图 3-36 表示二层柱子的配置情况。柱子的长度为二层顶棚的高度
3130mm。

X1 与 X5 轴上的柱子与外墙呈一体。另外，坡道四周与屋顶花园四周配
置了与墙呈一体的柱子。

在钢筋混凝土框架结构中，在下一层未设柱子的位置，处上一层基本上是
不设柱子的。这是因为如果在下一层未设柱子的位置处设置柱子，那么柱子的
荷重就不是承载在柱子上，而必须要承载在梁上，从而使梁产生很大的弯曲应
力（内应力）。

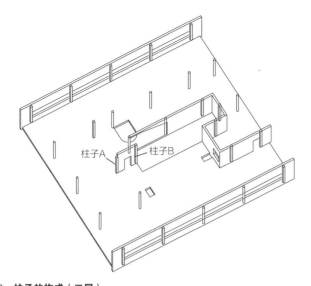

图 3-36　柱子的构成（二层）
X2 及 X5 轴上的柱子与外墙呈一体化。另外，在坡道的四周也设有与墙体呈一体的柱子。

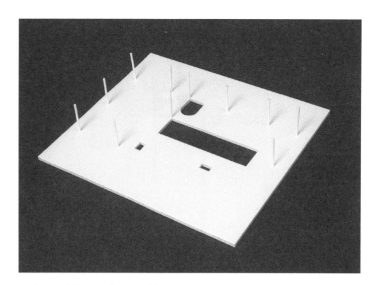

照片 3-18　模型（二层 / 地面楼板 + 柱子）
二层的地面楼板与柱子。与墙体呈一体的柱子与墙壁的制作一起进行。

在木结构及特殊的结构中，一般都是将柱子立在梁上的。例如，大型建筑及超高层大厦的**超级框架结构**。在这种超级框架结构中，地上及接近地面的低层部分（一层附近）柱子就很少，而上面的楼层则布满了密密麻麻的柱子。超级钢结构是指用高强度的梁及框架（使柱子·梁的接合部呈斜向连接的构件）等将上面楼层的柱子架设在下一层的柱子之上，地上及接近地面的低层部分则配以大厅等大空间的特殊框架结构。另外，在第五章（白之家）中学到的日本住宅的传统架构形式——**木结构框架结构**中，一般都是将柱子架设在梁上的。

一段在钢筋混凝土框架结构中，二层在一层未设柱子位置处架设的柱子大多都采用隐藏在墙内、外观上看不到的隐柱。

即便是萨伏伊别墅也是如此。但是，二层在一层未设柱子位置处架设的柱子至少也有 2 根。这 2 根柱子就是**图 3-35** 中符号 "□" 所示设立在 X3 轴上坡道前的柱子 A 与柱子 B[17]。

这 2 根特殊的柱子是与面向屋顶花园的外墙（X3 轴上侧从 Y2 轴向 Y3 轴方向延伸的墙壁）呈一体化的柱子。因是隐藏于墙内的柱子，所以在视觉上是无法确认柱子的存在的。但因 X3 轴上 Y1 轴与 Y2 轴的上部（二层的顶棚下）架设有梁，故需要设置支撑该梁的柱子 A（关于二层上部的梁，我们

将在后面进行说明）。此外，在面向屋顶花园的外墙的一端设有柱子 B 也是十分合理的。

但是，2 根柱子正下方的一层部分是门厅，该处没有设置柱子的空间。一层坡道前犹如门框般的 2 根柱子上架设有梁，而柱子 A 则架设在该梁上（参见第 113 页的**图 3-22** "一层梁的构成"）。柱子 B 的架设位置是在坡道上行起始处的特殊部位。虽然下层顶棚部分的梁并未外露，但在二层地面楼板中架设梁是出于不仅可支撑坡道的端部，同时还可承载柱子 B 的荷重等的考虑。

建筑物的中心轴处设有柱子，并架设了不仅可支撑坡道端部而且还承载着柱子 B 荷重的梁。这虽有矛盾，但作为柯布西耶新建筑 "五要素" 中 "自由的平面"，萨伏伊别墅在平面上具有一种特有的跃动感。

■ 练习 3-5　二层柱子的制作

让我们在二层的地面楼板上搭建柱子吧（**照片 3-18**）！柱子模型的长度为 31.3mm。

一层需要制作所有的柱子，按前面所述的 "模型的制作方法"（第 106 页），在二层制作与墙体呈一体的柱子。也就是说，对于与外墙及坡道周围墙壁呈一

[17]　注 14 所示的上述书籍中的照片为柱子 A 与柱子 B（文献第 137 页）。该照片是勒·柯布西耶财团的相关资料（FLCH1-13-310）。

3　萨伏伊别墅

123

图 3-37 **二层梁平面图**
除支撑坡道的休息平台的梁外，均沿着坡道的方向架设。部分梁与墙体呈一体化。

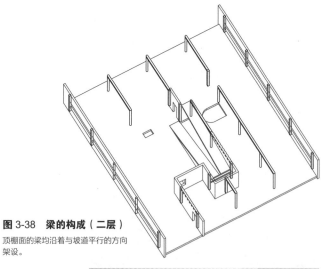

图 3-38 **梁的构成（二层）**
顶棚面的梁均沿着与坡道平行的方向架设。

照片 3-19　二层浴室
卧室（A）内的浴室。2 根柱子离墙而立，柱子的上面架设有梁。

[18] 坡道四周的墙壁及将书房与屋顶花园（A）隔开的间隔墙处也设有梁。在图 3-38 中，考虑设置在梁处的墙壁用虚线表示。另外，外墙（X1及 X5 轴上的墙壁）适于采用砖砌墙而不是结构墙，但在某种程度上要想发挥梁的作用还要下一定的功夫。

体的柱子，我们将与后面墙壁的制作一起进行，这里只对独立柱进行制作。因坡道中央附近的圆柱也与上部坡道四周的墙体呈一体化，故也与后面坡道四周的墙壁一起制作。

关于在柱子上架设梁的问题，我们将在后面论述，在 X2 轴上，Y2 ～ Y4 轴之间只设 2 根柱子，但并不是设置在梁的端部而是支撑在中间。考虑到要将梁架设在这 2 根柱子上，所以只短 2mm。

3.5.5　二层梁

图 3-37 为二层顶棚下外露梁的平面图（在二层平面图中对梁进行了重复

绘制）。另外，**图 3-38** 表示其立体图 [18]。

从室内带有浴室的卧室（A）的**照片 3-19** 中可以看到，2 根柱子离墙而立，柱子的上面架设有梁。

二层顶棚面的梁均沿着 X 轴方向（与坡道平行的方向）架设。也就是说在整个萨伏伊别墅中，除一层的门厅上部的梁外，二层所有的梁都是沿着 X 轴的方向架设的（除一层与二层的顶棚面外，支撑坡道的休息平台的梁也不在其列）。

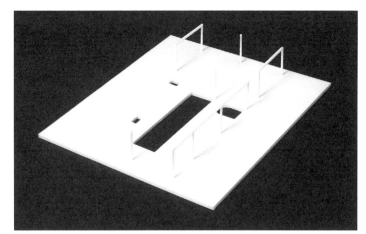

照片 3-20　模型（二层 / 地面楼板 + 柱子 + 梁）

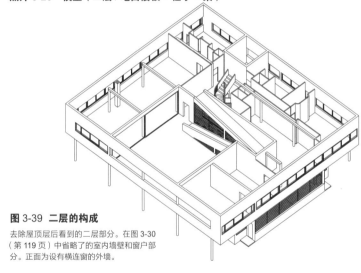

图 3-39　二层的构成

去除屋顶层后看到的二层部分。在图 3-30（第 119 页）中省略了的室内墙壁和窗户部分。正面为设有横连窗的外墙。

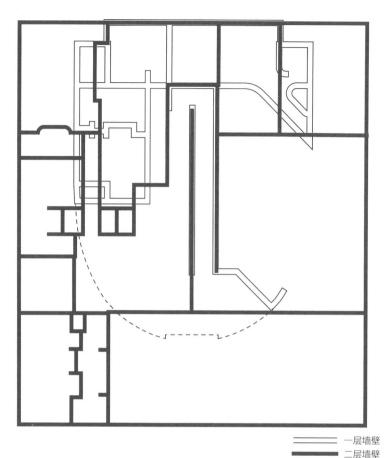

	一层墙壁
	二层墙壁

图 3-40　墙壁的配置（1/200）

表示一层墙壁（空心白）与二层墙壁（彩色）上下对齐。一层与二层柱子的上下层基本都是对齐的，而墙壁除坡道四周的部分墙壁外，几乎都没有对齐。

■ 练习 3-6　二层梁的制作

让我们按照**图 3-37** 中所示的梁的平面图制作二层的梁（**照片 3-20**）。梁采用 2mm 见方的塑料方棒制作。设置在坡道四周的墙壁与坡道休息平台下部的梁可在坡道完成后再进行安装，但需先准备好构件。

3.5.6　二层墙壁

从外观上看，萨伏伊别墅是一个"方盒子"，但这个"方盒子"是通过墙壁被自由分割，使别墅的内部形成了一个复杂的空间。特别是二层，室内

外彼此贯通，形成一个个人空间（卧室）与"社会空间"（起居室）并存的复杂空间。

图 3-39 是去除屋顶层后看到的二层部分。从图中可以看到利用墙壁灵活分割空间的复杂布局。

图 3-40 是表示一层与二层的墙壁上下对齐的配置图。萨伏伊别墅一层与二层的柱子上下层基本都是对齐的。相反，墙壁除坡道四周的部分墙壁外，几乎都没有对齐。可以说萨伏伊别墅墙壁的各层墙面都不是上下对齐，而是自由配置的。正是由于墙体或隔断能灵活分割空间，才形成了萨伏伊别墅复杂的平面布局。

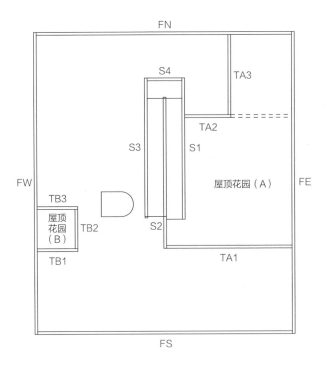

FN

TA3

S4

TA2

S3   S1

屋顶花园（A）

FW   FE

TB3

屋顶
花园
（B）   TB2   S2

TB1   TA1

FS

图 3-41   墙壁的配置（二层）

（1）作为外周的 4 个"建筑立面"——FN、FE、FS、FW
（2）面向屋顶花园 [屋顶花园（A）屋顶花园（B）] 的墙壁——TA1 ~ TA3、TB1 ~ TB3
（3）坡道四周的墙壁——S1 ~ S4

面向书房的墙壁——TA2 上部为女儿墙，与屋顶花园相接。与 TA2 女儿墙相连，并由 TA3 向 FE 延
伸的女儿墙用虚线表示。在模型时，应将由 TA3 向 FE 延伸的女儿墙与 TA2 呈一体进行制作。

3.5.7   外墙与内墙

萨伏伊别墅的二层墙壁分为（1）外周的建筑立面、（2）面向屋顶花园 [屋顶花园（A）及屋顶花园（B）的墙壁、（3）坡道四周的墙壁、（4）室内墙壁四大类。

这里所说的**建筑立面**在法语（facade）中的意思是"正面"，是指"主要的立面"。正如住吉长屋（第 2 章）那样，除临街的立面墙外，其他外墙均与相邻建筑相接时，我们可以将临街的墙壁称为"主要立面"，即建筑立面。另外，对于像萨伏伊别墅那种修建在空旷土地上、四周没有相邻建筑的"白色方盒子"，它的 4 个方向的墙面都可以称为"建筑立面"。

图 3-41 表示除内墙外的其他 3 类墙壁：（1）建筑立面、（2）面向屋顶花园的墙壁、（3）坡道四周的墙壁。

在图中的"（1）建筑立面"中，标有符号"FN、FE、FS、FW"（F 表示

建筑立面，N/E/S/W 表示方位）。在"（2）面向屋顶花园的墙壁"中，面向屋顶花园（A）的墙壁处标有符号"TA1 ~ TA3"，而面向屋顶花园（B）的墙壁处则标有符号"TB1 ~ TB3"。另外，在"（3）坡道四周的墙壁"中，标有符号"S1 ~ S4"。

（1）~（3）的墙壁是全部或部分向外的外墙。除全部镶嵌玻璃的 TA1 墙外，其他的均采用 2 层砌筑的砖墙。包括饰面在内的墙厚约 20mm（5cm 厚的砖砌内墙加上饰面厚为 8cm）。

在本章制作的模型中，因省略了室内墙的制作，所以（1）~（3）的墙壁是模型构件。在模型中，因二层的墙壁安装在屋顶层地面楼板的外侧，所以应先制作屋顶层。屋顶层的制作完成后，再边对"（1）面向萨伏伊别墅的立面的构成"以及"（2）面向屋顶花园的墙壁"和"（3）坡道四周的墙壁剖面的构成"进行学习，边制作模型。

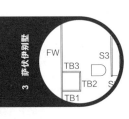

FW

TB3   S3

TB2   S

TB1

3 萨伏伊别墅

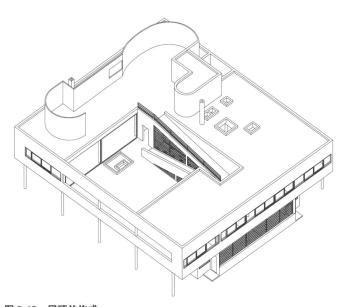

图 3-42　屋顶的构成
从屋顶方向看到的全貌图。屋顶层和二层的屋顶花园通过坡道相连。

图 3-43　二层露台
内部空间与外部空间具有相互流通之感的屋顶花园。坡道可直接通往屋顶。

3.6　屋顶的构成

　　图 3-42 是从屋顶向下看到的萨伏伊别墅全貌图。屋顶上立有墙壁，展现了**屋顶花园**的空间。

　　屋顶层通过坡道与二层屋顶花园相连，屋顶层与二层的屋顶花园形成一体构成了屋顶花园。**图 3-43** 表示通往屋顶层的入口通道——二层露台。

　　在萨伏伊别墅的屋顶花园中可以看到**日本庭院**及中国**回廊式庭院**所共同的各种**装饰**（木构件）[19]。在自地面向上限定的领域或利用墙壁围护的领域中，设置坡道、圆桌及植物，或在墙壁上留有不同形状的窗口，在"取景框"中构成了一幅幅周围各种不同的美丽风景画。

　　屋顶的构成如**图 3-44**（第 128 页）所示。屋顶部分由墙壁、烟囱、楼梯间组成。这些应在模型中表现出来。

3.6.1　屋顶层平面图

　　屋顶上的墙壁是由许多不同曲率的曲面连接成的复杂形状。**图 3-45**（128 页）为屋顶层平面图。

　　勒·柯布西耶将屋顶层南侧墙壁围护的部分称为"**日光浴房**"（日光浴空间）。日光浴房西南角的曲线形墙体是以楼梯间的室内中心点为圆心，将不同曲率的曲面相连形成的曲线形墙体。

　　除坡道外，楼梯也直接通往屋顶，所以**楼梯间**凸出于屋顶。楼梯间也被与螺旋楼梯相一致的曲线形墙体围护。

　　对于像萨伏伊别墅这种楼梯间凸出屋顶的部分，我们称之为**屋顶间**（**塔屋**）。在一般的建筑中，屋顶上除楼梯间外，**电梯机房**及**冷却塔**也都凸出于屋顶上。不仅这些凸出屋顶的塔被称为屋顶间，而且像饭店及公寓屋顶上（或最高层）特意设置的房屋也称作屋顶间。

[19]　在日本园林中，可以看到犹如富士山山石、河川流水、广袤沙漠般的微型景观。从中也可以看到将庭园外的景物"借"入园内，称之为"借景"的空间手法。另外，在中国的游廊式庭院中，则是通过墙壁上留有的不同形状的窗口取景，可以在限定的领域内得到各种景色（空间的连续性）。

3　萨伏伊别墅

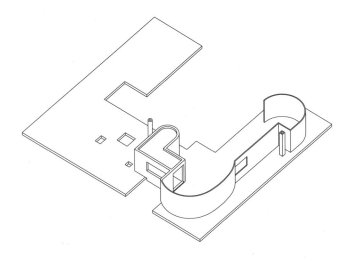

图 3-44　屋顶的构成
屋顶由墙壁、烟囱、楼梯间组成。

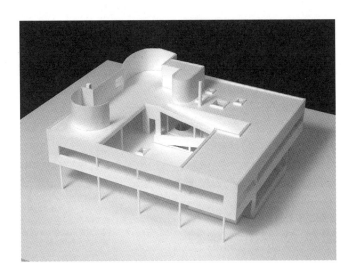

照片 3-21　模型
完成的模型。包括屋顶部分在内的萨伏伊别墅全貌。

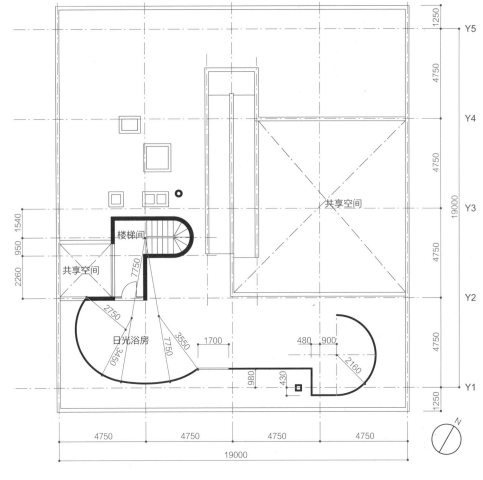

图 3-45　屋顶层平面图（1/200）
墙壁是由许多不同曲率的曲面连接成的复杂形状。日光浴房是指进行日光浴的空间。

3　萨伏伊别墅

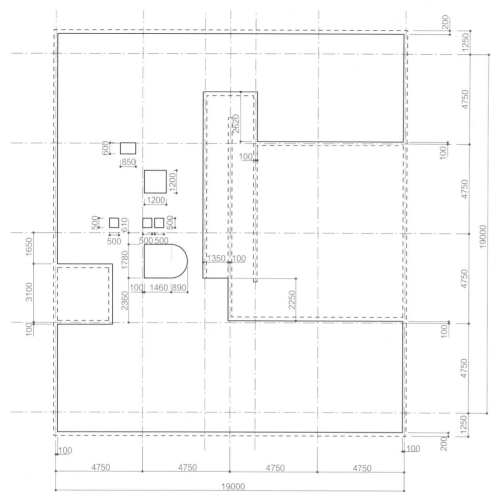

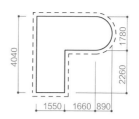

图 3-47　女儿墙的屋顶平面图

虚线表示 20cm 厚的周围的外墙。

图 3-46　楼梯间的屋顶楼板平面图（1/200）

模型中未做顶灯、楼梯间的部分。另外，顶灯的位置与尺寸按实际测量的设定。

　　萨伏伊别墅的所有墙壁都不是支撑地面楼板的结构体，而是直接在地面楼板上砌砖的**砖石砌筑**。因为砖砌墙体是砌筑在楼板上的，所以可以砌筑成任何形状。在一层及二层中，虽然起居室（一层）或浴室（二层）的墙体也被设计成曲线形，但这也只有其中的一部分墙体是曲线形的。最能体现墙体形状变化的是屋顶层。

3.6.2　屋顶层的地面

　　屋顶层的地面形状如**图 3-46** 所示。设置在地面周围的外墙厚度为 20cm，用虚线表示，并标出了该地面周围外墙内侧的形状。在模型中，应将该地面周围的外墙组装上。

　　萨伏伊别墅的屋顶与住吉长屋（第二章）相同，都是平屋顶。正如在第二章中所论述的，一般水平屋顶都需要进行防水处理，为设置防水层而在平屋顶的端部修建的矮墙——**女儿墙**要高出屋面。萨伏伊别墅的女儿墙比屋顶楼板高20cm（因屋顶楼板上要做饰面，所以楼板饰面上女儿墙的高出尺寸要小于该尺寸。

　　在二层卫生间、卧室的上部配有顶灯。

　　架设在楼梯间上部的平屋顶的形状如**图 3-47** 所示。图中的虚线表示 20cm厚的外墙，并标出了外墙内侧的尺寸。

3　萨伏伊别墅

129

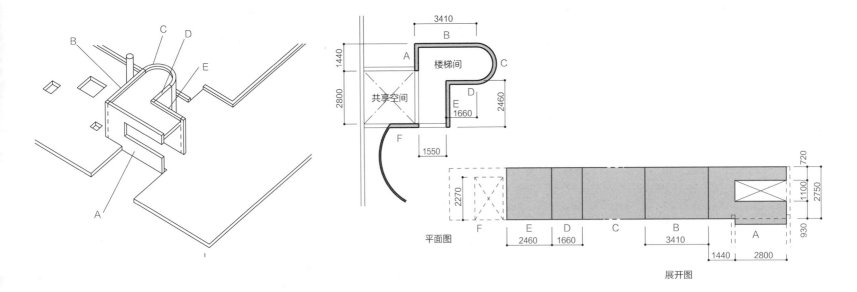

平面图

展开图

图 3-48　**楼梯间的构成**

在模型中，因构件 F 与二层露台（B）是呈一体的墙壁，所以可以作为露台的模型构件进行制作。因构件 A 与面对二层露台的墙壁相连，所以仅仅是屋顶层楼板的厚度（模型尺寸为 3mm）部分挑出露台。

3.6.3　屋顶层的墙壁

在屋顶层中，楼梯间的墙壁的修建要高出屋顶楼板 2750mm。**图 3-48** 是楼梯间周围墙壁的平面图和展开图。

屋顶层也设有支承墙体及支承屋顶屋顶的柱子，但因都是与墙体呈一体化的柱子，所以在平面图中未将柱子表现出来（含在墙体内）。

楼梯间的西侧与面对二层露台的墙壁相连，该处为横连窗。屋顶上设有圆形及长方形烟囱各一个。圆形烟囱的直径约为 40cm，正方形烟囱的边长约为36cm。烟囱的高度与墙壁同高。

🔲 练习 3-7　屋顶层的制作

下面，让我们制作一个屋顶层的模型吧！28cm 厚的屋顶楼板用 3mm 的苯乙烯板、20cm 厚的墙壁用 2mm 的苯乙烯板、8cm 厚的墙壁用 1mm 的苯乙烯板制作。**照片 3-21**（第 128 页）的模型是包括屋顶部分在内的萨伏伊别墅的全貌。

屋顶楼板按**图 3-46**（第 129 页）和**图 3-47**（第 129 页）所示的屋顶楼板平面图，墙壁按**图 3-45**（第 128 页）所示的平面图进行模型构件的放样。墙壁的高度均为 2750mm（也可参考**图 3-49**～**图 3-52** 所示的立面图）。

楼梯间的组装可参照**图 3-48** 进行。女儿墙的高度为屋顶楼板面 +20cm。

位于通往屋顶出入口的墙壁（构件 F）与二层露台（B）是呈一体的墙壁，因此，可稍后作为露台模型构件制作。因西侧墙壁（构件 A）与面对二层露台的墙壁相连，所以仅是屋顶层楼板的厚度（模型尺寸为 3mm）部分挑出露台。

到目前为止的模型中都省略了烟囱（室内部分），但立在屋顶上的烟囱不得省略（也可将室内部分的烟囱模型制作出来）。屋顶上有圆形与正方形 2 个烟囱。圆形烟囱是从地下层经过一层与二层通到屋顶上的。正方形的烟囱是二层暖炉的烟囱。烟囱可以使用直径 4mm 的塑料圆棒和 4mm 见方的塑料方棒。

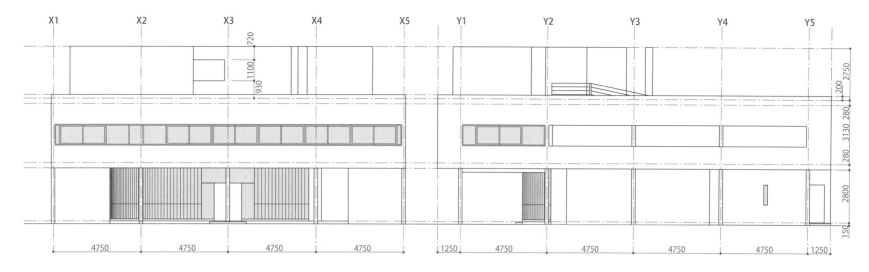

图 3-49　南立面图（1/200）
墙壁的内侧为大片的横连窗。

图 3-50　东立面图（1/200）
镶有玻璃的横连窗位于 Y1 ～ X2 轴之间，X2 ～ X5 轴之间的横连窗未装玻璃，只留有
窗洞。

3.7　立面的构成

在本节中，我们将会学到萨伏伊别墅的**建筑立面**（构成立面的主要墙壁）的布局结构，并对建筑立面的模型进行制作。

3.7.1　立面图

萨伏伊别墅的立面图中体现了"现代建筑五要素"之一的"横连窗"的特点。水平向的长窗使其外观显得轻巧别致，消除了建筑的沉重感。

标有尺寸的立面图按照南、东、北、西的顺序绘制成**图 3-49** ～ **图 3-52**（北向与西向的立面图参见第 132 页）。在这些立面图中，玻璃的部分用彩色表示。

4 个方向横连窗的构成虽有相似之处，但却有着不同的风格。横连窗的构成原理简单，表面上看似平淡无奇，然而给萨伏伊别墅带来的复杂多样的形态与空间在其正面也得到了充分的体现。

在建有门厅的南侧立面，X1 ～ X5 轴之间的整面墙都被设计成大片玻璃的横连窗。二层的立面面向起居室、厨房等许多房间，与间隔墙（将各房间隔

开的墙壁）呈正交。但是，因间隔墙端部的外侧为横连窗，所以间隔墙端部的立面未能表现出来。

设在车库东侧建筑立面的玻璃连窗仅限于 Y1 ～ Y2 轴之间。X2 ～ X5 轴之间的横连窗面朝外部空间的露台，该处的横连窗未装玻璃，只留有窗洞。

Y1、Y2、Y5 轴的柱子设置在建筑的立面。横连窗内的 Y3 轴与 X4 轴的柱子断面为椭圆形，其他的柱子为细柱。

立面图中的空洞部分表示门厅前的架空层，架空层上面的曲线形墙体以及屋顶上的烟囱给人一种航船的感觉。

北侧建筑立面的 X4 ～ X5 轴间的窗户面对露台（外部），该处的窗户未装玻璃。在其横向（X1 ～ X4 轴之间）两轴墙壁的内侧是大片的玻璃窗，将露台与室内隔开的间隔墙的端部只出现在 X4 轴处。

西侧的建筑立面，5 根柱子与墙体呈一体。在 Y2 ～ X3 轴之间，露台（外部）靠近 Y2 轴，而卧室靠近 X3 轴。面向露台的窗户未装门窗件。将露台与卧室隔开的间隔墙端部与建筑立面呈一体化。

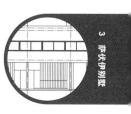

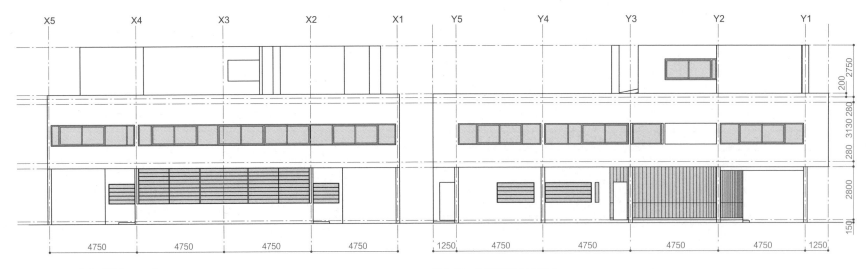

图 3-51　北立面图（1/200）

X4 ~ X5 轴北侧建筑立面的 X4 ~ X5 轴间的窗户面对露台（外部），该处的窗户未装玻璃。在其横向（X1 ~ X4 轴之间）两轴墙壁的内侧是大片的玻璃窗。只有 X4 轴可以看到将露台与室内隔开的间隔墙的端部。

图 3-52　西立面图（1/200）

所有的柱子与墙呈一体。Y2 ~ X3 轴之间的窗户未装门窗件。

3.7.2　建筑立面的构成

萨伏伊别墅的建筑立面并未采用钢筋混凝土，而是采用直接砌砖的**砖石砌筑**建造的。萨伏伊别墅的结构体——柱子·梁·地面楼板完成后，再在二层的地面楼板上直接砌砖。

在非结构体上的墙体可直接在楼板上砌筑成任何形状。可以说，作为萨伏伊别墅建筑立面的非结构体墙体的独特设计风格正是通过横连窗和窗洞表现出来的。这种横连窗是如何制作的？下面，就让我们对设有横连窗的建筑立面进行学习吧！

图 3-53 表示萨伏伊别墅断面图的构成。地面楼板是通过空心砖施工法制作完成的，灰色部分为钢筋混凝土结构体。

建筑立面的墙壁中，一部分为两层砌砖构成的墙体。两层砌砖之间为**空气层**。这种空气层是为了隔热效果而设计的[20]。除建筑立面外，因其他的内墙不需要具有外墙那么高的隔热性能，所以只砌一层砖既可。可以说，这种按照墙壁不同的性能要求构成的平面就是《建筑五要素》之一——"自由的平面"的考虑方法。

横连窗的上部为砖墙，砖墙是砌筑在架设在横连窗上的钢筋混凝土**过梁**（架设在窗框上部的横梁）之上的。

在建筑立面及顶棚处是由砌砖或钢筋混凝土等不同的材料组成的，外部和

内部为**涂刷粉墙**（石灰粉刷），采用的是相同的饰面。

窗户的下框（下侧窗框）安装有称为**滴水槽**的铁件（金属部件）。滴水槽是防止雨水从墙与窗框的接合部浸入，具有防止打在窗户上的雨水流到外墙上的作用。窗框上装有木推拉窗。

■ 练习 3-8　建筑立面的制作

下面，让我们按照**图 3-49 ~ 图 3-52** 所示的立面，制作一个**图 3-54** 所示的建筑立面吧！建筑立面使用 2mm 厚的苯乙烯板制作。

横连窗贯通，与墙呈一体化的柱子只表现柱子即可，但安装在贯通长窗处的圆柱则需用直径 2mm 的塑料圆棒表现（**照片 3-22**）。

在 X1 轴及 X5 轴处的建筑立面，作为结构体的柱子要贯通整个横连窗。在制作模型的过程中，若先立柱，柱子就会将墙壁断开，这样不仅墙壁构件的数量要大大增加，而且建筑立面上也会看到柱子与墙壁的衔接缝。

在萨伏伊别墅中，因钢筋混凝土地面楼板的侧面与砌砖的建筑立面采用的是同一种饰面，所以粉刷后的墙壁与地面的接缝就会消除。也就是说，将地面楼板、墙体与柱子装配在一起的复杂结构物——萨伏伊别墅，经过粉刷后，看上去就是一栋雪白的小楼。

[20]　在下述文献中有详细的论述。

参考文献/翻译：
爱德华·R·福特；《建筑巨匠们的作品集》，八木幸二审译，丸善株式会社，1999 年

原著：
Edward.R.Ford. the Details fo Modern Arcitecture The MIT Press, 1990.

翻译第 2 卷部分。萨伏伊别墅在 1 卷 [（Voi.1）1879-1948] 中有所记述。

3　萨伏伊别墅

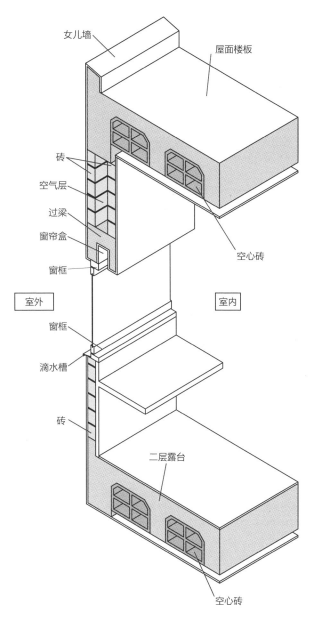

女儿墙

屋面楼板

砖

空气层

过梁

窗帘盒

窗框

空心砖

室外　　　室内

窗框

滴水槽

砖

二层露台

空心砖

图 3-53　建筑立面的断面构成

灰色部分为钢筋混凝土建造的结构体。地面楼板是通过空心砖施工法制作完成的。建筑立面是由 2 层砖砌筑的砖墙。砌砖间为空气层。

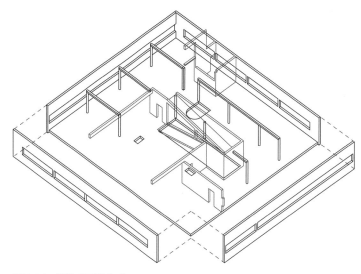

图 3-54　建筑立面的构成

为使衔接接缝不明显，应在边缘的处理上下些功夫。

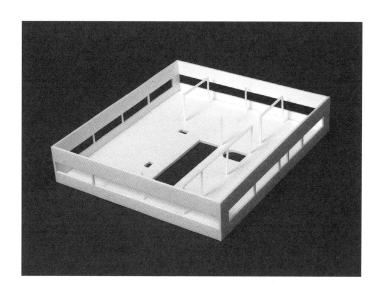

照片 3-22　模型（建筑立面）

根据立面图用 2mm 厚的苯乙烯板制作建筑立面。立在横连窗内的圆柱用直径 2mm 的塑料圆棒表现。

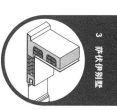

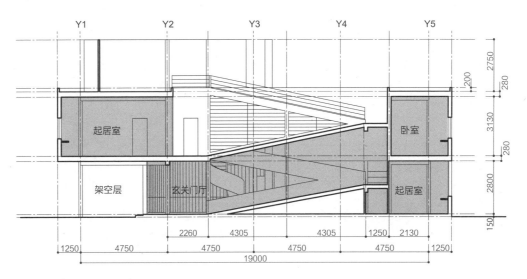

图3-55 剖面图（1/200）
对一层与二层以及二层的露台与屋顶结合的坡道进行剖切。彩色部分表示内部空间。

将结构体的柱子与非结构体的墙体成对组装在框架结构的建筑构造中是相互矛盾的，但这里与结构的布局相比，应优先考虑创意设计。此外，对于已经制作的一层部分，应对根据结构布局设计的制作方法加以考虑。

建筑立面的4个面都立在二层地面楼板上。但是，如果简单地将建筑立面立在楼板上，那么，建筑立面的表面就会看到地面楼板与墙壁的接缝。应对建筑立面与二层地面楼板的结合部进行边缘处理。此外，建筑立面与建筑立面的接合部也应进行边缘处理。

3.8 剖面的构成

正如我们已经学过的，萨伏伊别墅的二层是内部（室内）与外部（屋顶花园）并存的。另外，在并存的内部与外部的边界处设有坡道。可以说，坡道是连接内部与外部的装置。此外，坡道也是使一层与二层保持连续性的装置。如果坡道较长，萨伏伊别墅的剖面构成就显得比较单调。

在本节中，我们通过对内部与外部交错的复杂空间——坡道周围的关注，来学习萨伏伊别墅的剖面构成。

到目前为止，我们已制作了一层、二层的地面楼板＋柱子、屋顶层、建筑立面的模型。接下来，我们将边学习剖面的构成，边制作坡道周围的墙壁。只有充分理解了剖面图，才能掌握坡道周围的形状。

3.8.1 剖面图

图3-55是标有尺寸的剖面图。

在该剖面图中，对一层与二层以及二层露台与屋顶花园连接的坡道进行了剖切。为了便于理解内部空间与外部空间并加以区分，内部空间用彩色标出。

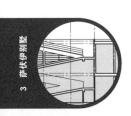

一层的门厅门厅是通过坡道与二层连接而形成的一个很大的空间。另外，面对二层起居室的露台与屋顶花园构成了室内外一体化的外部空间。从该剖面图中也可以看到，坡道未受结构体的梁所限而将各层空间相连。萨伏伊别墅的框架结构不仅在平面的构成，而且在剖面的构成上也产生出空间的连续性。

3.8.2 坡道周围的构成

坡道被三面墙所围。为能掌握这些坡道周围墙壁的形状，就必须对坡道周围的 3 处进行剖切并绘制成剖面图。将坡道周围的 3 处进行剖切所绘制的垂直剖面图如 **图 3-56** 所示。与其相对应的剖面图如 **图 3-57**（第 136 页）所示。坡道周围墙壁的形状表现为在剖切面对面看到的可见线（外形线）。

上图（A）是在露台（A）侧的前面剖切所绘制的。图中可以看到兼做坡道扶手的墙壁。坡道前面墙壁的整个下部都是固定窗，而柱子贯穿于窗户的中央。该图的右侧（北侧）与内墙相接。

中图（B）是在坡道上行起始处至休息平台的部分进行剖切所绘制的。图中表现了二层至屋顶的坡道上部为外部，下部为内部这种外部与内部交错的空间（该图与 **图 3-55** 所示的剖面图相对应）。

外部与内部也是通过二层坡道周围的墙壁被隔开的。装在墙壁上的大大的横格固定窗与通往图左侧（南侧）露台的带门墙壁相连。只有二层的立柱隐藏在墙内。起居室中央 X3 轴上二层顶棚下的外露梁与该墙相连。

由一层至二层的坡道装有扶手（该扶手在模型中可以省略）。柱子从扶手的中央贯穿。因柱子是椭圆柱，所以扶手与柱子就出现了平板与椭圆柱相贯的形状。该柱子也从二层的固定窗中央穿出，将固定窗分割。

下图（C）是在坡道的休息平台至上层的部分进行剖切而绘制的。图中可以看到将二层走廊与坡道隔开的间隔墙。该墙的构成复杂，不仅与二层上部的梁呈一体化，也与坡道扶手呈一体化。在二层，立在坡道的中央与上行结束部位附近的 2 根柱子与该墙呈一体化。

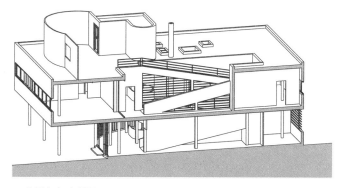

A　将露台（A）剖切

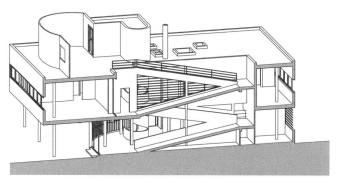

B　将剖到上行起始部分进行剖切

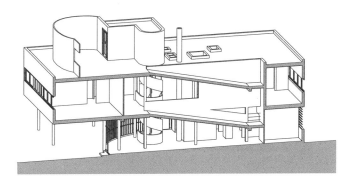

C　将剖到上行结束部分进行剖切

图 3-56　垂直剖面图

坡道前、上行起始部分、上行结束部分的剖面图，表现了坡道周围的墙壁。

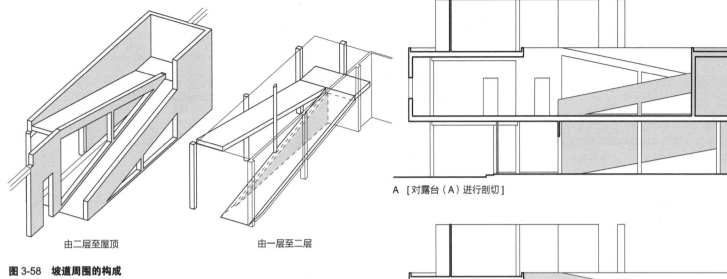

由二层至屋顶　　　　　　由一层至二层

图 3-58　坡道周围的构成
坡道周围墙壁的构成复杂。应按图 3-57 中所示的剖面图（3 张）进行绘制，并掌握墙壁的形状。

A　[对露台（A）进行剖切]

B　对坡道上行起始部分进行剖切

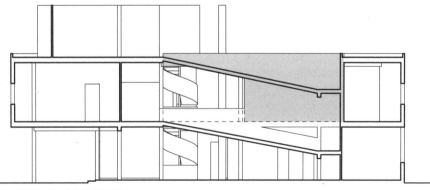

C　对坡道上行结束部分进行剖切

■ 练习 3-9　坡道的制作

　　在模型中再加上坡道的墙壁，并对坡道进行安装。将坡道与坡道相隔的 3 面墙的构成如**图 3-58** 所示。

　　坡道周围的墙壁构成十分复杂。不仅是外部与内部交错的二层部分，而且在前面制作的一层模型部分中，也是通过坡道墙壁将门厅门厅（室内）与汽车库进行复杂的分割的。

　　虽然墙壁的形状复杂，但如果绘制了剖面图就可以掌握其形状。下面就让我们对**图 3-57** 中所示的剖面图（3 张）进行绘制，并掌握三面墙的形状吧！剖面图的尺寸可参考**图 3-55**（第 134 页）中所示尺寸。

　　本书中的模型虽然只制作外墙部分即可，但对于室内与室外复杂交错的二层坡道周围的墙壁则要求制作内墙（该墙与外墙一样，也是由 2 层砌筑的砖墙组成）。

　　墙壁的二层部分用 2mm 厚的苯乙烯板、一层部分用 1 mm 厚的苯乙烯板制作 [21]。坡道应正好插在二层地面楼板的卡槽内（**照片** 3-23）。

[21] 本书未规定萨伏伊别墅坡道楼板的厚度。因考虑到要比按 1/100 比例的厚 2mm 所表示的 2cm 要薄，所以可不用 2mm 厚的苯乙烯板，而是 1mm 厚的苯乙烯板制作。

图 3-57　坡道周围的剖面图（1/200）
彩色部分表示模型制作的墙壁形状，位于室内的坡道扶手未用彩色表示（上图 B 及 C）。

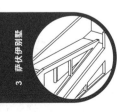

3　萨伏伊别墅

136

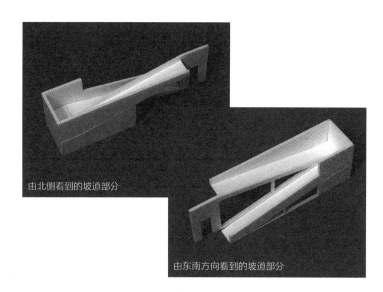

由北侧看到的坡道部分

由东南方向看到的坡道部分

照片 3-23　模型（二层坡道）

坡道与坡道周围的墙壁（二层部分）用 2mm 厚的苯乙烯板制作。在模型中，虽然外墙与内墙用不同的构件制作，但在这里不必将外墙与内墙加以区分，可做成一体的。

3.8.3　坡道周围的墙壁

到目前为止，模型基本完成，剩下的工作只有 2 个露台周围的墙壁。所谓 2 个露台，是指面向起居室和书房通过坡道到达屋顶的露台（A）以及位于厨房与卧室（C）之间的小露台（B）。

图 3-59 表示从露台（A）向起居室方向望去的透视图，而**图 3-60** 则表示从露台（A）向书房方向望去的透视图。

起居室靠露台（A）的一边是大片玻璃窗。窗户为钢制，一边是固定窗，另一边是可以开关的推拉窗[22]。

图 3-61 表示从上向露台（B）方向望去的立体图。

露台（B）是一个面对厨房、卧室（C）、楼梯厅的露台，是只有经过厨房才能出入的服务性的小后院。在面对楼梯厅墙壁高于视线的位置开有钢窗，可将露台收入眼底。

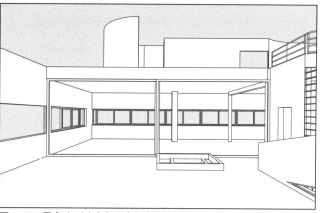

图 3-59　露台（A）（向起居室方向望去）

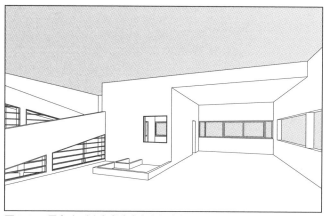

图 3-60　露台（A）（向书房内方向望去）

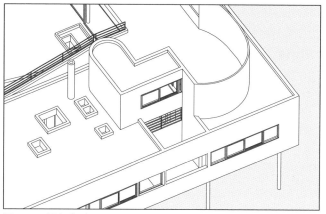

图 3-61　露台（B）

[22]　固定窗与推拉窗在 1931 年竣工的萨伏伊别墅中被竖向分为两部分，但在后来的改建中又更改为大片玻璃窗。

3 萨伏伊别墅

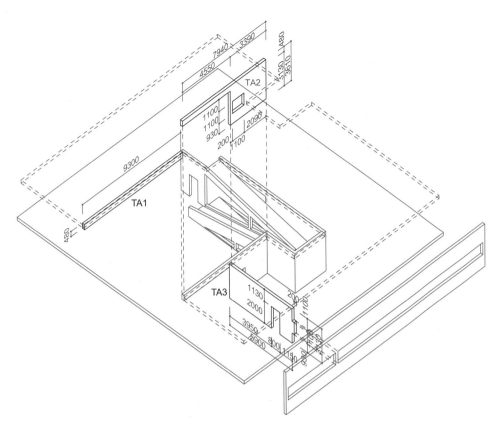

图 3-62　露台（A）的构成

露台（A）除了已经制作好的面对坡道的墙壁外，还需立起面对起居室的墙壁（TA1）和面对书房的
两面墙壁（TA2 和 TA3）。

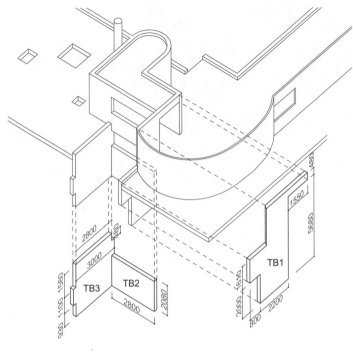

图 3-63　露台（B）的构成

因可出入屋顶间的墙壁（TB1）与曲线形墙体相连，故模型构件复杂。

📐 练习 3-10　制作面对露台的墙壁模型（完成模型）

　　下面，就让我们制作面对 2 个露台的墙壁吧！**图 3-62** 表示面对露台（A）
的墙壁。

　　在露台（A）中，除了已经制作好的面对坡道的墙壁外，还需立起面对起
居室的墙壁（TA1）和面对书房的 2 面墙壁（TA2 和 TA3）。

　　在模型中，因可以将窗户部分省略，所以 TA1 只制作女儿墙即可。TA3
的端部与北面的建筑立面相接。为防止 TA3 与建筑立面太过显眼，应对边缘
处进行处理。

　　接下来就让我们制作露台（B）吧！**图 3-63** 表示面对露台（B）的墙壁的

组装方法。

　　因可出入屋顶间的墙壁（TB1）与曲线形墙体相连，故模型构件复杂。出
入口门的旁侧为固定窗，模型中可以省略该窗，只留有窗洞即可。实际上窗户
的下部为 10cm 的矮墙，该部分也可省略不做。

　　TB3 的端部组装在西侧的建筑立面处。这里可以考虑不立柱，但要安
装卧室（C）的窗框。为防止与建筑立面的衔接太过显眼，应对边缘处进行
处理。

　　面对露台的墙壁安装完成后，就需准备架设架空层立柱用的地面——模型
底座。将整个建筑模型用立柱支承，模型的制作即完成（**照片 3-24**）。

3　萨伏伊别墅

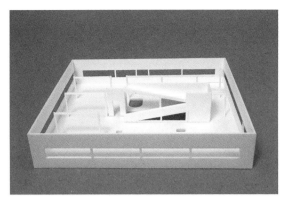

1. 将坡道与坡道周围的墙壁粘接在建筑立面的二层部分。

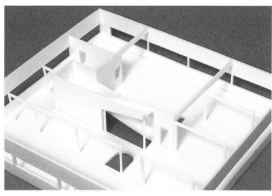

2. 对面对露台 A 的墙壁进行粘接。应对与北侧建筑立面相接部分的边缘处进行认真的处理。

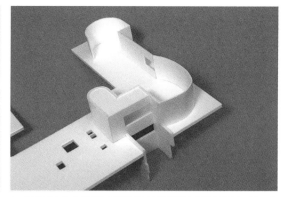

3. 面对露台 B 的墙壁与屋顶层粘接后就很容易进行组装。接下来便进入屋顶层曲线形墙体的制作。具体做法是：将苯乙烯板的一侧稍稍切除并弯曲后，再在其表面粘贴一层薄纸。

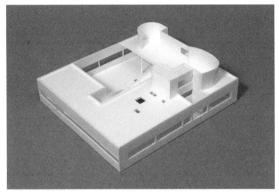

4. 将二层与屋顶层进行粘接。用小镊子等对柱子的垂直度进行调节。

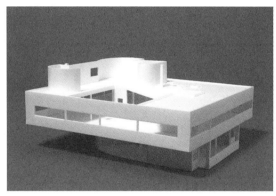

5. 将二层架在一层上，并进行粘接。

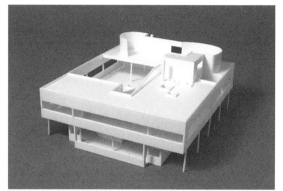

6. 将架空层部分的立柱、梁粘接在二层地面楼板的下部。

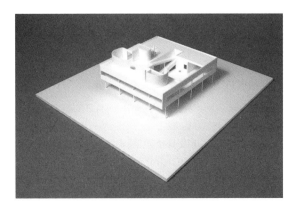

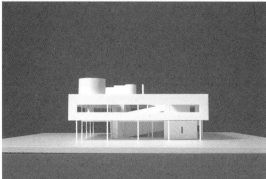

7. 用 7mm 厚的板材制作地面并进行粘接。
   用小镊子等对一层架空层立柱的垂直度进行调整。
   在该照片中，对二层、屋顶上顶灯周围的女儿墙也制作了模型。若有精力，最好能制作。

8. 完成的模型（东侧）。

照片 3-24　**模型的完成**

3 萨伏伊别墅

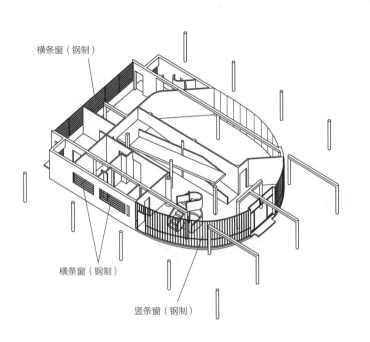

横条窗（钢制）

横条窗（钢制）

竖条窗（钢制）

图 3-64　窗户的构成（一层）
一层窗户为曲线形的竖条窗和水平向的横条长窗。

横条窗（木制）

横条窗（钢制）

固定窗（钢制）

横条窗（钢制）

推拉窗（钢制）

横条窗（木制）

横条窗（钢制）

图 3-65　窗户的构成（二层）
横连窗为木窗。二层除横连窗外，还有若干横条钢窗。面对露台的窗户中有装有大片玻璃的落地固定窗和拉门。

3.9　窗户的构成

　　到目前为止，我们学习了萨伏伊别墅的平面构成、立面构成、剖面构成，并制作了模型。模型表现了萨伏伊别墅的柱子、梁、地面楼板、屋顶、主要墙壁的关系。但玻璃墙及玻璃窗只做了门洞或窗洞，而未将玻璃部分表现出来，而且前面也未对窗户的构成做过详细的说明。

　　萨伏伊别墅安装了特殊的钢窗与木窗。在本节中，作为学习萨伏伊别墅布局结构的最后操作，就让我们用 CG（计算机制图）对萨伏伊别墅的窗户构成进行一下确认吧！

3.9.1　萨伏伊别墅的窗户

　　图 3-64 及 **图 3-65** 分别表示萨伏伊别墅一层与二层的窗户构成。

　　萨伏伊别墅的窗户分为钢窗与木窗 2 种。安装在二层外墙上的横连窗是木窗，其他的则是钢窗。木制的横连窗由**推拉窗**和**固定窗**组合而成。只有二层起居室和露台间的窗户是钢窗，由大片玻璃的固定窗和**推拉窗**组成。其他处的钢窗是用窗框按水平方向和垂直方向密密排列的（水平方向排列的窗户中，部分为开关窗）。

3　萨伏伊别墅

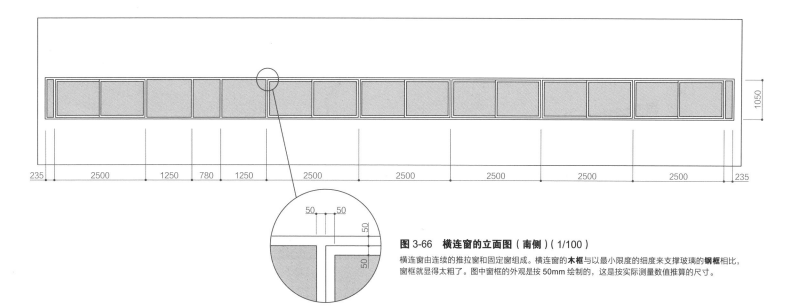

图 3-66　横连窗的立面图（南侧）（1/100）

横连窗由连续的推拉窗和固定窗组成。横连窗的**木框**与以最小限度的细度来支撑玻璃的**钢框**相比，窗框就显得太粗了。图中窗框的外观是按 50mm 绘制的，这是按实际测量数值推算的尺寸。

3.9.2　横连窗

图 3-66 是南侧（门厅侧）横连窗的立面图。横连窗由连续的推拉窗和固定窗组成。

横连窗是按宽 2500mm、高 1000mm 的**模数**（基本尺寸）设计的。横连窗的**木框**与以最小限度的细度来支撑玻璃的**钢框**相比，窗框就显得太粗了。**图 3-66** 是按 50mm 绘制窗框外观（宽度或高度）的（这是按实际测量数值推算的尺寸）。

图 3-67 是横连窗的分解图（西南角部分），该图是利用 CG 绘制的模型例。图中将固定在墙体上的窗框和推拉窗的窗框形状都简略化了。窗框的厚度为：固定窗框按 80mm、可动窗框（推拉窗框）按 40mm 制作模型。

实际窗框的形状并非那么简单，窗户的下框都装有**图 3-55**（第 133 页）所示的滴水槽。窗户的详图十分复杂，但可动窗框可以安装在固定于墙上的固定窗框内这一原理本身则非常简单。在 CG 中，即便是简略化的模型，经过渲染后也可以看到相当不错的效果。

包括除横连窗外的其他所有窗户在内，一般窗户的室外侧都被涂刷成黑色，而室内侧则被涂刷成白色（当然也有例外，像北侧洗衣间及起居室的钢窗，其室内侧就被涂刷成黑色）。萨伏伊别墅墙壁的一部分被涂刷成各种颜色，但基本上室内、室外都被涂刷成白色，所以在室外看时，窗户涂刷的颜色与墙壁不同；而在室内看时，涂刷的颜色则与墙壁相同。

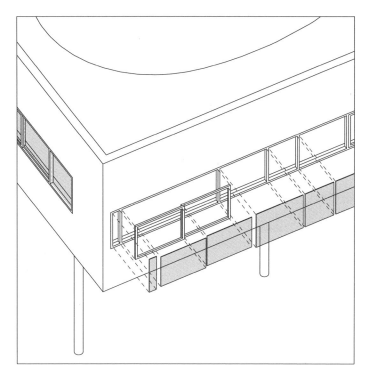

图 3-67　横连窗的构成（西南角）

图 3-68 横连窗（外部）

图 3-69 横连窗（二层起居室）

图 3-70 通往露台的横连窗（二层起居室）

图 3-71 露台窗户 [二层露台（A）]

[23] 当通过 CG 按窗框外侧为黑色、内侧为白色的特点生成图形时，如果使用的应用软件只能按构件（目的）设定颜色，就必须将窗框用 2 个部件组合后再定义。实际上，在 CG（计算机制图）的过程中，窗框的黑色部分与白色部分是分别用各自的模型构件制作的。

从室外看安装在白色外墙上的横连窗时，看到的是窗洞，而在室内看时则是墙体的一部分。**图 3-68** 及 **图 3-69** 所表现的就是通过 CG 将在室外看到的横连窗和在室内（起居室）看到的横连窗生成的图形 [23]。

3.9.3 起居室开关窗

图 3-70 表示起居室的开关窗。该窗也是经简略化后做成的模型。2 个大玻璃窗，1 个固定窗，还有 1 个是可以滑动的推拉窗，面对露台安装了不同于横连窗的钢窗，空间向露台开放。

图 3-71 是通过 CG 对从露台上方看到的起居室窗户生成图形的。

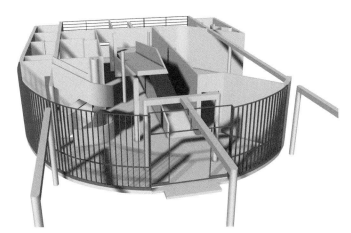

图 3-72 落地玻璃窗模型

图 3-73 落地玻璃窗的表现

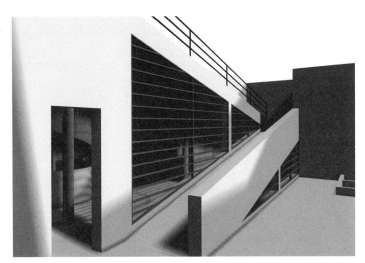

图 3-74 横条窗模型（坡道）

图 3-75 横条窗的表现（坡道）

3.9.4 弧形玻璃墙

在一层门厅的两旁设有弧形竖条玻璃墙。该玻璃墙如**图 3-72** 所示。

该弧形是将钢框按 20cm 间距纵向连续排列所组成的。**图 3-73** 是通过 CG 将自由形状的玻璃屏所描绘的流动空间生成的图形。

3.9.5 横条钢窗

在坡道的面对二层露台处，配有横条钢框的固定窗，该窗如**图 3-74** 所示。另外，**图 3-75** 表示从露台处看到的 CG 图。

这种窗户与门厅的竖条窗形成鲜明的对照，是一种强调水平性的造型设计。坡道部分的其他处，以及一层的单间、洗濯房、起居室（司机）、二层的露台（B）也都采用了横条钢窗。

3.10 本章小结

在本章中，我们学习了采用钢筋混凝土框架结构建造的萨伏伊别墅的图纸并制作了模型。下面，就让我们对萨伏伊别墅及其建筑的空间布局设计的相关知识做一汇总。

■ 萨伏伊别墅与现代建筑五要素

1 □ 萨伏伊别墅是一座采用钢筋混凝土框架结构建造的住宅。框架结构的建筑是通过柱子·梁构成的框架架构而成的建筑。

2 □ 萨伏伊别墅的设计者勒·柯布西耶提出了"现代建筑五要素"。萨伏伊别墅正是这"五要素"的具体体现，是一座表现现代建筑风格，具有明快、简洁、轻便、空间布局自由等特色的建筑。所谓"现代建筑五要素"，就是"自由的平面、自由的立面、（底层由支柱架起三面透空的）架空层、屋顶花园、横连窗"。

3 □ "自由的平面"是指框架结构中的柱子作为结构体，墙体不作为结构体而有可能被设置在任一位置。

4 □ 如果柱子为结构体，外墙从结构中解放出来，立面的构成就会具有一定的自由度，便可能实现当外墙直接建在地面上时，可将窗户安装在任一位置这种"自由的立面"了。

5 □ 所谓"架空层"，是指整个建筑架空，底层开敞，用柱支撑的建筑样式。萨伏伊别墅通过架空层，实现了整个建筑看上去犹如漂浮在空中一般的视觉冲击。

6 □ "屋顶花园"是指在钢筋混凝土结构的平屋顶上进行造园作为庭园使用的空间。

7 □ "横连窗"是指立面在水平方向延伸的横向长窗。

■ 框架结构

8 □ 框架结构是由柱子与梁组成的构架来支承楼板的构造。

9 □ 为防止框架结构构架中的接合部（衔接处）出现变形，必须采用刚性结合。

10 □ 在地震多发的日本，因考虑到抗震因素，即便在框架结构中，往往也会在柱子与柱子之间配置具有一定厚度的抗震墙。如果设置了抗震墙，那么建筑物作为"面"就能对水平力具有抵御作用。抗震墙应当按不与建筑物平行（通常是正交）的方向设置。

■ 柱子·梁·地面楼板的构成

11 □ 在钢筋混凝土框架结构中，在下一层未设柱子位置处的上一层基本上是不设柱子的。但是，也有采用特殊的施工法而在梁上立柱的。萨伏伊别墅二层的柱子就是设置在一层未设柱子的位置处的。

12 □ 萨伏伊别墅的梁并未采用在所有柱子间均用梁连接的格子状框架。

13 □ 地面楼板及梁可设计成自支承处向外挑出的形状。我们将地面楼板及梁向外挑出的部分称为悬臂梁。

■ 墙壁的构成

14 □ 萨伏伊别墅的墙壁，不论是外墙还是室内墙壁都是用砖砌筑而成的。所有的墙体本身都不是承重结构。所以墙壁不会受到柱子及梁的位置所限，可以在任一位置处设置墙体。

15 □ 只要非承重结构的墙体是独立的，就可以实现自由的平面，设置任意形状的窗户。另外，双重墙的隔热性能也会更好。

■ 其他构成

16 □ 萨伏伊别墅 4 个方向的立面都称得上是建筑的主要立面——"正面"。通过窗户的设置、与露台及架空层等外部空间的关系、墙壁及烟囱的构成等，4 个方向的建筑立面表现出的是不同的风格。

17 □ 建筑的中央处设有坡道，表现出外部与内部相互交错，似有相互流通之感的空间。坡道周围的墙壁也构成了外墙与内墙的复杂构成。

18 □ 萨伏伊别墅中配有各种不同类型的窗户，有细框（窗框宽度与窗框厚度小）的钢窗框与粗框（窗框宽度与窗框厚度较大）的木窗框 2 种。

4. 范斯沃斯住宅

钢结构

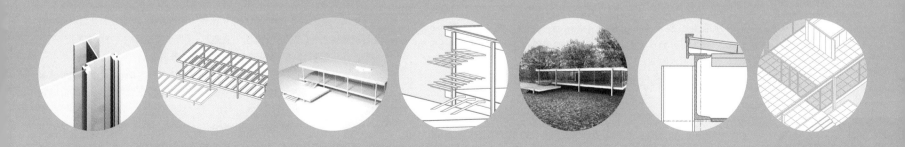

照片 4-1　范斯沃斯住宅（从北侧看到的建筑外观）

修建在美国伊利诺伊州的"玻璃房子"，由密斯·凡·德·罗设计，1951 年落成。

照片 4-2　范斯沃斯住宅（从南侧看到的建筑外观）

[1] 这里所示的立体图、轴测图、透视图省略了家具部分。范斯沃斯住宅家具的表现将在"利用 CG 生成的空间表现"中加以说明（第 186 页）。

[2] 作为特殊案例，以玻璃为结构体的建筑也不是完全不可能没有的。在不远的将来，以玻璃为结构体的建筑也许很常见，但在今天却是十分特殊的。对于初学建筑的学生来说，最好还是不要考虑简单地将玻璃做成结构体。

在第 2 章（住吉长屋）及第 3 章（萨伏伊别墅）中，我们学习了钢筋混凝土墙结构和钢筋混凝土框架结构。在本章中，我们将会以未采用钢筋混凝土而是用钢结构架构的**范斯沃斯住宅**为主题，学习钢结构的布局设计。

范斯沃斯住宅是一栋由钢与玻璃组成的造型美丽的建筑。范斯沃斯住宅的外观照如**照片 4-1** 和**照片 4-2** 所示。另外，**图 4-1 ～ 图 4-6**（第 148 ～ 149 页）为平面图、立面图、去除屋顶的立体图、轴测图（等角轴测图）、外观透视图 [1]。

范斯沃斯住宅是通过**详图**（建筑细部构成）所设计的完美住宅。我们在第 2 章（住吉长屋）中对图纸的绘制进行了演习，在第 3 章（萨伏伊别墅）中又对模型的制作进行了演习。在本章中，我们在学习详图的同时，还会对利用 CG（计算机制图）进行 3D 模型的制作以及按 1/50 的比例制作简易模型等加以演练，以此来学习并掌握范斯沃斯住宅的布局结构设计。

4.1　范斯沃斯住宅

范斯沃斯住宅是密斯·凡·德·罗（Ludwing Mies Van der Rohe）（1886 ～ 1969）设计的。密斯·凡·德·罗是第 3 章中提到的勒·柯布西耶同时代的建筑师，与勒·柯布西耶一样，称得上是 20 世纪的现代建筑大师。

范斯沃斯住宅位于美国伊利诺伊州芝加哥市近郊，修建在一处自然环抱的僻静的林地之中，是为单身女医生艾迪斯·范斯沃斯设计的一栋周末度假别墅。范斯沃斯住宅于 1945 ～ 1950 年设计，1951 年落成。

范斯沃斯住宅也被称为"玻璃房子"，由 16.5m × 8.8m 的大面积的玻璃幕墙围护的内部空间是该住宅中唯一的房间。淋浴间·浴室·暖炉·厨房设置在房间中央附近的设备区。

范斯沃斯住宅中的地面楼板·屋顶·玻璃均由简单的钢结构框架支承。当然，玻璃并不是结构体，这个住宅的结构体是钢框架 [2]。

1972 年，范斯沃斯住宅的所有者易主，由艾迪斯·范斯沃斯改为英国实业家彼得·伯伦堡。2003 年之后又归公营财团所有并对公众开放 [3]。

4　范斯沃斯住宅

照片 4-3　巴塞罗那国际博览会·展厅

照片 4-4　皇冠大楼

1956 年完成的伊利诺伊理工大学建筑系教学楼。大屋顶下没有设置固定的墙壁，开敞式大空间可根据各种不同的用途随意分割组合。

照片 4-5　西格拉姆大厦

修建在纽约的摩天大楼。面对道路的一侧配有休闲广场。

[3]　现在的范斯沃斯住宅归全美历史建筑保护协会（National Trust for Historic Preservation）所有，由伊利诺伊州历史建筑保护委员会（Landmarks Preservation Council of Illiois）管理经营。

据说范斯沃斯住宅并不是委托人所希望的住宅。建成后，因造价远远高出预算、不适宜居住等原因，委托人便一纸诉状将密斯告上法庭，造成轰动一时、极富戏剧性的一场官司。虽然范斯沃斯住宅是一个在艺术与生活的关系上相抗的稀有个案，但它的稀有并不是艺术与生活关系的不一致，而在于该住宅是一个永远留在历史上的杰出的建筑。

　　密斯·凡·德·罗于 1886 年出生在德国的亚琛（Aachen）古城。1908 ~ 1911 年在对现代建筑发展有巨大影响的建筑师——彼得·贝伦斯（Peter Behrens）的事务所工作，于 1911 ~ 1921 年发表了著名的"钢与玻璃摩天大楼规划方案"，该方案是对利用钢与玻璃实现超高层建筑的预言，之后，密斯·凡·德·罗亲自实现了自己的预言。

　　1929 年，为西班牙巴塞罗那国际博览会设计了**巴塞罗那国际博览会德国馆**（**照片 4-3**）。早于范斯沃斯住宅 20 多年修建的巴塞罗那国际博览会德国馆也是由钢与玻璃组成的造型美丽的建筑。巴塞罗那国际博览会结束后，巴塞罗那国际博览会德国馆即被拆除，后于 1986 年又在同址重建，并向公众开放。

　　1937 年以后，密斯·凡·德·罗在位于美国芝加哥的伊利诺伊理工大学（Illinois Institute of Technology）任建筑系主任，并移居美国。在美期间，密斯·凡·德·罗对以**伊利诺伊理工大学**校园规划与校舍为首的项目进行了设计，并在芝加哥及其他城市进行了多项设计。

　　照片 4-4 是 1956 年完成的伊利诺伊理工大学建筑系教学楼——**皇冠大楼**的外观照。钢结构的大屋顶下没有修建固定的墙壁。在这座建筑的开敞式大统间中，至今仍可根据不同的需要借助于家具、活动隔断等分隔成各种用途的空间，供建筑系的学生们绘制图纸、举办作品展或讲评会之用。

　　照片 4-5 是修建在美国纽约的**西格拉姆大厦**（Seagram Building, 1958 年）的外观照。位于纽约市中心的西格拉姆大厦是一座前面带有休闲广场的摩天大楼。

　　一般，钢结构多用于皇冠大楼等**大跨距结构**（支撑大屋顶的柱子间距大的结构）及摩天大楼。今天，由钢与玻璃组成的大型建筑如雨后春笋般兴建起来，在现代都市的摩天楼中利用钢与玻璃修建的建筑比比皆是。

　　范斯沃斯住宅与摩天楼相比只是一个规模极小的建筑，但是正是在这个小小的住宅中，由钢与玻璃组成的造型之美才得到了充分的展现。

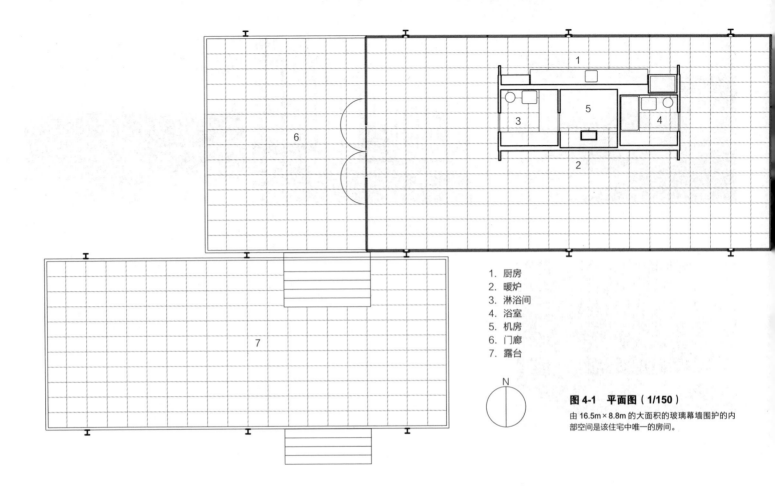

1. 厨房
2. 暖炉
3. 淋浴间
4. 浴室
5. 机房
6. 门廊
7. 露台

N

图 4-1　平面图（1/150）
由 16.5m×8.8m 的大面积的玻璃幕墙围护的内部空间是该住宅中唯一的房间。

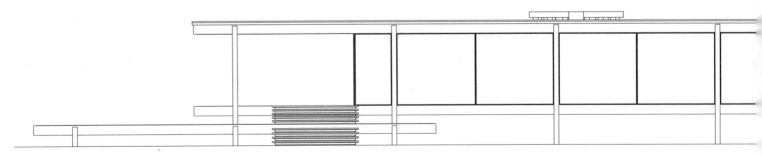

图 4-2　南立面图（1/150）
钢框架是范斯沃斯住宅的结构体，并决定了其形态。

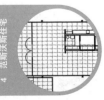

4　范斯沃斯住宅

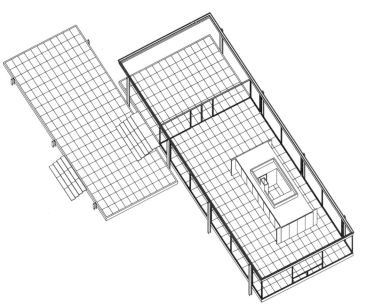

图 4-3 内部的构成

去除屋顶的立体图。地面楼板与内部空间同高的门廊。由门廊向下一个台阶，即为露台。内部空间被玻璃幕墙所围护。

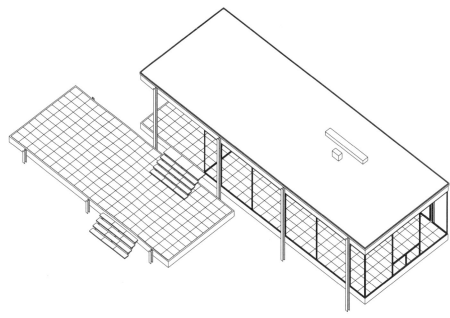

图 4-4 轴测图

外观立体图。屋顶上所看到的暖炉烟囱和排气筒。

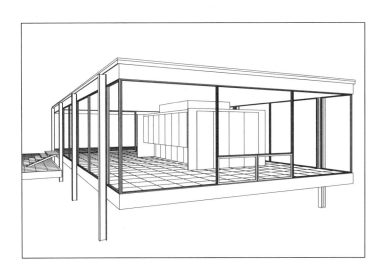

图 4-5 外观透视（侧面）

从东侧看到的透视图。可以看到玻璃幕墙另一侧的设备区。

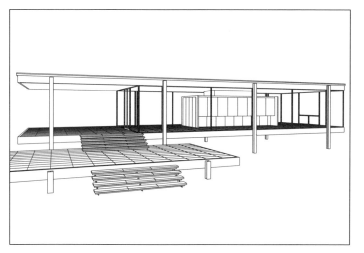

图 4-6 外观透视（前厅）

从南侧看到的透视图。由门廊向下一个台阶，即为露台。

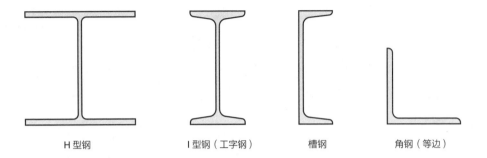

H 型钢　　　　　I 型钢（工字钢）　　　槽钢　　　　　角钢（等边）

图 4-7　型钢的断面形状
表示型钢的主要断面形状，在这些形状中有各种尺寸的规格品。

4.2　钢结构

在开始学习范斯沃斯住宅的布局结构之前，先学习**钢结构**的概要吧！

4.2.1　铁与钢

在日文中，英语的"iron"和"steel"没有区别，都被翻译成"铁"。但如果按更准确的译法，则应将"iron"翻译成"**铁（日文）**"、"steel"翻译成"**鋼（日文）**"。钢是以金属元素之一的铁为主要成分的合金。

用于现代建筑的结构体不是铁，而是钢。实际上，日文的"鉄骨構造（中文为'钢结构'）"应称作"**鋼構造**"，但是，一般在日文中都称作"鉄骨構造"。如果强调铁与钢的不同，那就应当将"鉄筋**コンクリート**構造（中文为'钢筋混凝土结构'）"称作是"**鋼筋コンクリート**構造"。

在"**鉄骨**"（中文为'钢框架、钢结构'）"的说法中含有"用钢组成框架（钢框架）"这种微妙的差别。在钢筋混凝土中，利用墙体架构建筑物的墙板结构是会用得到的；而通过钢固定，在修建墙体的这种结构中却很难看到。将作为建筑材料的钢用于固定并不多见，一般钢都被用作柱子及梁等的框架。当然，采用钢的建筑的结构有各种形式，不过将柱子及梁垂直或水平架构的框架结构以及使用斜撑材料的桁架架构等，一般都是通过梁和柱这种"线"的组合形式完成的。

在本书中，我们只关注约定俗成的说法和"钢框架"的定义，而对铁与钢的区别则可抛开不谈，一律采用"鉄骨構造（中文为'钢框架'）"。

4.2.2　型钢的形状

型钢（钢材）的断面分为各种不同的形状。虽然也有按各种不同的建筑设计而专门设计的与之相符的钢框架形状，但经常使用的形状是规格化形状。在钢结构的建筑中，除特殊需要外，一般使用的都是在工厂加工的规格品。

此外，这里所说的规格品是指型钢的断面形状，而对于长度则可根据具体要求切割，所以具有一定的自由度。另外，对于断面而言，也可将规格品的断面加以切割。

规格品中的型钢的断面形状有 **H 型钢、I 型钢（工字钢）、槽钢、山型钢、平钢、钢板、钢管、角形钢**等。**图 4-7** 表示 H 型钢、I 型钢、槽钢、角钢的断面形状。

在这些形状中，有数厘米至数十厘米宽的各种尺寸的规格品。另外，壁厚（各部的厚度）的尺寸也多种多样。

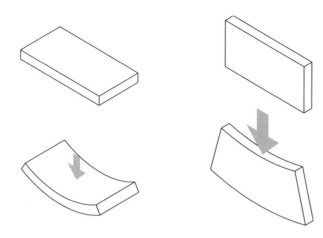

图 4-8　形状与强度
即使是相同的断面形状，作用力对矩形细长面方向的影响力较小。

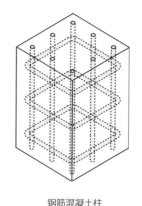

钢结构柱　　　　　　　　　钢筋混凝土柱

图 4-9　钢结构与钢筋混凝土
一般，钢结构柱是由薄钢板组合而成的。钢筋混凝土柱则是含有钢筋的混凝土块。

日文"溝形鋼"的形状有"C"形或"コ"形，所以也叫做**槽钢（Channel）**。日文"山形鋼"的形状为"L"形，也被称为**角钢（Angle）**。"L"形纵横 2 个边的尺寸相同的"山形鋼"称作**等边角钢**，尺寸不同的角钢称作**不等边角钢**。日文"平鋼"是板状的构件，所以也称为**扁钢（Flat Bar）**。

型钢的制造工艺有**热轧**和**冷轧** 2 种。热轧是经加热炉加热后，在一定的温度下由轧机进行的轧制；而冷轧则是在常温下由轧机进行的轧制。称为**轻钢**的厚度较薄（一般在 6mm 以下）的型钢多为冷轧钢材。轻钢多被用于小型建筑。

型钢具有各种形状，即便是相同面积的断面，但形状的不同也会使强度发生变化。正如**图 4-8** 中所示的那样，即使是相同的断面形状，因力的方向的不同，对弯曲的阻力也会有所变化（要使矩形细长面方向弯曲，就需加大作用力）。

为了得到所需要的强度，就要准备各种不同形状的型钢，并将它们组合成钢结构。在范斯沃斯住宅中，H 型钢、槽钢、角钢、扁钢等就被用于各种不同的部位。

4.2.3　钢与钢筋混凝土

如果对作为原材料的**钢**与**混凝土**的代表性特点进行比较的话，其结果如下

表所示（强度单位为 N/mm²）[4]。

	钢	混凝土
比重（与水的重量之比）	7.85	2.3 ~ 2.4
压缩强度	215 ~ 375	18 ~
拉伸强度	215 ~ 375	1.8 ~

如果是相同的量，钢就是强度远远超过用混凝土制作的钢筋混凝土的原材料 [5]。反过来说就是，与钢筋混凝土相比，钢只要用相当少的量就可以达到与钢筋混凝土相同的强度。另一方面，因钢是远远优于钢筋混凝土的原材料，所以如果使用相同量的钢来建造建筑物，那么与用钢筋混凝土建造的建筑物相比就会非常重。

但是，因建筑物并不是钢块或钢筋混凝土块，所以以钢结构（钢框架结构）或钢筋混凝土结构的建筑物特性与原材料本身的特性就有很大的差异。就以一根柱子为例，对两者的差异做一比较吧！

图 4-9 中的左图表示 H 型钢柱，右图表示正方形断面的钢筋混凝土柱。

与薄钢板组合而成的 H 型钢柱相反，钢筋混凝土柱则是具有"面"的一个断面块。

[4]　1N（牛顿）相当于 1/9.8kgf（1/9.8kgf 的力，也 称 作 1kg 重 ），即 1kgf=9.8N。当钢筋的允许强度为 215N/mm² 时，215N/ mm²=22kg/mm²。据此，1 mm² 的钢筋就可以拉拽 22kg 重量。由此便可以快速计算出 1N= 约 10kgf。

参考文献：
《建筑结构手册》（第 4 版）．共立出版，2006 年．

[5]　也可参考第 2 章（住吉长屋）中"钢筋混凝土的特性"（第 50 页）。

4　范斯沃斯住宅

151

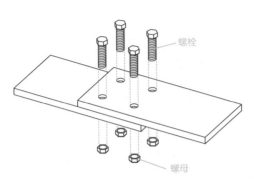

图 4-10 螺栓连接
螺栓由构件的穿孔中穿过，用螺母拧紧进行连接。

照片 4-6 东京塔
建于 1958 年的东京塔。

（摄影：千田友己）

照片 4-7 埃菲尔铁塔
建于 1958 年的埃菲尔铁塔。在裸露的钢框架表面上可以看到无数的铆钉。

作为原材料的钢与钢筋混凝土相比要重得多，钢结构柱中的钢与钢筋混凝土柱中的钢相比只需用很少的量即可，所以钢结构柱要比钢筋混凝土柱轻。另一方面，即使量少，钢的强度也比钢筋混凝土的强度大，所以并不能说钢结构柱子的强度比钢筋混凝土柱子的强度低。因此，可以说具有一定强度的钢结构柱子比钢筋混凝土柱子要轻得多。

也就是说，尽管作为原材料的钢比钢筋混凝土重，用于钢结构的钢大多是作为薄钢板的组合而加以使用的，在使用量上远远少于钢筋混凝土，因此从建筑结构体的整体重量上讲，钢结构要比钢筋混凝土结构轻。与钢筋混凝土结构相比，钢结构就是相对轻的结构。

4.2.4 钢结构的连接

在钢结构建筑的建设现场，对在工厂制作的钢结构构件进行连接并组装成框架（刚性构架及桁架）。在钢结构构件的代表性连接中，有**螺栓连接**、**铆钉连接**、**高强度螺栓**、**焊接**等。

正如**图 4-10** 中所示的那样，螺栓连接是一种用**螺母**对穿过构件穿孔的**螺栓**进行固定，利用螺栓自身的屈服强度来连接构件的方法。

在螺栓连接中，若构件圆孔小于螺栓时螺栓就无法从穿孔中穿过，这时就需要有一定的间隙，而且由于间隙的问题或多或少都需要进行一些处理。另外，螺栓一旦被扯掉连接部位就会损坏，所以说连接部位的强度取决于螺栓的强度。此外，螺栓连接也有因风及地震等造成建筑物震动而使螺母松动的缺点。目前，除小型建筑、临时建筑外，一般不采用这种连接方法。

铆钉连接是取代螺栓连接，在高温下将高热铆钉钉入接合部进行连接的一种连接方法。在 1889 年建于法国巴黎的**埃菲尔铁塔**以及 1958 年修建在日本东京都港区的**东京塔**裸露的钢结构构件的表面上，就可以看到数不清的铆钉（**照片 4-6** 及**照片 4-7**）。

铆钉连接，是通过将高热铆钉头插入构件圆孔中与构件连接的。因钉入的铆钉将圆孔完全填充，所以发生在螺栓连接中的松动现象是绝不会出现的。

在进行铆钉连接的施工中，是由投手、接手、铆工组成的 3 人小组对构件进行连接的。投手负责投放高热铆钉，接手负责接住铆钉，铆工用工具将插入构件的铆钉钉入。该作业在高处进行的情景，真是工匠手艺的一道上乘美味。

 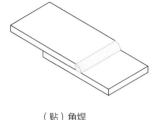  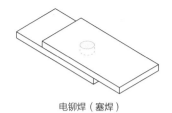

（贴）角焊　　　　　　（贴）角焊　　　　　　　对（接）焊　　　　　　电铆焊（塞焊）

图 4-11　焊接的种类

焊接是一种以加热方式将构件熔化接合的连接方法。

随着高强力铆钉的普及，铆钉连接逐渐不再使用了。可以说在城镇中，敲打铆钉时所产生的巨大声音充斥整个施工现场的那种景物，早已成为过去的风景。

高强度螺栓连接是指用**高拉伸力螺栓**将 2 个（以上的）构件紧固，通过该处产生的摩擦力将构件连接在一起的方法。目前，这是最常用的连接方法。

当用**特制扳手**将高拉伸力螺栓拧紧时，对构件的挤压就会使构件表面产生摩擦，构件与构件就即被连接。即使是高强度螺栓连接，螺栓与螺栓的圆孔之间也会有间隙，但因通过接触面的摩擦力将构件连接，所以螺栓孔的间隙就不会成为松动的主要原因。

从表面上看，高强力螺栓连接并未改变成**图 4-10** 所示的连接。不过，从高拉伸力螺栓的使用并不是因为螺栓本身的屈服强度，而是摩擦力的作用才完成连接这一点来看，就与螺栓连接有很大的不同。

焊接是一种以加热方式将构件熔化接合的连接方法。焊接作业就是使**焊条**接触到构件的接合部，使该部分熔化。与用粘接剂将构件与构件粘接的工法完全不同，在焊接过程中构件本身也被熔化，经冷却凝固后便连接在一起。

焊接中有**图 4-11** 中所示的各种方法。左图 2 个（贴）**角焊**是对正交的 2 个面进行焊接的方法。右图的**电铆焊（塞焊）**是在构件上开孔，在孔的内侧进行焊接的方法。

4.2.5　晃动与声音

在钢结构技术发展的背景下，**超高层建筑**才得以实现。目前，在日本 200m 以上的高楼、在世界 400m 以上的摩天大楼随处可见。这些高楼大厦大多都是采用钢结构建造的。

对于超高层建筑，应对其能否抵御地震、风灾等对建筑物造成的水平晃动的抵御能力进行设计。这时，对超高层建筑并不是要求其在地震及风灾发生时纹丝不动，而是在晃动的过程中可以吸收地震动（地面振动）所产生的水平力等。这种吸收水平力的结构就叫做**柔性结构**。作为抗震技术，当今备受关注的**减震结构**及**隔震结构**的观点也是意图通过对晃动部分的设置，以实现建筑稳定的一种技术。

因此，许多用于超高层建筑的钢结构是"柔性结构"。我们在前面曾经提到，与钢筋混凝土结构相比，是"相对轻的结构"。沉重的建筑物表现为"轻"、"柔"等这一点对于初学建筑的学生来说，也许很难在直观上加以理解。然而，与钢筋混凝土结构相比，属"相对轻的结构"却是钢结构的一大特征。

钢结构构成的"轻且柔"的超高层建筑，特别是**超高层集合住宅**，在日常生活上都存在着**晃动**与**声音**。

尽管明白结构上晃动但实际上很安全，不过人感觉到晃动的那种不适感也的确存在。因此，在对超高层建筑的晃动容许度进行设计时，也应当考虑到生活方面的因素。

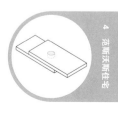

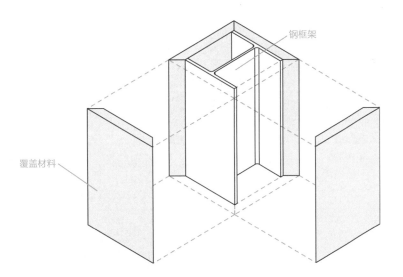

钢框架

覆盖材料

图 4-12　耐火保护层概念图
在大型建筑中，钢结构的结构体需要采用耐火保护层。钢的耐热性差，通过防火保护层可以提高钢结构的耐火性。

照片 4-8　湖滨公寓
修建在美国芝加哥的钢结构集合住宅。1949 年由密斯·凡·德·罗设计修建。外观上可以看到的 I 型钢并不支承整个建筑的结构体，而只是固定外墙玻璃。

　　在轻的结构中，还应当注意声音的问题。

　　在钢结构中，为保证其重量轻，墙体大多都采用木质及石膏板等较轻的材料。这样，房间与房间之间的**隔声性**就成为一大问题。一般，隔声性能好的材料都是钢筋混凝土等重量较重的材料，因为重量较轻材料的隔声性能差。

　　如果将钢筋混凝土等重量较重的材料用于墙体，那隔声性就可以得到保证。但是，由于整个建筑物的重量重，因此就需要使用粗一些的梁和柱子，这样一来建筑物就会增加重量。倘若从柔性结构的观点出发，尽量减轻建筑物的重量，结构与隔声之间就会产生对立。

　　当然，这些问题可以通过合理的设计得到解决（必须加以解决）。在钢结构组成的超高层集合住宅中，完全可以实现居住的极大舒适性。另一方面，近年来不仅钢结构，就连钢筋混凝土结构的超高层建筑的建造技术都有着长足的发展，而且钢筋混凝土结构构成的超高层集合住宅的建设案例也在不断地增加。

4.2.6　钢的弱点

　　作为原材料的钢，它的缺点就是不耐火。一般，钢的强度在 500℃时就会比常温时减半。火灾的温度为 800～1000℃，而钢的熔化温度为 1200℃，所以当发生火灾时，钢并不会出现熔化，但是作为结构体的钢框架的强度一旦

降低，就会造成建筑物坍塌。

　　如果是小型建筑，那么可以对在建筑物坍塌之前如何能够逃生加以考虑，而对于在建筑物坍塌之前不可能逃生的大型建筑来说，就不要只采用不防火的钢框架了。为此，大型建筑中就需要采用**防火保护层**。所谓防火保护层，就是用耐热性强的**覆盖材料**对钢框架进行包覆处理。防火保护层的概念图如**图 4-12**所示。

　　照片 4-8 是 1949 年由密斯·凡·德·罗设计，修建在美国芝加哥的钢结构集合住宅——**湖滨公寓**（**Lake Shore Drive Apartments**）。这是一栋采用外观上可以看到的 I 型钢建造，由钢与玻璃组成的造型精美的建筑，但是，外观上可以看到的 I 型钢并不支承整个建筑的结构体。支承建筑的结构体——柱子及梁都采用防火保护层包覆，所以无论从外观上还是建筑内都看不到柱子及梁。

　　湖滨公寓的钢结构框架是很难从视觉上掌握的，而范斯沃斯住宅中的钢结构框架被袒露于外。在小型建筑的范斯沃斯住宅中，即使发生火灾也很容易逃生，所以就不需要采用防火保护层。因此，可以说范斯沃斯住宅不会受防火保护层的限制，追求钢结构构成的建筑形态的造型便成为可能。

4　范斯沃斯住宅

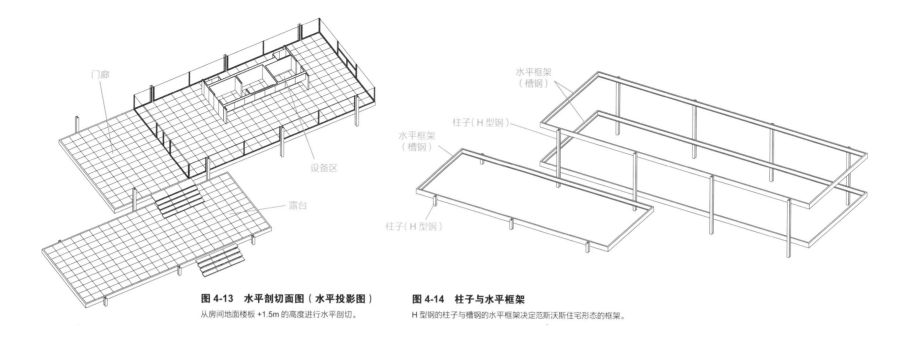

图 4-13　水平剖切面图（水平投影图）
从房间地面楼板 +1.5m 的高度进行水平剖切。

图 4-14　柱子与水平框架
H 型钢的柱子与槽钢的水平框架决定范斯沃斯住宅形态的框架。

4.3　钢框架

在本节中，我们主要学习架构整个范斯沃斯住宅的钢框架。在本节之后，即着手准备范斯沃斯住宅的 CG 模型及 1/50 比例的模型制作演习。

本节之后所示的图纸是按"毫米"单位表示的。但是，范斯沃斯住宅并不是以"毫米"作为单位设计的。该建筑的设计单位采用的是"英寸·英尺"。本来我们应当采用范斯沃斯住宅形态构成·空间构成的原始尺寸，但考虑到在进行演习时需要掌握"英寸·英尺"后才能实现而具有一定的难度，以及可直观地掌握尺寸的单位采用"毫米"更适合等因素，所以在本书中我们将"英寸·英尺"换算成以"毫米"为单位的尺寸。

在本书中，主要的原始尺寸用"（　）"表示，并记入文中及图纸中。1 英尺等于 12 英寸。英寸用" " "表示，英尺则用" ' "表示。另外，英寸以下的小数部分一般不用小数点，而用分数表示。

如果将"英寸·英尺"准确地换算成"毫米"，得到的数值就比较复杂，所以本书中便将 1 英寸大致换算为 25mm，1 英尺则换算为 300mm。不过，准确的换算应为：1 英寸等于 25.4mm，1 英尺则等于 304.8mm。关于对正确尺寸的学习，可参考原始图纸加以掌握 [6]。

4.3.1　平面的构成

范斯沃斯住宅是由玻璃幕墙环绕整个住宅的内部空间、地面楼板与内部空间同高的门廊、低于门廊一个台阶的露台构成的。**图 4-13** 表示从房间地面楼板 +1.5m 的高度进行水平剖切后，从上向下看到的水平剖切面图（水平投影图）。

当看到**照片 4-1** 及**照片 4-2**（第 146 页）后就可以想象得到，这个住宅是修建在广阔平坦的牧野中。在室内，透过四周的玻璃窗可以看到室外绿意盎然的美丽景色，从门廊向露台方向望去，茂密丛生的树林前方是流动不止的河流。

用墙壁隔开的是位于内部空间中央附近的**设备区**（淋浴间、浴室、厨房、暖炉、与机房呈一体的设备间）。该设备区并不是结构体的一部分，只是修建在被架构的地面楼板之上。支承范斯沃斯住宅的地面楼板、屋顶和玻璃幕墙的是钢结构。

4.3.2　柱子与水平框架

图 4-14 表示连接柱子与柱子底部与顶部的水平构件。柱子为 H 型钢、水平构件为槽钢。柱子立在埋入地下的**独立基础**（只支承柱子的独立的基础）上。

[6]　范斯沃斯住宅的详细图纸被收录在下述图书中，本书所列的图纸是参阅下述图书完成的。

参考文献：
GA 详图 No.1. 密斯·凡·德·罗，范斯沃斯住宅（1945 ～ 1950 年）。1976 年 4 月，A.D.A EDITA Tokyo Co,Ltd.

4　范斯沃斯住宅

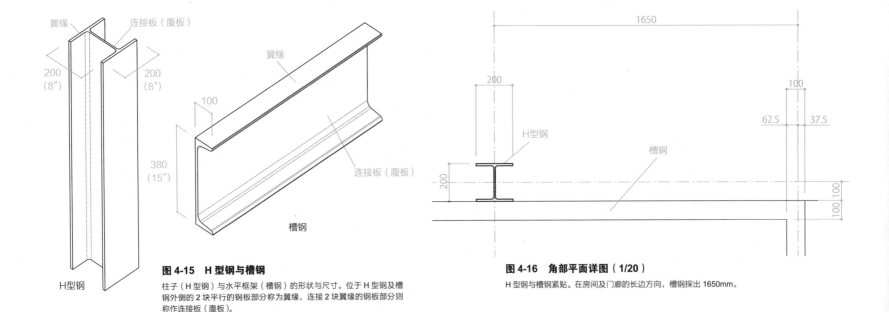

翼缘　连接板（腹板）

翼缘

100

连接板（腹板）

200
(8")

200
(8")

380
(15")

槽钢

H型钢

图 4-15　H 型钢与槽钢

柱子（H 型钢）与水平框架（槽钢）的形状与尺寸。位于 H 型钢及槽钢外侧的 2 块平行的钢板部分称为翼缘，连接 2 块翼缘的钢板部分则称作连接板（腹板）。

1650

200

H型钢

100

62.5　37.5

槽钢

200

100　100

图 4-16　角部平面详图（1/20）

H 型钢与槽钢紧贴。在房间及门廊的长边方向，槽钢探出 1650mm。

[7]　在本章中，没有安排绘制平面图、剖面图、立面图的演习。但如若有精力的话，也可以按 1/50 的比例绘制图纸。在钢结构的图纸中，因需要表现薄板状的构件——钢框架，所以应采用尽可能大的比例来绘制图纸。包括范斯沃斯住宅露台的平面大约有 30m×16m 大小，因而按 1/50 比例绘制平面图时，就需要用 A4（841mm×594mm）的纸绘制（用 A2 的纸不能绘制全部内容）。

从将柱子与柱子连接以及承载后面所述的地面楼板及屋顶梁这一点来说，这种"水平构件"也可以称作"大梁"。但是，"大梁"的原意是指第五章中所论述的木框架结构的用语，作为范斯沃斯住宅的部位的名称并不是很贴切，所以我们在这里将其称作"水平框架"。

柱子使用的是 200mm（8"）见方的 H 型钢。槽钢的尺寸为：高 380mm（15"）、宽 100mm（3¾"）。**图 4-15** 表示 H 型钢与槽钢的形状。

位于 H 型钢及槽钢外侧的 2 块平行的钢板部分称为**翼缘**，连接 2 块翼缘的钢板部分则称作**连接板（腹板）**。翼缘与连接板（腹板）接合部分，或槽钢中的翼缘端部为弧形。翼缘及连接板（腹板）的厚度有各种不同的规格。200mm 见方的 H 型钢约为 8 ～ 12mm，而高 380mm 的槽钢约为 10mm，最厚的部分为 20mm 左右。

图 4-16 表示 H 型钢及槽钢接合部分的细部。该图为东北角部分的平面详图。槽钢紧贴 H 型钢的内侧。

另外，比柱子多出 100mm 宽的槽钢外侧（室外一侧）的边缘位于基准线（距柱子中心 1650mm 处的基准线）向外 37.5mm（1½"）的位置处。

柱子与水平框架是决定范斯沃斯住宅形态的框架。若绘制出该框架的平面

图与立面图，就如**图 4-17** 及**图 4-18**[7]。

按 6600mm（22"）间隔并排设置的 4 根 H 型钢钢柱是按 8800mm（29'–4½"）的**跨距**（支点间的距离）平行设置的，这 4 根 ×2=8 根柱子支承着构成地面楼板与屋顶的水平框架——基座。从与室内地面楼板同高的门廊向下一个台阶的露台是由按 7000mm（23'–4½"）跨距平行设置的 6 根柱子支承的。在房间及门廊的长边方向，槽钢探出 1650mm（2¾"）（成为悬臂梁）。

支承屋顶的柱子高度为 4750mm（15'–9¾"）。支承露台的柱子为 775mm（2'–6¾"）。槽钢的上端位于柱子的最上端 65mm（2¾"）高的位置处。

4.3.3　柱子与水平框架的连接

范斯沃斯住宅的主要结构体是柱子和水平框架，而柱子与水平框架在外观上也可以表现出来（后面将要论述，支承地面楼板及屋顶的结构体在地面楼板下及顶棚上）。不仅是范斯沃斯住宅，钢结构都是通过连接柱子及梁等的钢框架而实现的。

对于密斯·凡·德·罗来说，如何连接柱子与水平框架是决定范斯沃斯住宅设计的重要因素。

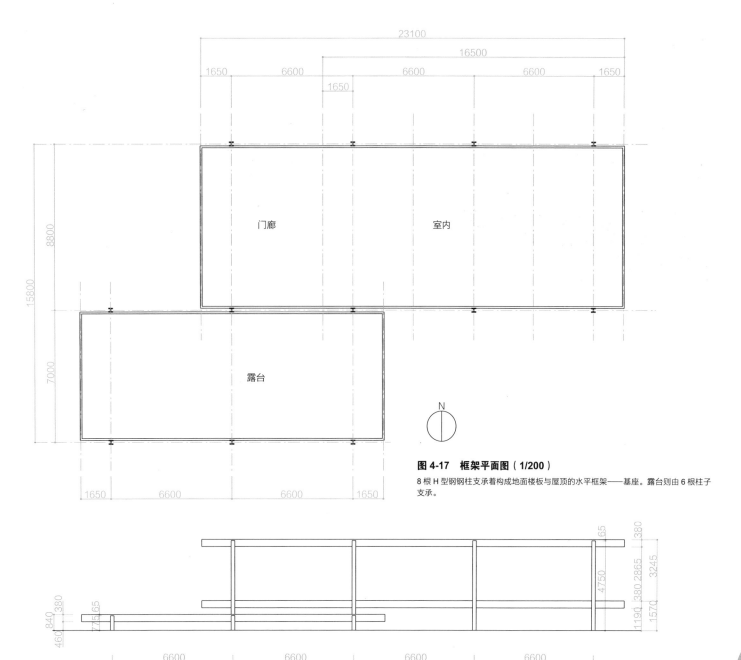

图 4-17　框架平面图（1/200）
8 根 H 型钢钢柱支承着构成地面楼板与屋顶的水平框架——基座。露台则由 6 根柱子支承。

图 4-18　框架立面图（1/200）
支承屋顶的柱子高度为 4750mm。支承露台的柱子高度为 775mm。槽钢的上端位于柱子的最上端 65mm（2¾"）高的位置处。

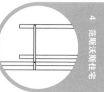

照片 4-9　范斯沃斯住宅（露台）
可以看到 H 型钢与槽钢的连接十分完美，但 H 型钢与槽钢到底是如何连接的呢？

照片 4-10　巴塞罗那国际博览会展厅的柱子
巴塞罗那国际博览会展厅的十字形柱子是用螺栓连接 4 根角钢的复合构件。该柱子的表面用镀铬金属覆盖。

[8]　参见第 152 页的"4.2.4 钢结构的连接"。

[9]　本书虽未掌握实施的具体细节，但如果看了研究柱子与槽钢连接方法的草图，就可以考虑采用电铆焊（外观可见部分看不到焊接的痕迹），但安装门窗框的部分等看不到的部位也可以采用（贴）角焊。关于范斯沃斯住宅的钢框架连接，在下述文献中做了详细的考察。

佐佐木睦朗《我的最佳的建筑细部》（接合部痕迹的消除），《日经建筑学（architecture）》杂志 No.700（2002 年 1 月 7 日号）。PA／P.104-105

图 4-20 是参考上述文献绘制的。

　　下面，就让我们学习一下 H 型钢（柱子）和槽钢（水平框架）是如何连接的吧！**图 4-19** 表示 H 型钢与槽钢的接合部。正如在**照片 4-9** 中所看到的，H 型钢与槽钢的连接简直就像是用胶粘剂牢牢粘合的一般。

　　这个槽钢与柱子的连接，在视觉上的感觉就好像是屋顶具有浮力，孤零零地漂浮在 H 型钢上一样。当然从物理的角度上讲，H 型钢与槽钢的连接非常牢固，H 型钢完全能够承受屋顶的重量。
　　钢框架的连接可以采用螺栓连接、铆钉连接、焊接等施工法，但在采用螺栓连接及铆钉连接时，应避免螺栓及铆钉外露[8]。当然，在采用焊接时也会留下焊接的痕迹。不过，在范斯沃斯住宅钢框架的螺栓及铆钉连接中，根本就看不到外露的螺栓及铆钉。而在钢框架的焊接中，至少在目光所及之处是看不到焊接痕迹的。范斯沃斯住宅的 H 型钢与槽钢的连接究竟是怎么进行的？

　　范斯沃斯住宅的柱子与槽钢可以采用**电铆焊**。**图 4-20** 是将所考虑的接合法用图示的方式加以表现的[9]。
　　如果在槽钢的内侧开孔并利用该孔进行电铆焊，那么，焊接的部分就会被隐藏在顶棚内或地面楼板下，这样在外观上就看不到焊接的痕迹了。采用电铆焊时，应对电铆焊是否需要有极高的强度进行研究。电铆焊在大型建筑中并不

是易于应用的连接方法，但在范斯沃斯住宅中，采用电铆焊也可以巧妙地消除接缝处的痕迹。

　　下面，我们从范斯沃斯住宅转向另一个话题。在 1929 年修建在西班牙的巴塞罗那国际博览会展厅中，密斯·凡·德·罗就未采用焊接连接而是**螺栓连接**（也许那个年代焊接技术还不成熟）。**照片 4-10** 表示的是巴塞罗那国际博览会展厅的中庭部分。
　　中庭的立柱为十字形的柱子，而十字形的柱子是用螺栓连接 4 根角钢的复合构件。密斯·凡·德·罗在设计时，采用了将该柱子的表面用镀铬的金属覆盖，而将角钢的接缝隐藏在柱子内侧的方式。
　　对接缝处的处理是建筑详细设计的一部分。初涉建筑的学生应从各种建筑细部的实际案例中，学习并掌握那些对建筑细部反复斟酌后所做设计的精髓所在。

■ 练习 4-1　框架模型的制作方法

　　下面，就让我们用 CG（计算机制图）来制作一个模型吧（第 160 页**图 4-21**）！另外，再制作一个比例为 1/50 的模型吧（**照片 4-11**）。

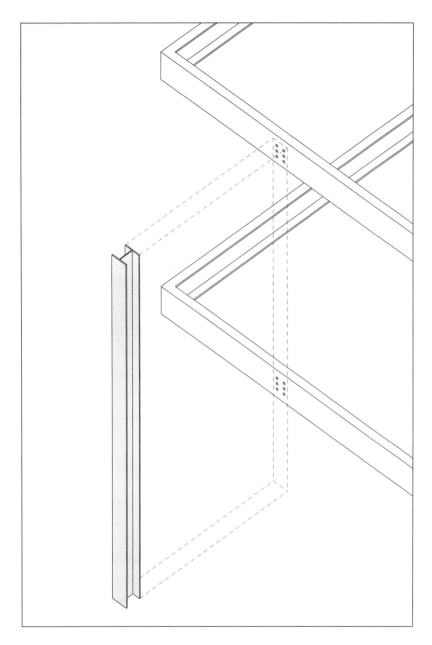

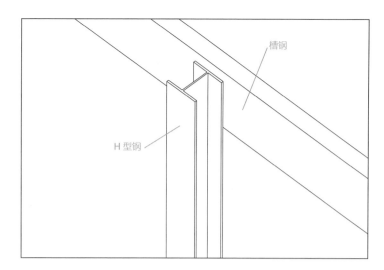

图 4-19　H 型钢与槽钢的接合部

范斯沃斯住宅的接合部分看不到连接的痕迹。连接的痕迹经设计被隐藏起来。

照片 4-11　模型

按照 1/50 的比例制作一个模型吧!

图 4-20　H 型钢与槽钢的电铆焊

如果在槽钢内侧开孔,就可以从槽钢的背面进行电铆焊。因焊接部分被隐藏在顶棚内或地面楼板下,所以在外观上看不到焊接的痕迹。

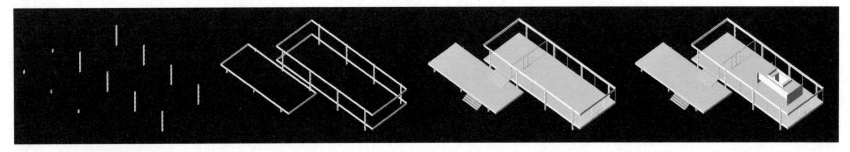

图 4-21 范斯沃斯住宅模型的制作

用 CG 软件制作一个范斯沃斯住宅的模型。

图 4-22 柱子模型的制作

在平面图上绘制 200mm×200mm 的 H 型钢的断面形状，并对高度的不同点进行扫描直至最高点。

图 4-23 H 型钢模型的制作（平面图 1/10）

在 CG 模型的制作中，若将建筑细部单纯化，就可以避免数据量的增加。

在这次练习中，需用下述方法制作 CG 模型和普通模型。

（1）包括门窗框在内的钢框架构建的形状可省略不做。

（2）地面楼板、屋顶是用架设在槽钢间的 H 型钢钢梁支承的。H 型钢钢梁是隐藏在地面楼板下或顶棚内的构件。

（3）地面楼板及设备区的饰面有接缝。在 CG 模型中可以不表现接缝，而用纹理表现。在普通的模型中，可用铁笔等绘出接缝部分。

（4）其他的建筑细部可省略不做。

一般很难完全按照实物制作出可精确表现范斯沃斯住宅各个建筑细部的 CG 模型及普通模型的。在这次的演习中，建筑细部可以省略不做。但是，如果对哪些内容以及如何省略不十分清楚，就无法对建筑细部的省略做出正确的

判断。所以应在理解范斯沃斯住宅建筑细部的基础上制作模型。

正如**图 4-18**（第 157 页）框架立面图中所表示的那样，支承屋顶的柱子高度为 4750mm，而支承露台的柱子为 775mm，这些柱子是从 CL 向上立起的。在制作模型时，在平面图上绘制 200mm×200mm 的 H 型钢的断面形状，而且并对高度的不同点进行扫描并扫描至最高点（平面高度或进深高度），柱子模型的制作即告完成（**图 4-22**）。

因支撑屋顶的 8 根柱子、支撑地面楼板的 4 根柱子分别都是同一尺寸，所以只要绘制 1 根柱子就可以通过复制、移动完成。**图 4-22** 表示模型制作的结果。

这里，也可以在模型中将 H 型钢的断面形状简略化。**图 4-23** 中省略了翼

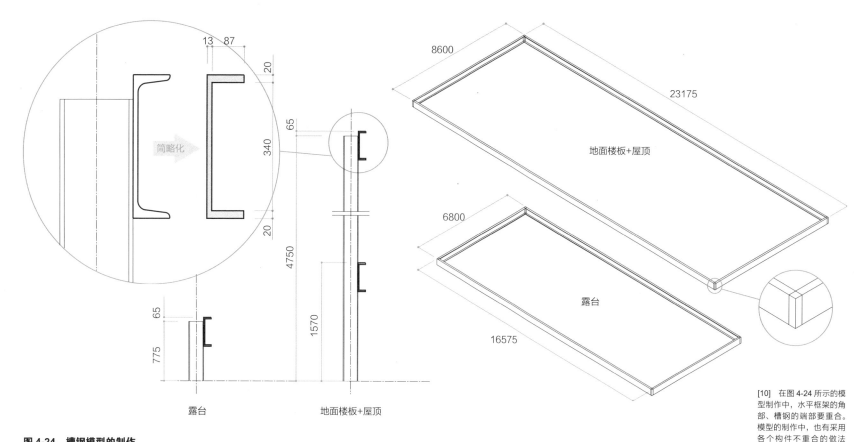

图4-24 槽钢模型的制作

对断面形状进行扫描，并将其旋转、移动后置于合适的位置。在CG模型中，槽钢的角部即使重叠也无妨。

缘及连接板（腹板）接合部的弧度，表示简略化的H型钢的断面。

在制作模型时，如果要将翼缘及连接板（腹板）接合部的弧度准确地表现出来，模型的数据量就会大大增加。倘若目的是精确地表现构件的建筑细部，模型的制作就需要正确。若非如此，制作一个简略的模型也就足矣了。

支承房间地面楼板、露台地面楼板、屋顶的3个水平框架是将4根槽钢组合后做成模型的。根据正面图及侧面图（从正面及侧面看到的立面图），可以对**图4-24**中左图所示的断面形状进行绘制，对右图所示的进深（长度）进行扫描，而且还应根据需要，将构件在三维空间中上下左右前后移动后置于合适的位置[10]。

此外，我们在"4.4.5 露台地面的构成"（第166页）中也会进行说明，

露台地面设有排水坡道（稍有坡度），这样，支承露台地面的槽钢就无法完全水平状，而是稍稍有些倾斜。但在这里，我们可按槽钢呈水平状这一条件来制作模型。

在制作模型时，因1/50比例、200mm×200mm的H型钢的模型构件在市场上有售，所以可以直接购入使用。支承屋顶的柱子为95mm高（建筑尺寸4750mm），支承露台的4根柱子截成15.5mm（建筑尺寸775mm）。

宽度100mm的槽钢用2mm厚的苯乙烯板制作（参照第169页**图4-38**）。要想使槽钢角部的小口不太醒目，需对边缘进行处理。此外，在模型的制作过程中，将槽钢放在后面制作的地面楼板或顶棚中进行粘接可大大提高效率，所以在这里可不与柱子粘接，只要做好构件就可以了。

[10] 在图4-24所示的模型制作中，水平框架的角部、槽钢的端部要重合。模型的制作中，也有采用各个构件不重合的做法的，但在这里我们不用这种方法。实际上，在模型的制作中，使同一构件的表面重合是不成问题的，但要想使不同构件的表面完全重合就很难做到。因为若是将复数的面重叠在同一平面，那么在进行渲染时就无法预料究竟要绘制哪个面。为避免出现若干个面重叠，除了按照实际建筑来加工构件的形状外，还可以利用各种CG特有的方法。

4 范斯沃斯住宅

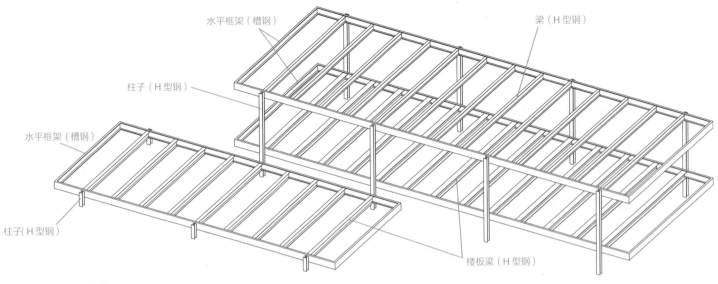

水平框架（槽钢）　　　　　　　　　　　　　梁（H 型钢）

柱子（H 型钢）

水平框架（槽钢）

柱子（H 型钢）

楼板梁（H 型钢）

图 4-25　H 型钢的构成

范斯沃斯住宅的结构体是柱子 + 水平框架 + 梁。地面楼板与屋顶是用架设在水平框架间的 H 型钢的钢梁支承的。

[11]　在实际的工程中，在对地面楼板饰面材料及顶棚进行安装之前，应先安装镶嵌玻璃的门窗框，因此，在施工的过程中就不可能出现图 4-27 所示的那种状态。因在对玻璃和门窗框进行说明之前应先介绍地面楼板和屋顶，所以，我们在这里用图示的方式将其表现出来。同样，在图 4-29、图 4-33 中也省略了门窗框的部分。

[12]　铺设在外部空间——门廊下的预制混凝土楼板上设有排水孔，这在图 4-28 中被省略了。

4.4　地面楼板与屋顶

下面，让我们学习一下地面楼板与屋顶的构成吧！

水平框架的内部架设有**图 4-25** 中所示的 H 型钢钢梁。通过梁的架设，可以增加水平框架的"面"的强度，完成范斯沃斯住宅的整个架构（柱子、水平框架与梁是范斯沃斯住宅的结构体）。

范斯沃斯住宅的地面楼板与屋顶是用架设在水平框架间的 H 型钢的钢梁支承的。

4.4.1　楼板梁的构成

地面楼板下架设有规格为"W12×58"的 H 型钢的钢梁。钢梁按 8800mm（29'–4½"）的跨距架设，按 1650mm（2¾"）的间距排列。H 型钢的尺寸为：高（2 个翼缘外侧的尺寸）约 300mm，宽（翼缘的宽度）约为 250mm。

图 4-26 为"W12×58"详图。"W12×58"是高度的**公称尺寸**为 12 英寸，1 英尺的重量 =58 磅的表示符号。所谓公称尺寸，是指作为符号用的大致的尺寸。公称尺寸也不一定表示准确的尺寸。

4.4.2　地面楼板的构成

范斯沃斯住宅室内、门廊、露台的地面楼板饰面采用的是称为**石灰华**的优质大理石。

图 4-27 表示从水平方向将地面楼板与屋顶剖切后得到的立体图（这里省略了门窗玻璃及框、顶棚的吊装铁件、窗帘轨等）[11]。

正如**图 4-28** 所示，**预制混凝土楼板**架设在 H 型钢的钢梁之间（预制混凝土楼板承载在 H 型钢的钢梁下侧的翼缘之上）[12]。预制混凝土楼板的"**预制**"一词表示"在工厂生产"之意。所谓预制混凝土楼板，是指"在工厂生产的混凝土制地面楼板"，也被称为 **PC 楼板**。

图 4-29 表示室内部分地面楼板的建筑细部。室内部分地面楼板的做法是：在预制混凝土楼板上填充隔热材料和**轻质混凝土**，并用**砂浆**（水泥 + 沙子 + 水）对基层进行修整处理，最后再进行楼板饰面工程——铺贴石灰华大理石。

楼板饰面的表面（石灰华大理石的上表面）是按比 350mm（15"）高的槽钢上表面高出 5mm（1/4"）的位置设计的。对于初学建筑的学生来说，也许很难掌握地面楼板下面的建筑细部，但最起码对构成地面楼板的原料是按槽钢的高度 380mm 间隔组成的这一点还是应当有所了解的。

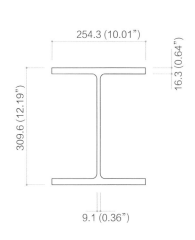

图 4-26　H 型钢的钢梁断面（1/10）

作为楼板梁的 H 型钢 "W12×58" 的断面。

254.3 (10.01")
16.3 (0.64")
309.6 (12.19")
9.1 (0.36")

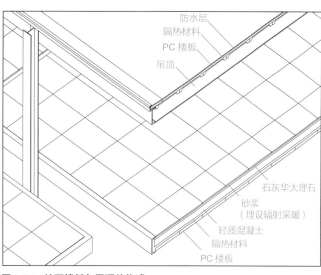

图 4-27　地面楼板与屋顶的构成

从水平方向将地面楼板与屋顶剖切后得到的立体图。图中省略了门窗玻璃及框、顶棚的吊装铁件、窗帘轨等。PC 楼板是指"预制混凝土楼板"。

防水层
隔热材料
PC 楼板
吊顶
石灰华大理石
砂浆（埋设辐射采暖）
轻质混凝土
隔热材料
PC 楼板

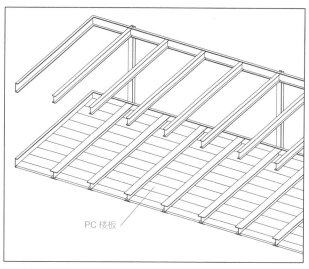

图 4-28　地面楼板的结构

PC 楼板承载在水平框架（槽钢）与 H 型钢钢梁下侧的翼缘之上。

PC 楼板

　　房间采用的是**地面采暖**，即砂浆的内部铺设有**热水管**（送热水的管道），热水的热量传至轻质混凝土 + 砂浆 + 石灰华大理石。为防止地面采暖的热量从地板下流失，还特意铺设了隔热材料。

　　因门廊与露台属于外部空间，所以不用设置地面采暖。但是，有必要设置排水的装置（排放雨水的装置）。

　　地面采暖是被称为**辐射采暖**的取暖方式之一。辐射采暖与使整个房间空气变暖的**空气调节器**不同，它不是通过空气，而是一种使热源的热量能够直接传递给人体的采暖方法。人体受到来自热源放射的辐射热时，肌肤就会感到暖和。当采用地面采暖时，即便是室温比较低时脚下也会感到暖和。这是因为一般当人身体的某一部分有暖和的感觉时，通过血液循环就会使全身变暖，所以可以有效地抵御寒冷。

　　地板变暖不仅会使石灰华大理石地面变暖，而且也许连砂浆和轻质混凝土都会一起变暖，这确实是一种合理的方法。**热容量**大的石材及混凝土由冷到暖需要花费一定的时间，不过一旦变暖就很难马上变冷。也就是说，若想保证供暖效果持续，最合理的做法就是获得大容量的保暖效果（与将饭菜放在加热的石料容器中以使饭菜保温是同一个原理。例如把鱼放在烧热的石头上，随着发出的滋滋声，鱼逐渐被烤熟的"石烤鱼"）[13]。

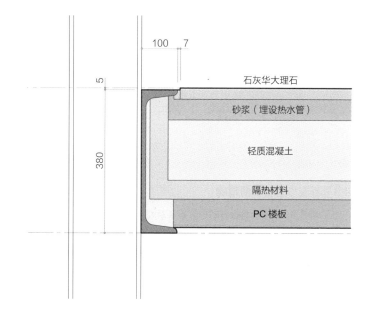

100　7
5
380

石灰华大理石
砂浆（埋设热水管）
轻质混凝土
隔热材料
PC 楼板

图 4-29　地面楼板剖面详图（1/10）

室内部分的地板细部。房间采用的是辐射采暖（地面采暖），即埋设在砂浆内热水管的热水热量传递到轻质混凝土 + 砂浆乃至石灰华大理石地面。

[13]　另外，犹如电热毯那种只能将床的表面捂暖一般的地面采暖方法，都是一种短时间的供暖（电热毯供暖时，打开开关就会立即供暖）。

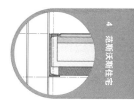

4　范斯沃斯住宅

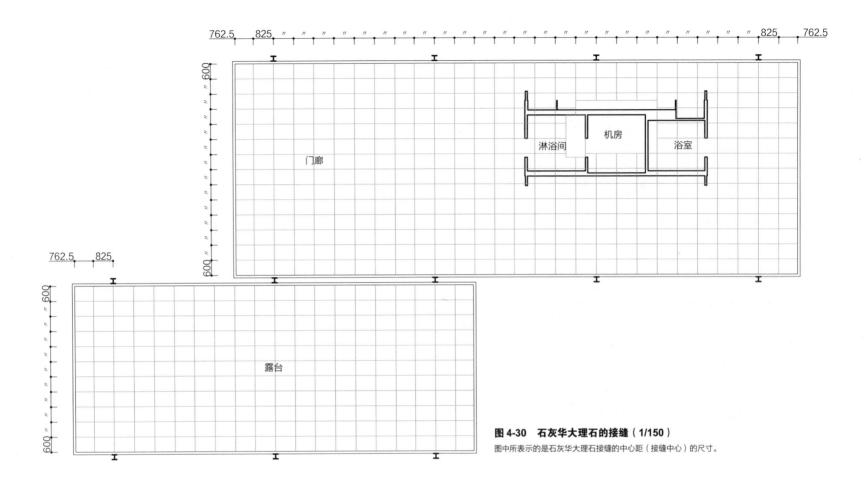

图 4-30　石灰华大理石的接缝（1/150）
图中所表示的是石灰华大理石接缝的中心距（接缝中心）的尺寸。

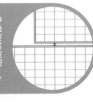

4.4.3　石灰华大理石的接缝

在范斯沃斯住宅中，饰面材料——**石灰华大理石**的**放样布置**（layout）是重要设计的要素之一。容纳了室外场地和室内空间的露台及门廊采用了相同的石灰华大理石饰面，展现了内部空间与外部空间的连续性。另一方面，石灰华大理石所创造出的几何形态融入了周围的风景之中，达到了与周边环境融为一体的视觉效果。

图 4-30 表示的是石灰华大理石的放样布置。石灰华大理石的放样布置使地面出现**接缝**。下面，就让我们来学习石灰华大理石的接缝吧！

石灰华大理石的**中心距**尺寸如**图 4-30** 中所示。这种中心距的尺寸是指中心线到中心线间的尺寸。

除了侧面（端部）的部分外，主要的石灰华大理石的中心距尺寸为600mm×825mm（1'–12"×2'–9"）。**图 4-31** 所示为石灰华大理石接缝中部分部位的放大图（图中的接缝尺寸要比实际的尺寸大）。

石灰华大理石与石灰华大理石的接缝尺寸约为 2mm（1/16"）。因此，实际中的石灰华大理石尺寸＝从中心距的尺寸中减去接缝的尺寸，即598mm×823mm（1'–11 15/16"×2'–9"×2'–8 15/16"）。作为接缝，除石灰华大理石与石灰华大理石的接缝外，还有位于地面周围的石灰华大理石与地面槽钢的接缝。这些接缝的尺寸为7mm（9/32"）。

4　范斯沃斯住宅

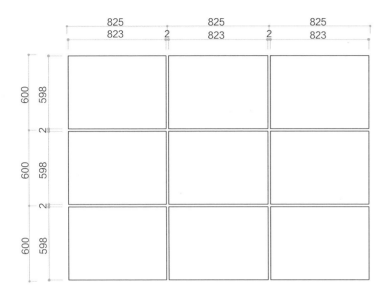

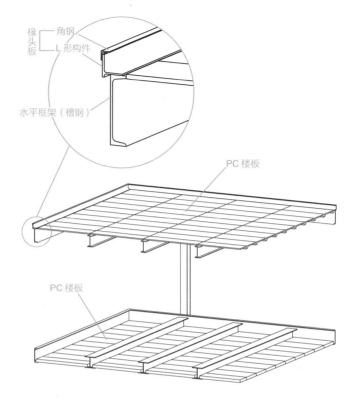

图 4-31　石灰华大理石的接缝（1/30）

石灰华大理石与石灰华大理石的接缝尺寸约为 2mm。实际中的石灰华大理石尺寸 = 从中心距的尺寸中减去接缝的尺寸，即 598mm×823mm。图中的接缝尺寸要比实际的尺寸大。

图 4-32　地面楼板与屋顶的构成

屋顶是由架设在 H 型钢梁上的 PC 楼板构成的。在槽钢的上部，装有压在防水层端部的椽头板。

因接缝在同一平面上稍有凸凹，所以完全不同于立体凸起的可见线（可见部分的外形线）。在一般的平面图（基本图）中，大多都省略了接缝的部分，而在范斯沃斯住宅的平面图中，若将设计的重要要素——接缝部分省略岂不是不太妥当吗？

从道理上讲，对于接缝部分应像**图 4-31** 中所示的那样用双线（表示间隔的 2 条线）进行绘制。但是当绘制比例为 1/50 ~ 1/100 的图纸时，往往很难做到用双线绘制出仅仅 2mm 的间隔。所以一般在 1/50 ~ 1/100 的平面图中，接缝的部分不是用双线，而是用单线（1 根线）表示。另外，与用深色细线绘制清晰线条的可见线相比，用淡淡的细线绘制接缝也可以达到淡而清晰的效果。

4.4.4　屋顶的构成

屋顶的做法是：将预制混凝土楼板架设在 H 型钢的钢梁上，并在其上铺设**防潮膜**、**隔热材料**、**防水层**。另外，在防水层的上面铺有保护防水层的砂砾。**图 4-32** 表示支承屋顶层的预制混凝土楼板的构成。

在预制混凝土楼板的下面，通过吊装铁件将**顶棚**吊装在 H 型钢的钢梁下。顶棚采用的是称为**金属网·石膏板**的薄石膏板。室内顶棚的高度（地面至顶棚面的距离）为 2850mm（9′6″）[14]。

[14]　正如我们在第 155 页所论述的，在本书中将 1 英尺大致换算为 30mm。顶棚的高度若按比较准确的 1 英尺等于 304.8mm、1 英 寸 等 于 25.4mm 计算，那么其高度就应当是 2895.6mm。

4　范斯沃斯住宅

165

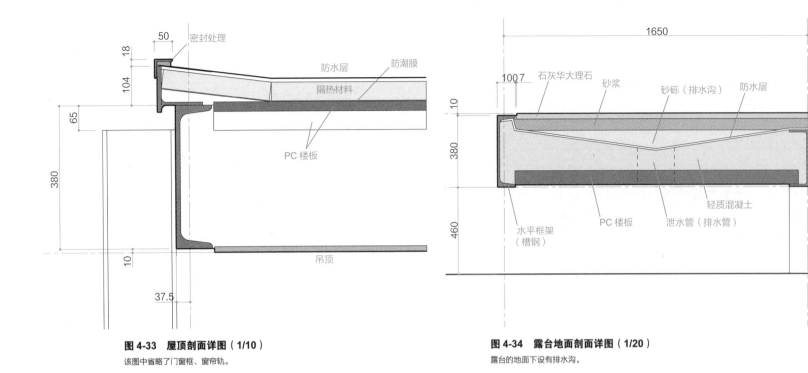

图 4-33　屋顶剖面详图（1/10）
该图中省略了门窗框、窗帘轨。

图 4-34　露台地面剖面详图（1/20）
露台的地面下设有排水沟。

屋顶剖面详图标注：密封处理、防水层、防潮膜、隔热材料、PC 楼板、吊顶
50、18、104、65、380、10、37.5

露台地面剖面详图标注：石灰华大理石、砂浆、砂砾（排水沟）、防水层、水平框架（槽钢）、PC 楼板、泄水管（排水管）、轻质混凝土
1650、100、7、10、380、460

[15]　椽头板原是木框架结构中的用语，是指安装在屋顶架椽子端部的挡板。

另外，H 型钢连接板被截断后便成 T 型，这种用 H 型钢剖分而成的切割件也称为"T 型钢"。在范斯沃斯住宅中，用于椽端部的椽头板就是将这种"T 型钢"翼缘再次剖分而成的"L 型钢"。

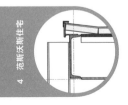

图 4-33 是槽钢剖切部分的建筑细部图（详图）。在槽钢的上部，可以看到压在防水层端部的**椽头板**（将屋顶端部隐藏的材料）。在范斯沃斯住宅中，椽头板就像女儿墙一样起有遮挡防水层端部的作用。椽头板是用翼缘宽度 200mm（8"）的 H 型钢切割件和高、宽均为 50mm（5"）的槽钢组合而成的[15]。

4.4.5　露台地面的构成

在露台地面的下面设有排水装置（门廊的地面下也设有排水装置）。**图 4-34** 是露台地面详图。

因露台属于可遭雨淋的外部空间，所以地面从门廊侧向外稍有倾斜。虽说是倾斜，但并不是外观上可以看出且在体感上可以感到的那种较大倾斜，而只是可以将水排出的倾斜。这种在可受雨淋水平面上设置的极小的倾斜被称为**排水坡度**。

在范斯沃斯住宅露台上，**排水坡度最高点**（屋面等外部空间设有排水坡度时的最高点）的门廊侧地面高度为 GL+875mm（2'11"），**排水坡度最低**

点（屋面等外部空间设有排水坡度时的最低点）为 GL+850mm（2'10"）。也就是说，该地面有 25mm（1"）的高差。露台的进深约为 7000mm，所以这个高差所产生的倾斜是 0.35%（每 1m 低 3.5mm）。当然，这种极小的倾斜在 1/50 比例的图纸中是无法表现出来的，但对这种倾斜的概念应有所了解。

与门廊处所用的"W12×58（约为 300mm 高 ×250mm 宽）"H 型钢钢梁不同，支撑地面楼板的部分用的是"W12×40(约为 300mm 高 ×200mm 宽，准确尺寸为 11.94 英寸 ×8005 英寸）"的 H 型钢钢梁。

此外，门廊的石灰华大理石地面是按比槽钢最上端高出 5mm（1/4"）的位置设计的，其上表面比楼板约高出 10mm（1/2"）。

🔲 练习 4-2　地面·顶棚·屋顶的效果图

下面，就让我们制作一个地面、顶棚、屋顶的模型吧！地面、顶棚、屋顶模型的制作方法如 **图 4-35** 所示。我们在这里是用简略的方法制作模型的，被遮挡在内部的 H 型钢的钢梁及预制混凝土楼板等都省略未做。

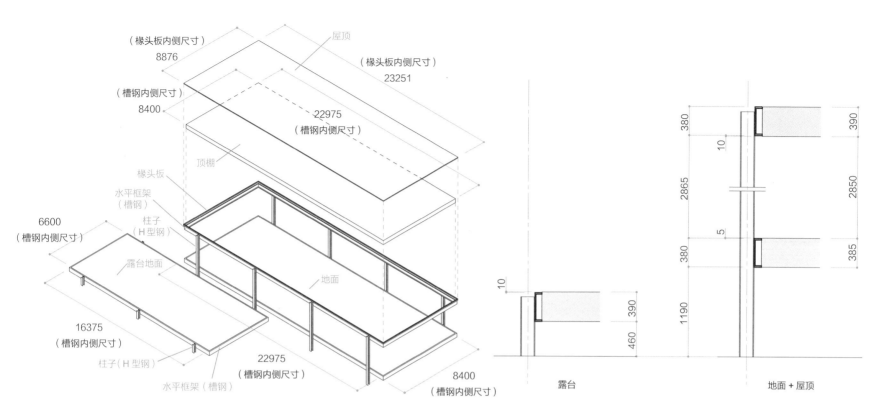

图 4-35 地面与顶棚模型的制作

对各种较大平面进行绘制并给出厚度。

模型中不用将石灰华大理石的接缝表现出来。虽然石灰华大理石与槽钢或顶棚与槽钢之间存在着数毫米宽的接缝，但可不将其表现出来，地面与顶棚正好被收在水平框架的内侧（尺寸等于内侧尺寸）。另外，石灰华大理石的接缝将在后面的表面材质（纹理）中再作定义。

从门廊到室内的门两侧玻璃幕墙下，槽钢被安装在石灰华大理石地面处。该部分的石灰华大理石地面上产生的接缝凹处部分，在制作模型时可省略不做（玻璃幕墙的详细内容将在后面加以说明，对此，可参见第171页的**图4-42**及**图4-43**）。

支承屋顶与地面的槽钢长度为23175mm×8600mm。因槽钢的宽度为100mm，所以水平框架的内侧尺寸分别为22975mm×8400mm和

16375mm×6600mm。

用水平框架的内侧尺寸绘制地面·顶棚·屋顶的平面并加上厚度后，将其装在相应的位置上。

因房间＋门廊地板表面位于高于槽钢上端5mm的位置处，所以当地板的下端贴在槽钢的下端时，其厚度即为385mm。不过，正如在**图4-29**（第163页）中所看到的，因地板下的预制混凝土楼板架设在槽钢下端的翼缘之上，所以预制混凝土楼板的下端实际上要比槽钢的下端略高一些。可见，将地板下端与槽钢的下端做成相齐的模型是不正确的。模板的正确做法是：地板的下端应比槽钢的下端抬高10mm。

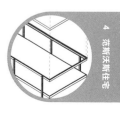

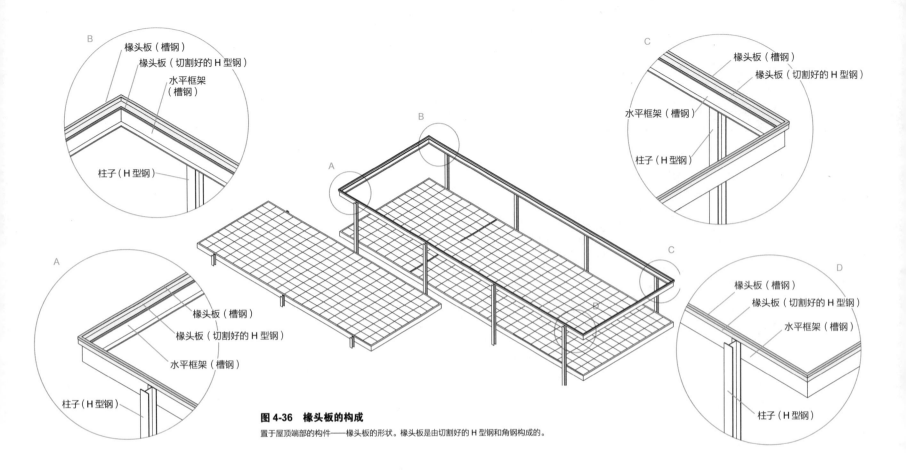

图 4-36　椽头板的构成
置于屋顶端部的构件——椽头板的形状。椽头板是由切割好的 H 型钢和角钢构成的。

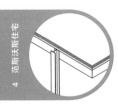

顶棚位于自顶棚表面向槽钢的下端向下 10mm 的位置处（参见第 166 页的**图 4-33**）。顶棚按 390mm 的厚度制作模型，其上端应与槽钢的顶部对齐。因露台的地面表面位于高于槽钢 10mm 的位置处，所以其厚度为 390mm，而下端则应与槽钢的下端对齐（参见第 166 页的**图 4-34**）。

接下来，我们便可进入椽头板模型的制作。**图 4-36** 表示椽头板的构成，**图 4-37** 则表示简略化的椽头板的构成。与槽钢相同，椽头板的断面形状及其进深也应通过正面图及侧面图进行绘制。

椽头板是由切割好的 H 型钢和角钢构成的。切割好的 H 型钢要探出槽钢表面 50mm，而角钢则要探出槽钢表面 55mm。切割好的 H 型钢和角钢的进深（长）尺寸分别为：在槽钢的进深上再加上 50×2 = 100mm 或 55×2 = 110mm 后的尺寸。

接着便可进行置于椽头板切割下的 H 型钢内侧尺寸的平板状屋顶模型的制作了（实际上屋顶距椽头板很近稍有倾斜，倾斜可省略不做）。屋顶厚 70mm，下端紧贴槽钢顶端。

模型的地板与顶棚用 7mm 的苯乙烯板、屋顶用 2mm 的苯乙烯板制作；椽头板则用 1mm 的板材制作。模型的组装方法如**图 4-38** 所示。不过，因地面楼板、屋顶、顶棚与柱子的粘接需在玻璃幕墙与设备区完成后才能进行，所以可放在后面再做。

与用 CG 制作的模型一样，地面楼板与顶棚是按置于水平框架内的尺寸制作的，然后再将前面演习 4-1（第 158 页）中制作的槽钢安装在横断面处。另外，地面铺设的石灰华大理石接缝部分（凹处）用铁笔等进行绘制（也可以用钢笔轻轻绘制）。

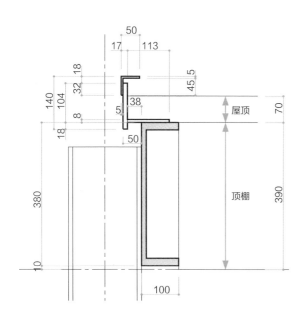

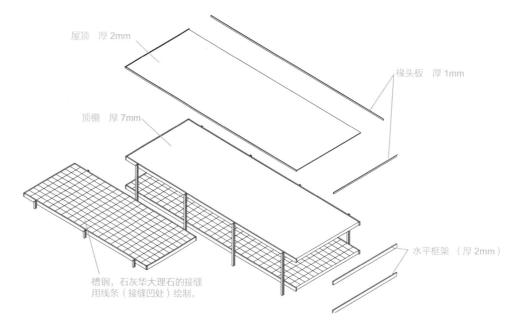

屋顶 厚 2mm

椽头板 厚 1mm

顶棚 厚 7mm

水平框架 （厚 2mm）

槽钢，石灰华大理石的接缝
用线条（接缝凹处）绘制。

图 4-37 椽头板模型的制作
简略化的椽头板的断面形状。通过正面图及侧面图进行绘制，并绘制出进深。

按厚度 7mm 制作的地面与顶棚比水平框架的尺寸（380mm）要稍微薄
一些。在模型中，地面可以将其上表面与槽钢的顶部齐平。这样一来，槽钢的
下端就会稍稍从地面的下部探出，而实际中的建筑也是如此。下面，就让我们
将顶棚的下端与槽钢的下端对齐吧（正如我们在第 166 页**图 4-33** 中所看到的，
实际上顶棚的下端要比槽钢的下端低 10mm）！

屋顶按水平框架的外尺寸（外侧尺寸）制作，而且要在其端部安装椽
头板。

因椽头板要凸出于槽钢面 50 ~ 55mm，所以应采用 1mm 厚的板材（苯
乙烯板等）制作。椽头板的高度为 140mm。

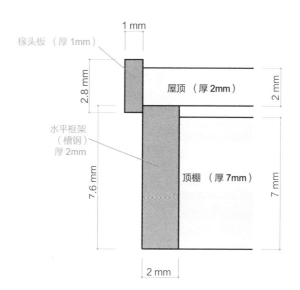

椽头板 （厚 1mm）

屋顶 （厚 2mm）

水平框架
（槽钢）
厚 2mm

顶棚 （厚 7mm）

图 4-38 模型的组装
地板与顶棚用 7mm 的苯乙烯板、屋顶用 2mm 的苯乙烯板制作；椽头板则用 1mm 的板材制作。

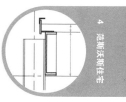

4. 范斯沃斯住宅

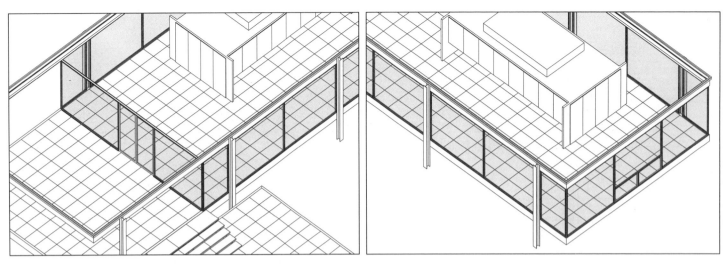

图 4-39　玻璃幕墙的构成
去除屋顶部分的立体图。西侧的门廊装有玻璃门（左图）。东面装有内开式滑轴窗（右图）。

4.5　玻璃幕墙

接下来学习由**玻璃**构成的墙体。

图 4-39 表示房屋四周的玻璃幕墙立体图。玻璃幕墙除面向门廊（西侧）的门与东面内开式滑轴窗外，均为固定式落地玻璃窗。

4.5.1　玻璃幕墙的建筑细部

在范斯沃斯住宅四周采用的大面积落地玻璃窗（玻璃幕墙）中，除了面向门廊的玻璃墙（西侧）外，东南北三面的玻璃幕墙应安装在构成地面与屋顶的槽钢（水平框架）上。南面玻璃幕墙的垂直剖面图如**图 4-40** 所示。**图 4-41** 表示玻璃幕墙的剖面详图（地面附近与顶棚附近的细部）。

地面与屋顶的槽钢上下处装有 3 根扁钢条（厚板），构成了支承玻璃的窗框。与槽钢直接连接的扁钢（条）尺寸约为 20mm×50mm（3/4"×2"）。按 1 英寸等于 25mm 换算，应为 18.8mm×50 mm），与之接合、夹装玻璃的 2 根扁钢（条）尺寸约为 30mm×15 mm（1-1/4"×5/8"＝ 31.3mm×15.6mm）。室内侧的扁钢（条）作为**压缝条**（压实玻璃的构件）需要装上防止玻璃掉落的**玻璃固定钉**（用小螺钉固定玻璃）。

在已出版的设计图 [16] 中，针对玻璃指定采用的是 6mm（1/4"）厚的**磨光平板玻璃**。但是即使是在现在，玻璃幕墙所采用的玻璃也不是磨光平板玻璃，而是**浮法玻璃**。因为在建造范斯沃斯住宅的时代，熔融玻璃流入低于玻璃熔点的熔融金属上并逐渐成型的浮法玻璃的生产工艺还未出现，所以当时指定的并不是浮法玻璃，而是磨光平板玻璃。

图 4-42 是将面向门廊的玻璃幕墙从垂直方向进行剖切后得到的垂直剖切面图。该部分的玻璃幕墙安装在架设于槽钢间的 H 型钢的钢梁上。其建筑细部如**图 4-43** 所示。

地面部分的做法是：将进深宽 100mm（4"）的槽钢架设在 H 型钢的地板梁上。该槽钢是用于安装构成门窗框的扁钢（条）的。槽钢不与地板梁固定，而是用顶棚内的 H 型钢吊装的。在建筑细部上，从高度的设计方面考虑了地板梁的变形因素。

扁钢（条）被置于地板梁上部的槽钢内。这在演习（演练）时所制作的立体效果或模型中可以省略不做，但还是应当对实际建筑的细部进行确认。另外，因雨水会从门廊侧（玻璃的左侧）的地板下流过，所以应设有**排水**装置。

[16]　注 6（第 155 页）中所列的图书。

4　范斯沃斯住宅

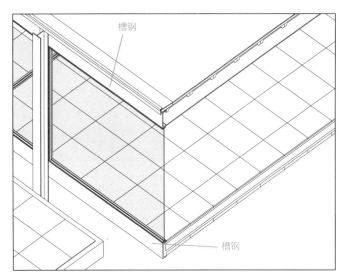

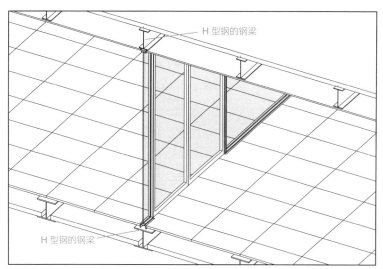

图 4-40 玻璃幕墙的构成（南面）

南面的玻璃与窗框。该图是在第 163 页的图 4-27（从水平方向将地面楼板与屋顶剖切后得到的立体图）的基础上加绘了玻璃与窗框。

图 4-42 玻璃幕墙的构成（西面）

将面向门廊的玻璃幕墙从垂直方向进行剖切后得到的垂直剖切面图。

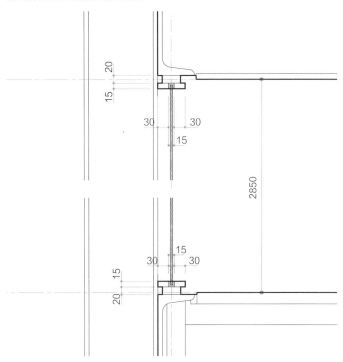

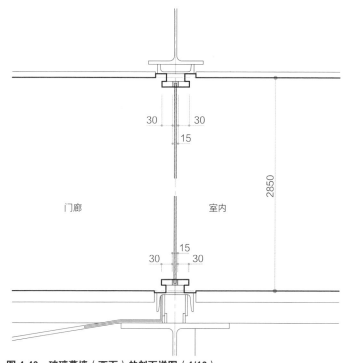

图 4-41 玻璃幕墙（南面／北面）的剖面详图（1/10）

图 4-40 的建筑细部详图。

图 4-43 玻璃幕墙（西面）的剖面详图（1/10）

图 4-42 的建筑细部详图。

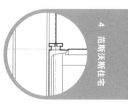

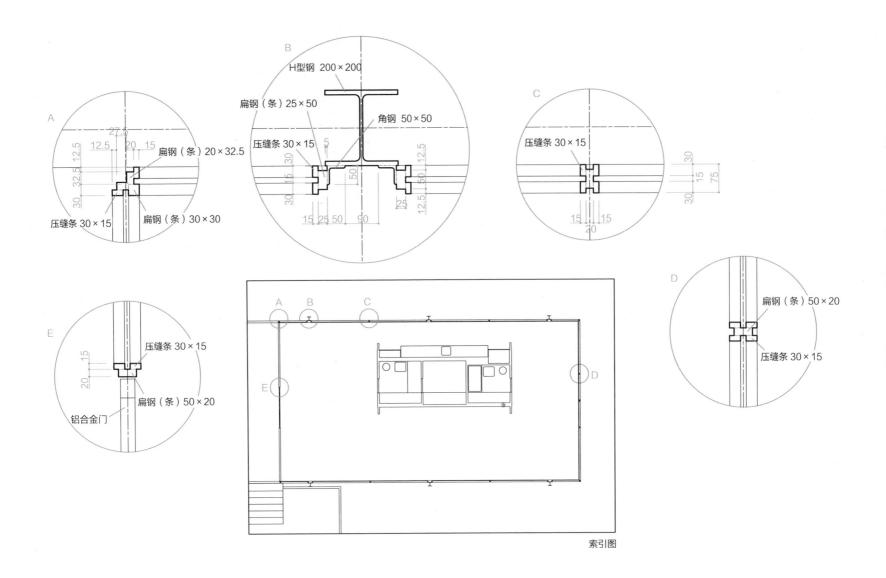

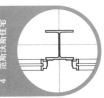

A

27.5
12.5 20 15
12.5
32.5 扁钢（条）20×32.5
30
压缝条 30×15   扁钢（条）30×30

B
H型钢 200×200
扁钢（条）25×50
角钢 50×50
压缝条 30×15   5
30
15   50   12.5
15 25 50   90
12.5

C
压缝条 30×15
30
15   75
30
15   15
20

D
扁钢（条）50×20
压缝条 30×15

E
压缝条 30×15
15
20
铝合金门   扁钢（条）50×20

A B C

E

D

索引图

图 4-44　门窗框的平面详图（1/10）
作为玻璃压缝条——2 根 30mm×15mm 扁钢（条）用小螺钉固定。该图与图 4-45（第 173 页）所示的立体图相对应。

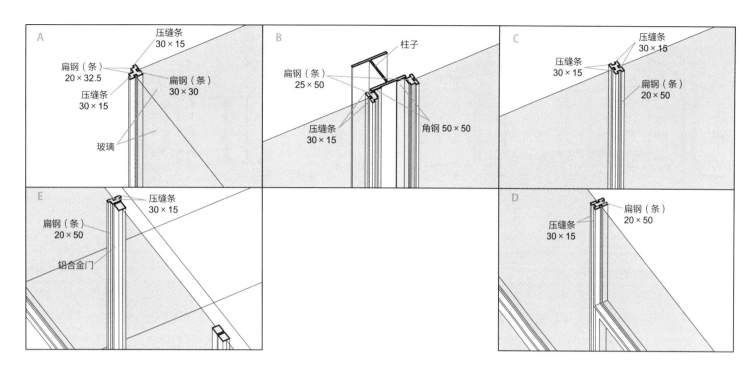

图 4-45 门窗框的建筑细部（立体图）

图 4-44（第 172 页）所示部分的立体图。

4.5.2 门窗框

图 4-44 表示支承玻璃的门窗框详图。其立体图如**图 4-45** 所示。

玻璃幕墙角部（A 部分）的做法是：通过（贴）角焊将 2 根 20mm×32.5mm（3/4"×1-1/4"）的扁钢（条）焊接在 30mm×30mm（1-1/4"×1-1/4"）的扁钢（条）上。另外，用小螺钉固定 2 根 30mm×15mm（1 1/4"×5/8"）的压缝条。

柱子部分（B 部分）的做法是：通过电铆焊（塞焊）将 50mm×50mm（2"×2"）的角钢焊接在 H 型钢的钢柱上，这里的 25mm×50mm（1"×2"）的扁钢（条）也采用相同的焊接方法连接。

因扁钢（条）被 H 型钢遮挡，所以当从室内看时是 25mm，而从外部看时却只有 5mm（1/4"），实际上扁钢（条）的正面宽度（从正面看到的建筑宽度）应为 25mm。将 2 根 30mm×15mm（1-1/4"×5/8"）扁钢（条）压缝条的安

装在该扁钢（条）上，其室内侧采用电铆焊（塞焊），室外侧用小螺钉固定。

柱间**抱框**（垂直立在门窗洞口之间的竖木。也称为门边立木、抱柱）部分（C 部分）的做法是：将 30mm×15mm（1 1/4"×5/8"）的扁钢（条）压缝条安装在 20mm×50mm（3/4"×2"）扁钢（条）的两边。其室内侧采用电铆焊（塞焊），室外侧用小螺钉固定。

东侧玻璃墙面的中央部位配有**滑轴窗**。滑轴窗两边的抱框部分（D 部分）的建筑细部与 C 部分相同。另外，滑轴窗位于地面的正上方，所以在以地面楼板 +1500mm 高从水平方向剖切后得到的平面图中，没有剖切滑轴窗部分。

门厅门部分（E 部分）的做法为：在与抱框部分相同的 20mm×50mm（3/4"×2"）的扁钢（条）一侧安装铝合金门[17]。

[17] 该部分是在钢制的扁钢（条）处安装铝合金门。这里采用的是不同的金属。一般情况下，不同的金属接触后就会出现电化学腐蚀（不同金属接触后表面发生电化学反应而产生的破坏）。因铝合金的电离作用比铁还要高，所以铝合金与铁的接触部分一旦有水，铝合金就会被腐蚀。在对会出现不同金属接触的部分进行设计时，应当考虑进水的因素。

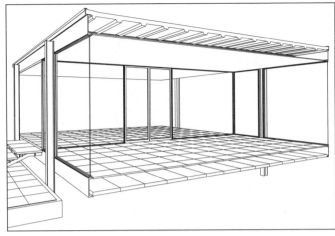

图4-46 剖面的构成（短边方向）

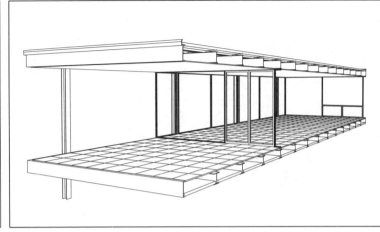

图4-47 剖面的构成（长边方向）

4.5.3　剖面图

下面，就让我们通过剖面图对由地面、玻璃窗、屋顶和顶棚组成的剖面构成进行确认吧！**图 4-46 ～图 4-49** 中表示的是短边方向和长边方向的**剖面示意图**（表示断面的示意图）和剖面图。**图 4-50** 表示短边方向剖面图所表现的可看到门厅门的正等轴测图。另外，剖面图中省略了地板下及顶棚上部等外观上看不到的部分。

短边方向的剖面图中所出现的门厅门不是设在玻璃幕墙的中央位置，而是稍稍靠向露台一侧的位置处。两扇开启的门总宽为 2100mm（7'），门的厚度约为 40mm，门框（可动部分）的外观宽度为：纵框与上框约为 50mm，下框约为 75mm。

在这个剖面图中，6mm 厚的玻璃用细线的单线绘制。圆玻璃处于被剖切处，如果用粗线绘制，就会使人误认为是不透光的坚固墙体，所以尽管是处于剖切处，也应当用细线进行绘制。另外，如果 6mm 厚的轮廓线用双线绘制，那么即便是用细线绘制，但因紧紧相贴的双线会重叠，所以看上去也好像是用粗线绘制的[18]。

在剖面图中，如果对门窗框等具有细微凹凸的部分进行剖切，那么细微的凹凸就用剖切线来表示。不过，即使按理论要求绘制出细微的凹凸，在 1/50 ～ 1/100 比例中用肉眼也是根本无法确认的。在这种情况下，我们不用按照理论要求进行绘制，而是采用省略凹凸的方法绘制一个看上去美观的图纸。在实际的图纸绘制中，不仅要按理论要求进行绘制，而且还要在如何才能表现出图纸的美观上下功夫。当然，这时深刻理解理论要求的内涵也是十分重要的。

◼ 练习 4-3　玻璃幕墙的效果图

下面，就让我们绘制玻璃幕墙的效果图吧！

作为玻璃幕墙的效果图，如果无法看到透明的玻璃就称不上是效果图，或者说在最终的效果图中只表现出了门窗框的部分（表现玻璃部分的效果图和玻璃部分的渲染将在后面进行说明）。

为能将多个扁钢连接在 H 型钢上，门框采用的是角钢。将这些连接好的扁钢效果图绘制出来。另外，还需对门与滑轴窗的门窗框效果图进行绘制。

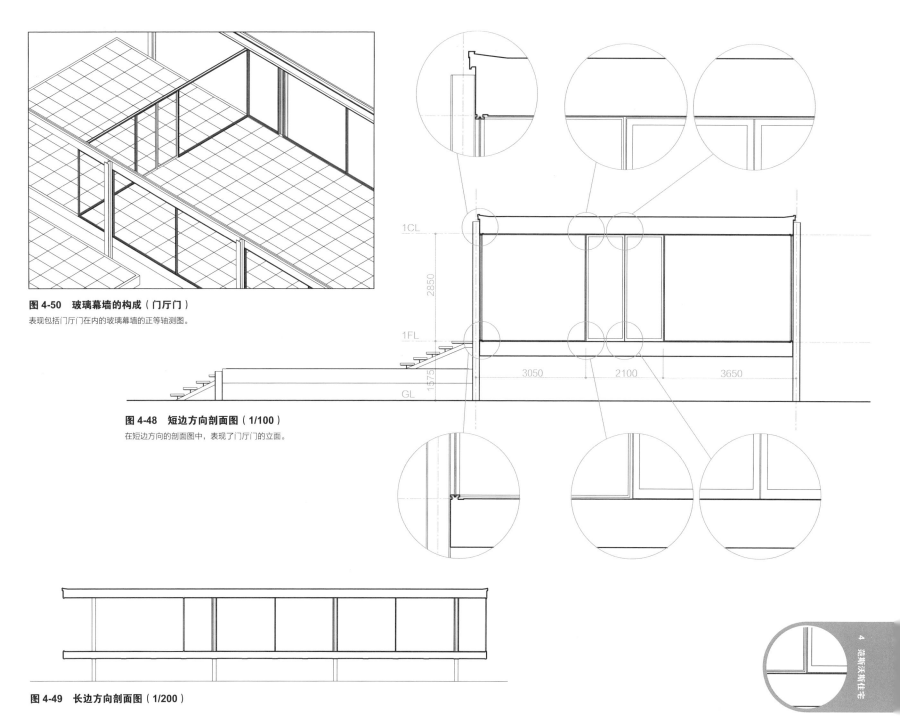

图 4-50　玻璃幕墙的构成（门厅门）
表现包括门厅门在内的玻璃幕墙的正等轴测图。

图 4-48　短边方向剖面图（1/100）
在短边方向的剖面图中，表现了门厅门的立面。

图 4-49　长边方向剖面图（1/200）

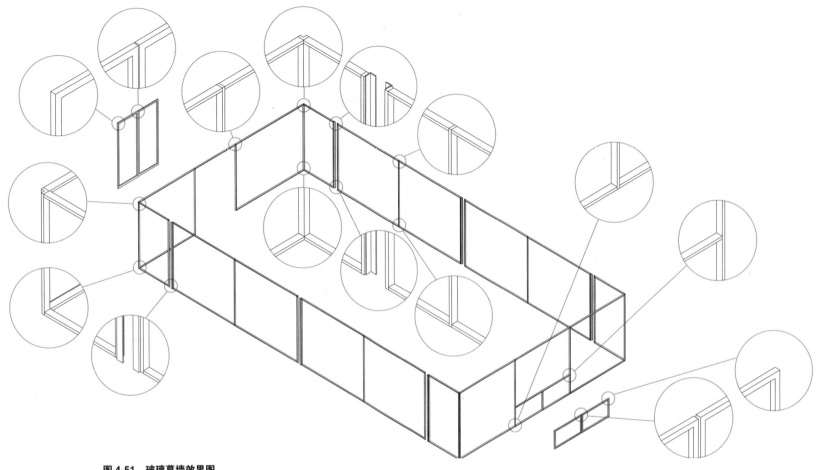

图 4-51 玻璃幕墙效果图

只表现了与 H 型钢连接的角钢与扁钢（条）的效果图。图中省略了门窗框的形状部分。另外，安装扁钢（条）的压缝条也被省略。

[19] 在图 4-52 中，为 CG 生成模型的演习之用，特将门与窗的建筑细部进行了最大限度的简化，而实际中的建筑细部是不会这样进行简化处理的。另外，尺寸也是用英尺·英寸设计的原件不同。

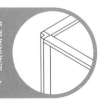

虽然我们可以准确地绘制出所有扁钢与角钢的效果图，但在演习中只要绘制**图 4-51** 那种简略化的效果图就足够了。这里只需绘制**图 4-52** 所示的门窗框效果图，30mm×15mm 的压缝条（两侧压实玻璃的扁钢条）可以省略，只绘制出支承连接 H 型钢的角钢与压缝条的效果图就可以了 [19]。

垂直而立的角钢与扁钢（条）的平面图绘制好后，可以就设定高度。设定的高度应为：支承地面的槽钢顶端与支承屋顶的槽钢下端的内径尺寸 2860mm（可参照第 157 页**图 4-18** 所示的框架立面图）。

除垂直而立的门窗框外，还应对安装在槽钢顶端及下端的玻璃幕墙的上框与下框进行效果图的绘制。

上框与下框与扁钢所表示的形状相同，所以无论是采用平面图中对高度进行设定的方法，还是立面图中对进深进行设定的方法，都可以绘制效果图。无论是哪种方法，其结果都是一样的。不过作为演习，可以绘制立面图，并对面图中所表现的门窗框设定进深尺寸。

玻璃幕墙的立面如**图 4-2** 中南立面图（第 148 页）所示。北立面与南立面相同。设有门厅门的西侧立面如**图 4-48** 中短边方向剖面图（第 175 页）所示。设有内开式滑轴窗的东立面图如**图 4-53**（第 177 页）所示。

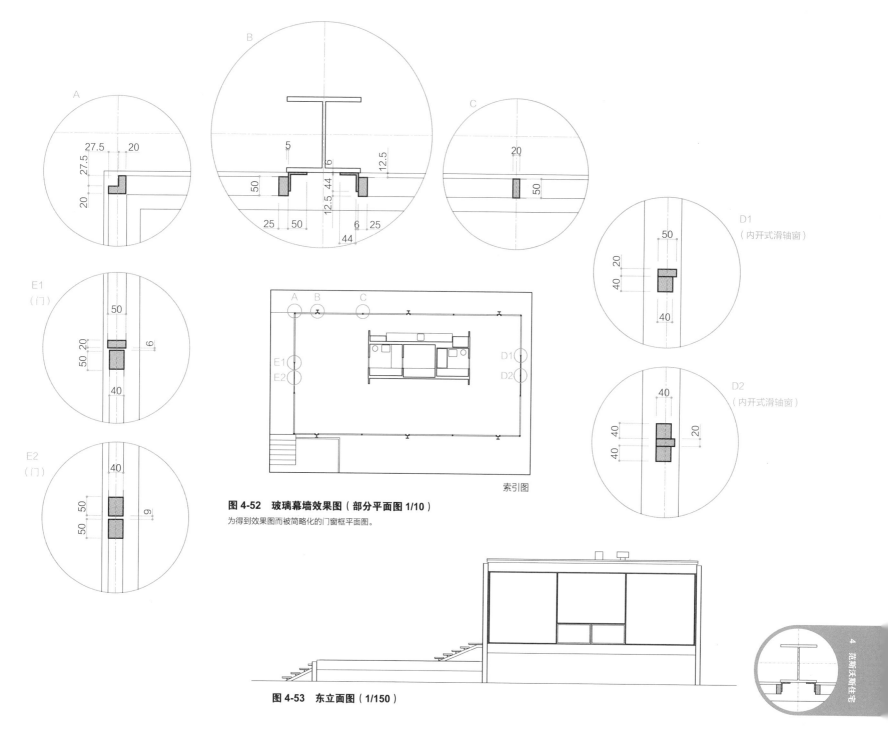

图 4-52　玻璃幕墙效果图（部分平面图 1/10）

为得到效果图而被简略化的门窗框平面图。

图 4-53　东立面图（1/150）

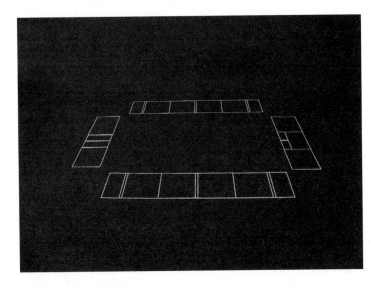

照片 4-12　模型（玻璃幕墙）

通过在塑料板上粘贴纸质划线胶带（纸质标识胶带）来表现门窗框。

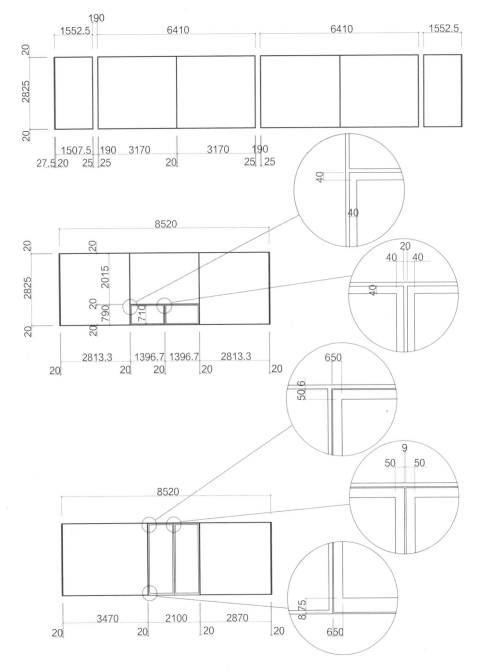

图 4-54　中表示的是用于效果图的门窗框立面形状。图中省略了说明，但如果绘制了压缝条的立体形状，那也就可以绘制出压缝条的效果图了。望各位能对此进行挑战。

至于模型，一般很难按照 **1/50** 的比例正确地制作出门窗框的模型。最简单的办法恐怕当属用**丙烯酸板**或塑料板（塑料制板）制作整个玻璃幕墙，并用**纸质划线胶带（纸质标识胶带）**进行粘贴的方法了。因玻璃幕墙安装在 H 型钢的内侧，所以可以将柱子与玻璃幕墙进行连接（当然在实际中，H 型钢与玻璃幕墙是不能接触的）。

照片 4-12 表示用这种方法制作的玻璃幕墙。

图 4-54　玻璃幕墙效果图（立面图 1/150）

放大图的比例为 1/20。

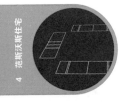

4　范斯沃斯住宅

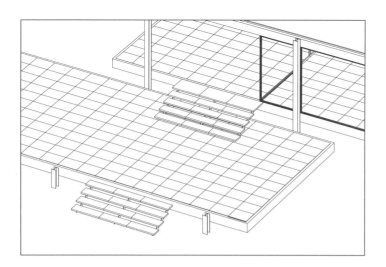

图 4-55 阶梯的构成
从透视图的基面到露台的阶梯以及从露台到门廊的楼梯。

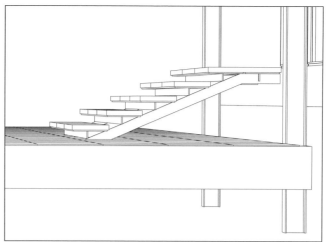

图 4-56 露台到门廊的阶梯

4.6 阶梯

正如在**图 4-55** 中所看到的，露台上有 2 处安装了阶梯：从透视图的基面到露台的阶梯以及从露台到门廊的楼梯。

图 4-56 表示从露台到门廊的楼梯。**图 4-57** 是 2 处阶梯的分解图。阶梯的踏步（面）采用的是与露台、门廊、室内地面相同的石灰华大理石。石灰华大理石的主要尺寸为：宽 3600mm× 进深 375 mm（12'-0"×1'-3"），厚 50mm（2"）。这个石灰华大理石是由 75mm×12mm（3"×1/2"）和 350mm×10mm（14"×3/8"）的钢板组合而成的合成 T 型钢钢梁支承的。合成 T 型钢钢梁在中央和左右两边共 3 处用 25mm（厚）×100mm（宽/高）（1"×4"）的扁钢支承（参见第 178 页的**图 4-58**）。

于范斯沃斯住宅建成 5 年之后的 1956 年修建的皇冠大楼（参见第 147 页的**照片 4-4**）中，也设计了相同构成的阶梯。这个阶梯的构成难道不是密斯·凡·德·罗的最爱吗？简洁的构成便是最美的阶梯。

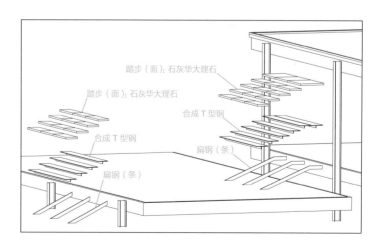

图 4-57 阶梯的构成（分解图）
阶梯的踏步（面）为石灰华大理石。合成 T 型钢钢梁由扁钢（条）支承。

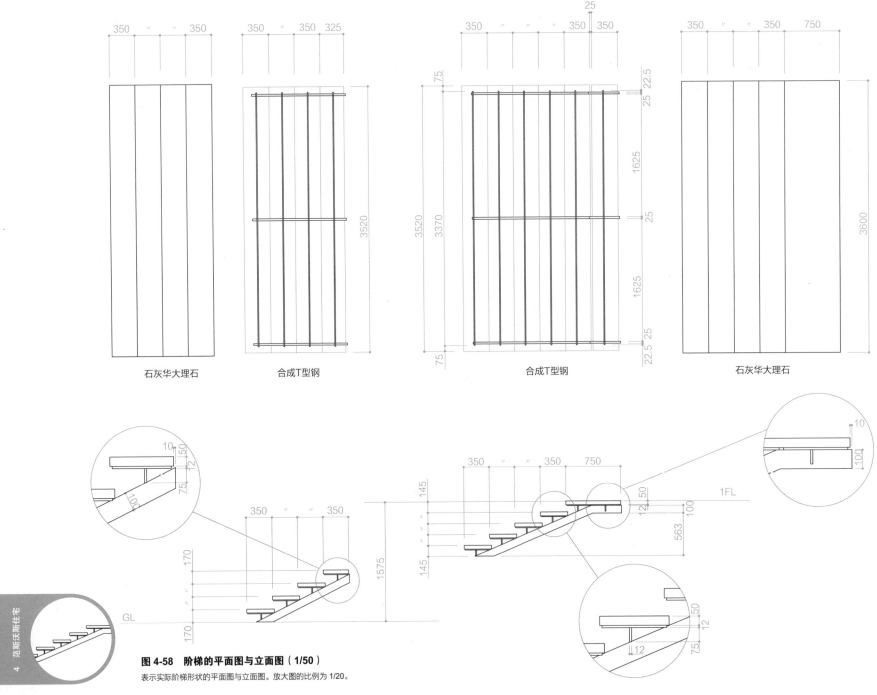

石灰华大理石

合成T型钢

合成T型钢

石灰华大理石

图 4-58　阶梯的平面图与立面图（1/50）
表示实际阶梯形状的平面图与立面图。放大图的比例为 1/20。

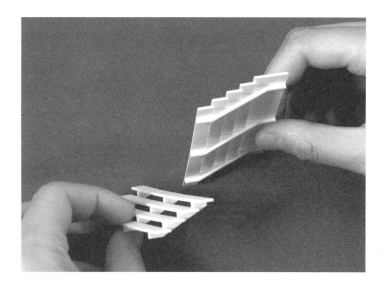

照片 4-13　模型（零部件）
用 1mm 厚的苯乙烯板制作的阶梯。按照图 4-59 将其简单化，与实际中的形状不一样。

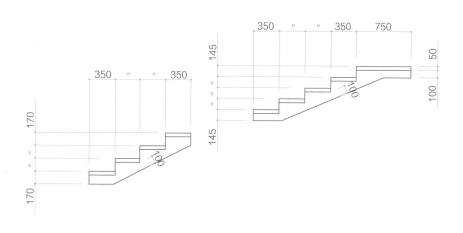

图 4-59　模型（阶梯）的构件图（1/50）
形状简单化的阶梯（用于模型）。与实际中的形状不一样。

照片 4-14　模型（阶梯）
安装在露台上的阶梯。模型中省略了阶梯下面的形状。

练习 4-4　阶梯的效果图

支承阶梯的合成 T 型钢的构成十分复杂。**图 4-58** 表示石灰华大理石、合成 T 型钢、支承合成 T 型钢的扁钢。

如果参照**图 4-58** 绘制侧面图并对各个部件设定一定的进深，就可以得到阶梯的效果图。与地面部分相同，接缝部可在后面的表面材质（纹理）中再作定义。

要想在模型中再现**图 4-58**，制作起来就会非常麻烦。当然也可以采用简单的办法，省略阶梯中的合成 T 型钢和扁钢的形状部分，做成**图 4-59** 中所示的阶梯（**照片 4-13** 及**照片 4-14**）。这是模型特有的简单化的做法，因是阶梯下面不显眼的地方，所以也就允许采用这种方法。就是在 CG 生成的效果图中，作为练习，即使生成**图 4-59** 那样的简单形状也无妨。

因石灰华大理石的厚度为 50mm，所以模型中可以采用 1mm 厚的苯乙烯板。在苯乙烯板表面绘上石灰华大理石的拼接缝。另外，在 1/50 比例的模型中很难表现出扁钢 25mm 的厚度，所以扁钢也可以用 1mm 厚的苯乙烯板制作（也可用更薄的绘图纸制作）。

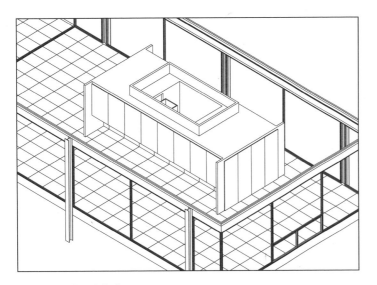

图 4-60　设备区的构成

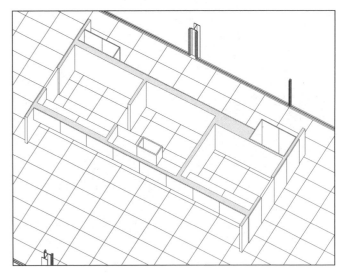

图 4-61　水平剖切面图（设备区）

设备区分为 3 个房间。中间为机房。图中的左边是包括卫生间在内的淋浴间，右边是包括卫生间在内的浴室。现在浴室被改作收纳间（用于空调的机房）。

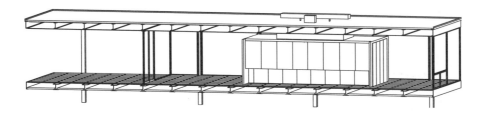

图 4-62　垂直剖切面图

设备区前从垂直方向剖切后得到的垂直剖切面图。设备区前的下面设有暖炉。

4.7　设备区

下面，我们将对**设备区**（淋浴间、浴室、机房、厨房等设备集中的区域）进行学习，并通过演习完成效果图及模型的制作。

图 4-60 是从一侧看到的正等轴测图，**图 4-61** 是水平剖切面图，**图 4-62** 则表示在设备区前从垂直方向剖切后得到的垂直剖切面图。平面图如**图 4-63** 所示。

该设备区是用木结构建造的。与钢框架构成的整个结构没有关系，从结构上看就像是置于地板上的大型家具。设备区的饰面为**木质贴板**。木质贴板的宽度为：含接缝部分在内，中心距的尺寸（中心线到中心线间的尺寸）为900mm（3'–0" 3/64）及750mm（2'–6" 5/32）等，接缝的宽度为15mm（5/8"），**图 4-64** 是比奥斯木质贴板放样布置的展开图。

设备区的南侧、淋浴间、浴室、机房下部的一角配有暖炉。暖炉的顶棚高为：

距地面约 825mm（2'–9"），进深 650mm。面朝暖炉部分的墙壁与顶棚的饰面采用的是与地面材料相同的石灰华大理石。

设备区的上部安装了供暖炉烟囱与锅炉、厨房之用的**送排气筒**。

■ 练习 4-5　设备区的效果图

下面，就让我们制作设备区的效果图吧！另外，再制作一个设备区的模型。设备区的构成，特别是内部，十分复杂。在演习中，我们可以省略内部效果图、模型的制作，只制作外形就可以了。

图 4-65 及**图 4-66**（第 184 页）表示的是将模型与 CG 模型简略化的构件（零部件）及其组装方法。在 CG 模型中，木质贴板的接缝可在后面的表面材质（纹理）中再作定义。在模型中，可用铁笔等绘出接缝部分。模型制作的流程如**照片 4-15**（第 185 页）所示。

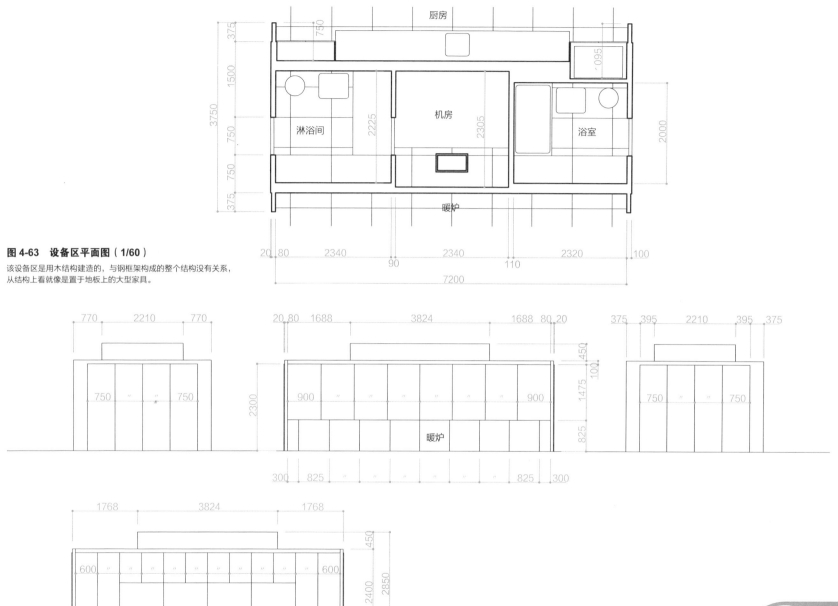

图 4-63　设备区平面图（1/60）

该设备区是用木结构建造的，与钢框架构成的整个结构没有关系，从结构上看就像是置于地板上的大型家具。

图 4-64　设备区立面图（1/100）

饰面采用的是木质贴板。

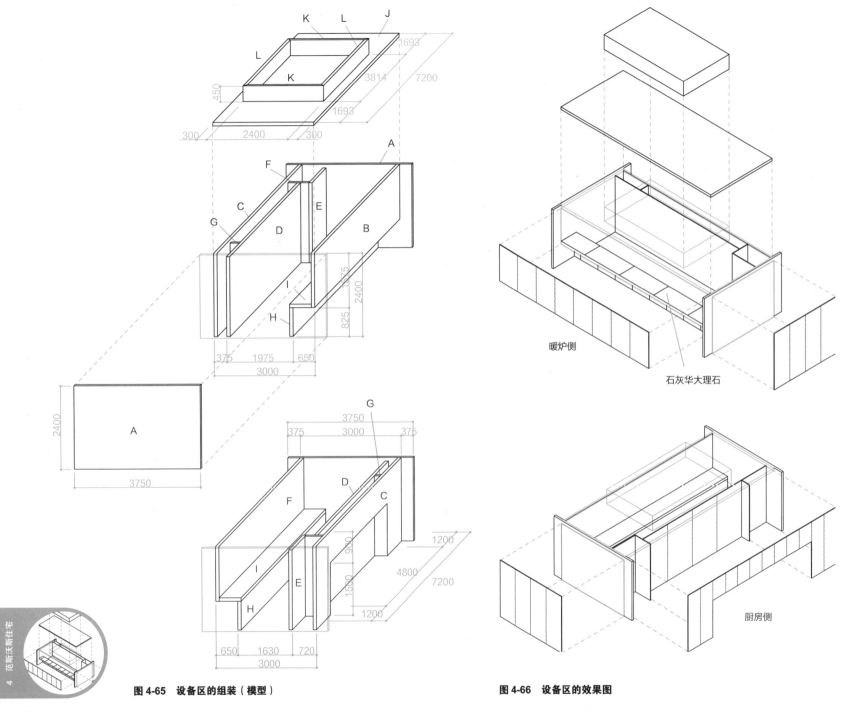

暖炉侧

石灰华大理石

厨房侧

图 4-65　设备区的组装（模型）　　　　　　　　　　图 4-66　设备区的效果图

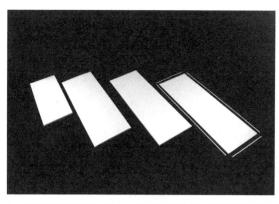

1. 将槽钢切割成地面、露台、屋顶的模型构件。用铁笔等在地面和露台上勾勒出石灰华大理石的拼接缝。

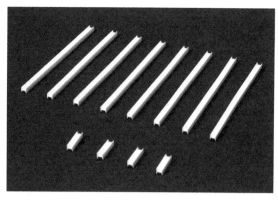

2. 按照模型尺寸将 H 型钢切割成柱子的模型构件。使用的塑料棒按 H 型钢的断面形状制作。

3. 将槽钢的模型构件粘接在地面上，并与柱子的模型构件粘接。照片中的地面是用美术刀的划痕来表现地面石灰华大理石的拼接缝的（用美术刀刻画苯乙烯板就容易出现曲翘，所以还要在背面进行刻画）。

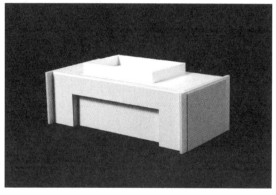

4. 制作设备区的模型。照片中模型木质贴板上粘贴带有美工刀划痕表示拼接缝的白色卡纸（具有光泽的纯白色厚纸）。

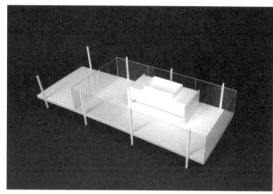

5. 粘接设备区、玻璃幕墙的模型构件。H 型钢和玻璃幕墙也要进行粘接。

6. 粘接露台地面（在 H 型钢的部分进行粘接）。

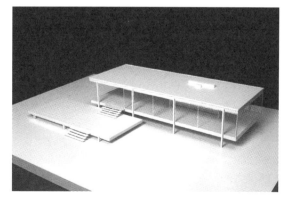

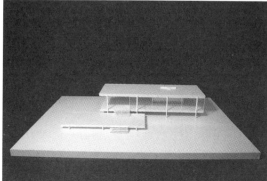

7. 8. 将粘接好的槽钢、椽头板置于顶棚与屋顶上加以固定。对阶梯以及排气塔（屋顶排气筒）和烟囱（屋顶上）进行粘接后，再粘接在地面上即告完成。照片中的模型采用的是在木质贴板（A1）上粘贴白色卡纸的制作方法。

照片 4-15　模型的制作

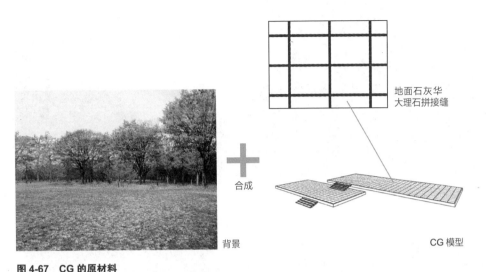

图 4-67　CG 的原材料

范斯沃斯住宅周围的自然景象以及表现石灰华大理石的原材料。左图是作背景用的照片，右上图是表现石灰华大理石的图像。

图 4-68　置于大自然中的棋盘状地面模型

用 CG 对图 4-67 中石灰华大理石拼接缝（右上图）成像的地面与背景（左图）中的自然景色图像进行的合成处理。大自然的绿树丛中只放有地面模型。

4.8　CG 构成的空间表现

在本章的最后，再次对用 CG（Computer Graphics，计算机制图）所表现的由钢、玻璃和石灰华大理石组成的范斯沃斯住宅的空间构成进行确认。

4.8.1　大自然中的格子

范斯沃斯住宅修建在一处自然环抱的僻静的林地之中。房屋四周的透明玻璃幕墙将室外光与景的自然景观引入到室内。不能说范斯沃斯住宅的空间就可以省去房屋周围的大自然。

从本质上讲，建筑是人工的产物。钢、石材、混凝土（用水泥固定的沙与石）、木等建筑材料都是在大自然中产生的，但这些并不是自然之物（天然），而是经过人为加工的人造之物。另外，建筑大多都是依据几何学等人工的法则建造的，而作为稀世之作的范斯沃斯住宅却是完全按照极为单纯化的几何学修建的。

作为修建在大自然中的建筑，范斯沃斯住宅与周围风景环境融于一体。可以说范斯沃斯住宅的几何学造型在大自然中显得尤为突出。当然，从另一个角

度也可以说大自然之美在这座建筑的映衬下显得更加美丽。

体现在范斯沃斯住宅中的几何学设计之一就是石灰华大理石。正如我们在前面已经学过的，范斯沃斯住宅中的地面采用的是一块块 800mm×600mm 的石灰华大理石铺设。

石灰华大理石是在产地进行切割、加工，运到修建地后再进行铺设的。运输、安装是建筑材料的不可避免的宿命，但也正因为如此，建筑材料才有了合适的尺寸和与之相当的重量。

在 CG 制图中，无论是多大的形状都可以定义。如果只是要单纯地将其置于图中，那么就没有必要在乎重量及安装了。但这样就无法在图中表现建筑。应对每个构件都定义合适的大小，并用合适的方法配置。

我们在前面的演习中用简略的方法制作了范斯沃斯住宅的效果图。实际中的地面是用 H 型钢的钢梁支承，并由预制混凝土楼板、轻质混凝土、砂浆、石灰华大理石构成的，而效果图中的地面只不过是一个立方体。但是建筑材料并不仅仅是一个立方体，构成范斯沃斯住宅空间的要素也不会仅仅就是立方体。应当给予这个立方体的是建筑材料的合适尺寸与质感。

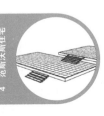

图 4-69　石灰华大理石的纹理

在所拍摄的石灰华大理石的照片中，绘制与范斯沃斯住宅的地面石材拼接缝图案相符的接缝。

图 4-70　置于大自然中的扁钢

仅将石灰华大理石地面与背景照进行合成。

4.8.1.1　目的的含义

如果仅是要单纯地表示拼接缝，那么将**图 4-67** 上图中所示的图像粘贴在地面上就可以了。这种表现形态的图像在 CG 用语中被称为纹理。所谓**纹理，**就是质感、肌理、材质之意。

图 4-67 中右下图所示的是将表示地面石灰华大理石拼接缝的纹理图粘贴在地面上，对此进行渲染处理所得到的图形。

4.8.1.2　与背景的合成

图 4-68 是将只有石灰华大理石拼接缝的地面与**图 4-67** 左图中自然风景的照片合成的 CG 图。图中自然风光的背景并不是范斯沃斯住宅周围的自然景色，而是在日本的公园内拍摄的 [20]。虽然 CG 做得有些粗糙，但通过与大自然形成鲜明对比的棋盘状地面模型，可以展现某一领域被周围的自然风景剪切的美姿。

4.8.1.3　质朴感的含义

图 4-69 是石灰华大理石的纹理图。**图 4-70** 是将其粘贴在地面上，对此进行渲染处理的结果。这个石灰华大理石的纹理也不是范斯沃斯住宅中的纹理，而是对在日本国内发现的石灰华大理石进行拍摄，再在照片上画出范斯沃斯住

宅地面的石灰华大理石拼接缝。该图采用的是红色，而实际上范斯沃斯住宅中所用的石灰华大理石具有一种显得跳脱而夺目的纯白色那种未经任何加工的质朴感。

要想使 CG 中的表现结果与实际印象相接近并非是一件容易的事，但一旦进行这项操作，就可以对实际的空间是由哪些要素构成的进行再确认。

4.8.2　玻璃的表现方法

我们可以再次对玻璃幕墙的建筑细部进行一下复习，**图 4-71**（第 188 页）表示的是 H 型钢钢柱部分的角钢、扁钢、压缝条的建筑细部。在前面的演习 4-3（第 174 页）所制作的玻璃幕墙的效果图中，只绘制了安装在 H 型钢钢柱上的角钢和扁钢（条），而压缝条则被省略。但实际上如果没有压缝条，玻璃就无法安装。

在安装玻璃时，要将钉有玻璃固定钉的压缝条拆下后才能安装玻璃。例如在南面及北面，支承压缝条的扁钢内径尺寸为 2170mm × 2825mm 或 1507.5mm × 2825mm（参见第 178 页**图 4-54** 所示的门窗框立面图）。玻璃应按该尺寸的大小进行切割、安装。

正如**图 4-72**（第 188 页）中右图所示的那样，可以按实物大小生成有多块玻璃的效果图，也可以像左图那样生成只有 4 块大玻璃表示的效果图。

[20]　用于背景的照片是在位于日本东京都涩谷区的代代木公园内拍摄的。用于 CG 的背景并不是原照片，而是经过图像处理后的照片。之所以进行图像处理，是因照片是在秋天拍摄的，因而照片中的绿植缺乏绿意，而且地面上没有绿草。这里所用照片中的绿色是用原本的枯叶加工而成的。

4　范斯沃斯住宅

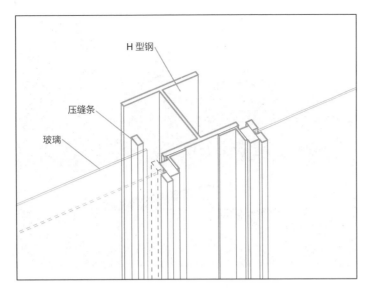
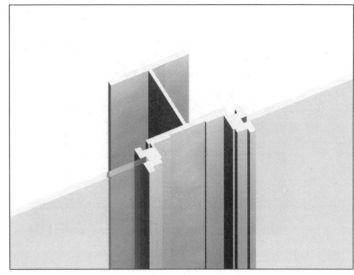

图 4-71　压缝条的效果图

固定玻璃的压缝条采用的是 30mm×15mm（1 1/4"×5/8'）的扁钢（条）。将室内侧的压缝条与安装在 H 型钢的扁钢（条）进行电铆焊。室外侧的压缝条用小螺钉固定。将室内侧的压缝条拆下后即可更换玻璃。

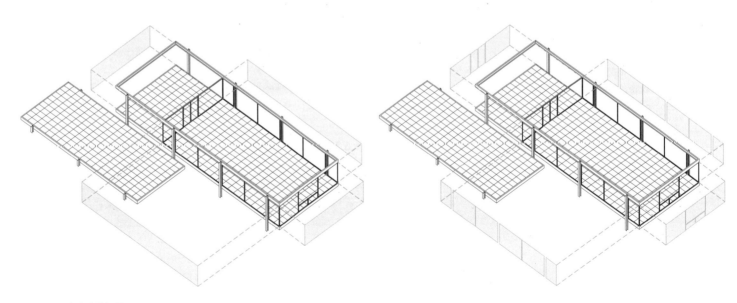

图 4-72　玻璃的效果图

右图中的玻璃是按实际数量将许多小块玻璃安装在门窗框内的。左图不考虑与门窗框的重叠，安装的是大块的玻璃。

在左图的效果图中，本不该装玻璃的 H 型钢钢柱室内一侧的侧面却装有玻璃。但因该矛盾部分从外部是看不到的，所以可以说如果只制作外部的 CG 图，左图那样的效果图也就足够了。

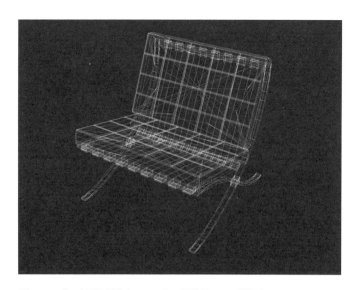

图 4-73 "巴塞罗那椅"（Knoll 公司提供的 CAD 数据）
为巴塞罗那国际博览会设计的"巴塞罗那椅"。

图 4-74 "巴塞罗那椅"
对 CAD 数据进行纹理处理得到的"巴塞罗那椅"CG 图（Knoll 公司提供）。

图 4-75 ～ 图 4-79（第 190 ～ 191 页）表示在 CG 效果图中增加玻璃，并给玻璃赋予**透明度、反射率**等特性后进行渲染的结果。再加上角钢和扁钢（条）后，压缝条也可以生成立体化图形。

玻璃是一种具有 2 种属性的建筑材料：即可将空间隔开作为间隔墙的物理属性和在视觉上看不到的透明性这种视觉属性。范斯沃斯住宅中的玻璃既是在物理上将空间围护的墙壁，同时也是可将室外自然景观移入室内的"屏幕"。

在 CG 中，究竟将玻璃作为"可见的"还是"不可见的"往往很难抉择，而在实际建筑中，玻璃也具有十分深远的意义。

4.8.3 家具的表现方法

除建筑外，密斯·凡·德·罗还设计了许多造型精美的家具。在范斯沃斯住宅中就摆放了不少密斯·凡·德·罗设计的家具。

图 4-73 及 **图 4-74** 中的**"巴塞罗那椅"**就是密斯·凡·德·罗设计的。"巴塞罗那椅"是 1929 年密斯·凡·德·罗为巴塞罗那国际博览会（第 147 页的

照片 4-3 及第 158 页的**照片 4-10**）设计的家具，该椅并未摆放在范斯沃斯住宅中。不过用 CG 就可以将"巴塞罗那椅"放在范斯沃斯住宅内 [21]。

目前，"巴塞罗那椅"由 Knoll 公司的美国总公司制造并销售（日本设有分公司及商品陈列室）。在美国 Knoll 公司的官方网站上可以公布并下载所售家具的 CG 图 [22]。

图 4-73 就是从 Knoll 公司的官方网站上下载的"巴塞罗那椅"的数据。**图 4-74** 是对所提供的数据进行纹理处理得到的 CG 图。

图 4-75 ～ 图 4-79（第 190 ～ 191 页）是用 CG 制作的摆放在范斯沃斯住宅房间内的"巴塞罗那椅"效果图。实际上，范斯沃斯住宅中并没有摆放"巴塞罗那椅"，所以，与前面将真实背景与石灰华大理石合成的做法一样，这个 CG 效果图中的家具与实际情景并不相符，只是这样可以营造一种氛围。

家具的大小与建筑相比虽然显得过小，但即便是很小的尺寸，制作起来也要比建筑繁琐得多。可以说，CG 的优点之一就是使用公开的数据可以对空间比例及氛围进行确认。

[21] 现在的范斯沃斯住宅中并未摆放密斯·凡·德·罗设计的"巴塞罗那椅"和"MR 密斯悬臂椅"。

[22] 公开的 CG 模型数据是供 CAD 软件——AutoCAD 用的。美国 Knoll 公司的官方网站的网址如下：
http://www.knoll.com/

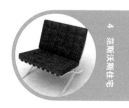

图 4-75　摆放有"巴塞罗那椅"的室内图（CG）

配有"巴塞罗那椅"和"巴塞罗那桌"的范斯沃斯住宅室内图。与"巴塞罗那椅"相同，"巴塞罗那桌"
也是密斯·凡·德·罗为巴塞罗那国际博览会设计的家具。

图 4-76　摆放有"MR 密斯悬臂椅"的室内图（CG）

图中右侧窗前摆放的椅子是密斯·凡·德·罗设计的"MR 密斯悬臂椅"。"MR 密斯系列"是将钢管弯成
悬臂状而具有曲线结构的作品。

图 4-77　外观(CG)

图 4-78　从露台方向看到的外观(CG)

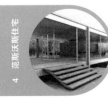

图 4-79　范斯沃斯住宅（CG）

4.9 本章小结

在本章中，我们对钢结构架构的范斯沃斯住宅的CG、模型进行了制作，并学习了钢结构的基本知识和范斯沃斯住宅的布局结构。下面，就让我们对钢结构和范斯沃斯住宅的相关知识做一汇总。

■ 关于钢结构的有关知识

1 □ 用于现代建筑的结构体不是纯粹的铁而是钢。钢是以金属元素之一的铁为主要成分的合金。

2 □ 钢的缺点是耐热性差，所以大型的钢结构建筑就需要设置防火保护层（发生火灾时，对钢结构的保护处理措施）。

3 □ 型钢的断面形状中有H型钢、I型钢、槽钢、角钢、扁钢等。

4 □ 位于H型钢及槽钢外侧的2块平行的钢板部分称为翼缘，连接2块翼缘的钢板部分则称作连接板（腹板）。

5 □ 在钢结构构件的代表性连接中，有螺栓连接、铆钉连接、高强度螺栓、焊接等。螺栓连接是一种用螺母对穿过构件穿孔的螺栓进行固定，利用螺栓自身的屈服强度来连接构件的连接方法。高强度螺栓连接是用高拉伸力螺栓将2个（以上的）构件紧固，通过该处产生的摩擦力将构件连接在一起的方法。焊接是一种以加热方式将构件熔化接合的连接方法。焊接中有（贴）角焊、对（接）焊、电铆焊（塞焊）等各种方法。

6 □ 用于钢结构的钢大多是作为薄钢板的组合而加以使用的。所以与钢筋混凝土结构相比，钢结构就是相对"轻的结构"。

7 □ 一般采用钢结构的高层建筑，大多都是根据建筑在晃动的过程中可以吸收地震动（地面振动）、风灾等所产生的水平力这一"柔性结构"的观点进行设计的。

8 □ 在"轻且柔"的钢结构设计中，也要考虑到日常生活中的晃动与声音。

■ 关于范斯沃斯住宅的有关知识

9 □ 范斯沃斯住宅是密斯·凡·德·罗（1886～1969年）设计的。位于美国伊利诺伊州芝加哥近郊一处自然环抱的僻静的林地，1951年落成。铆钉连接是在高温下将高热铆钉钉入接合部进行连接的一种连接方法。

10 □ 地面楼板·屋顶·玻璃均由简单的钢结构框架支承。内部空间被玻璃幕墙所围护。

11 □ 柱子采用200mm（8"）见方的H型钢。相当于"大梁"的水平框架采用的是高380mm（15"）的槽钢。电铆焊（塞焊）的柱子与水平框架的连接是范斯沃斯住宅引人注目的一大特征。

12 □ 地面楼板与屋顶是用架设在水平框架间的H型钢钢梁支承的。预制混凝土楼板架设在H型钢的钢梁之间。

13 □ 室内、门廊、露台的地面楼板饰面采用的是称为石灰华的优质大理石。石灰华大理石的材质感及接缝也是决定范斯沃斯住宅的要素。顶棚采用的是称为金属网·石膏板的薄石膏板。

14 □ 房间采用的是地面采暖。石灰华大理石下面的砂浆内部铺设有热水管，管道内的热水热量传至砂浆和石灰华大理石。

15 □ 在属于外部空间的门廊的地面下部设有排水装置（排放雨水的装置）。露台的地面下设有排水沟。

16 □ 屋顶的前端装有椽头板，并压在防水层的端部。

17 □ 除面对门廊的墙壁外，其他三面的玻璃幕墙应安装在构成地面与屋顶的槽钢（水平框架）上。面对门廊的玻璃幕墙安装在架设于水平框架的H型钢的钢梁上。

18 □ 玻璃幕墙是通过将磨砂平板玻璃嵌入由扁钢（条）及角钢构成的门窗框内构成的。对于固定玻璃的压缝条，室内侧采用与H型钢的钢柱、抱框、上下的槽钢焊接，室外侧用小螺钉固定。

19 □ 石灰华大理石阶梯是由扁钢（条）和钢板组合而成的T型钢钢梁支承的。

20 □ 淋浴间·浴室·暖炉·厨房集中设置在内部空间中央附近的设备区。采用木结构建造的设备区饰面为木质贴板，看上去就像是置于地板上的大型家具。

5. 白 之 家

木框架结构

照片 5-1　白之家（大厅）　　　　　　　　　　　　（摄影:村井修）

照片 5-2　白之家　　　　　　　　　　　　　　（摄影:村井修）

[1] 因木框架结构是一种传统的构法，所以也被称为"传统构法"。

[2] 图 5-1 所示为从中心柱稍前的位置处进行垂直剖切得到的剖面图，图中二层卧室顶部的下照灯在中心柱稍稍向里的位置处。因剖切位置在中心柱的前面时这个下照灯位于未被剖切处，所以，从理论上讲，该图便是一个错误的剖面图。但是该剖面图却与理论不符，在图中表示出二层卧室中的下照灯。

5　白之家

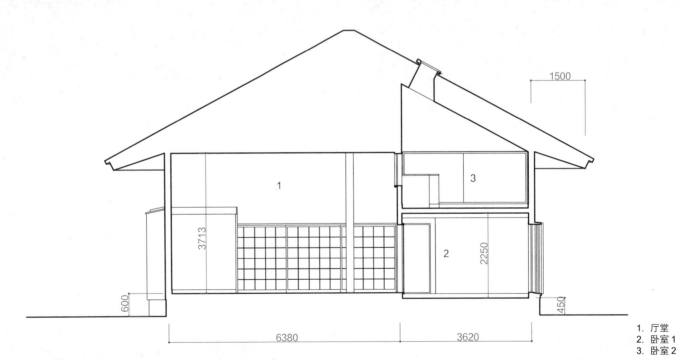

1500

3713

600

6380

3620

2250

450

1. 厅堂
2. 卧室 1
3. 卧室 2

图 5-1　剖面图（1/100）
厅堂是一个顶棚高 3.71m 的大空间。厅堂中央是支撑大屋顶顶部的圆形中心柱。2 个卧室均面向厅堂。该图是从中心柱稍前的位置处进行剖切得到的剖面图。

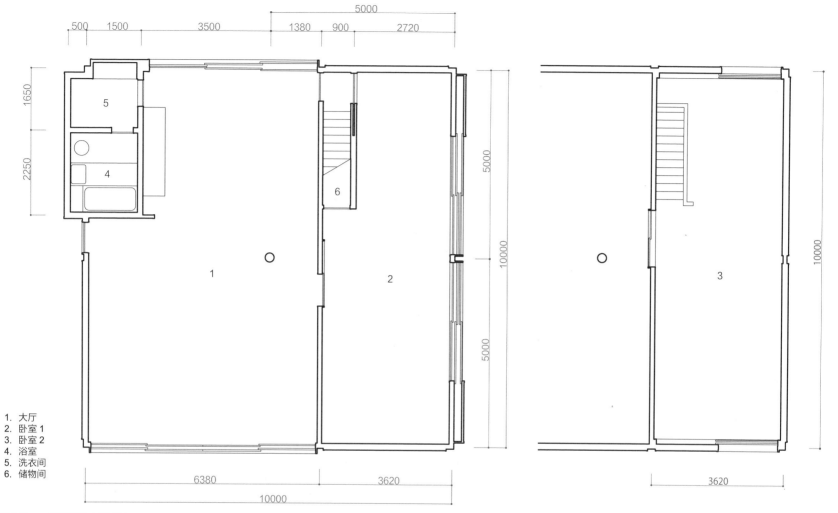

图 5-2　一层平面图（1/100）

在 10m×10m 正方形的 6.38m×6.38m 的位置处将其一分为二，分别作为厅堂和卧室之用。

1. 大厅
2. 卧室 1
3. 卧室 2
4. 浴室
5. 洗衣间
6. 储物间

图 5-3　二层平面图（1/100）

二层卧室面向大厅。在二层平面图中，厅堂是作为共享大厅加以表现的 [因纸张大小的缘故，未能将整个厅堂（共享大厅）绘入该图]。

　　在本章中，我们以日本传统的建筑构法——木框架结构的实际案例"白之家"为例进行说明。所谓木框架结构，是指通过木质框架（骨架、构架、主体结构）构成的构架[1]。下面，就让我们在以 1/20 比例制作框架模型的过程中，学习木框架结构的布局结构形式吧。

　　今日的日本，到处高楼林立。尽管如此，都市和农村中的木结构独户住宅（独立住宅）仍占绝大多数。我们学习木结构，特别是木框架结构，也就是学习日本建筑的特点。

　　白之家（**照片 5-1** 及**照片 5-2**）是一栋由木框架结构所带来的美丽空间所组成的 2 层独立住宅。**方形屋顶**（从上向下看时的屋顶形状为正方形）的顶部用一根中心柱（立在中心的柱子）支撑。中心柱具有一种象征性的存在感（因屋顶的木结构被完全遮挡而使得中心柱成为唯一的结构线索），并决定了空间的特点。

　　白之家的剖面图 [2] 与平面图如**图 5-1** ～**图 5-3** 所示，立面图如**图 5-4** 及**图 5-5**（第 196 页）所示。

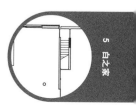

5　白之家

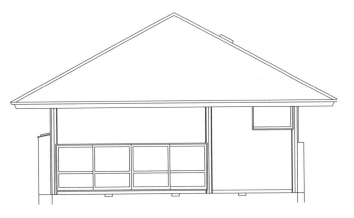

图 5-4　南立面图（1/150）

图 5-5　东立面图（1/150）

图 5-6　垂直剖切面图

在本章的立体图中，未表现出门（门扇）部分。图中省略了糊纸槅扇拉门。另外，厨房部分也被省略。

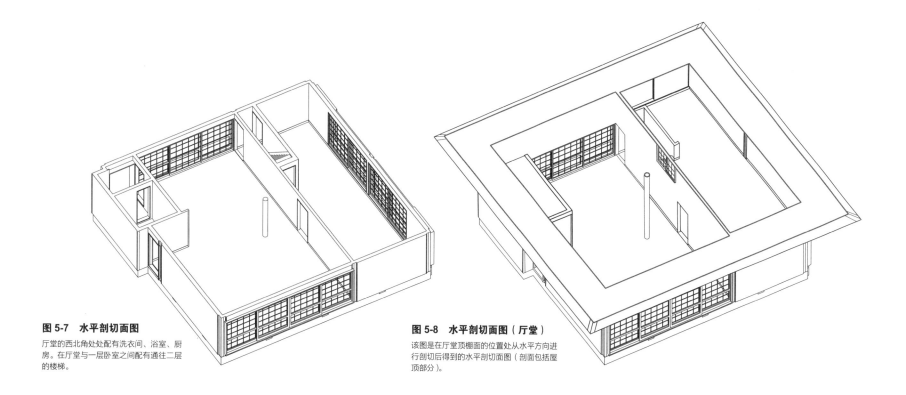

图 5-7 水平剖切面图

厅堂的西北角处配有洗衣间、浴室、厨房。在厅堂与一层卧室之间配有通往二层的楼梯。

图 5-8 水平剖切面图（厅堂）

该图是在厅堂顶棚面的位置处从水平方向进行剖切后得到的水平剖切面图（剖面包括屋顶部分）。

5.1 白之家

白之家是由篠原一男（1925～2006年）设计，1966年移筑于日本东京都杉并区的一栋独立住宅。

5.1.1 空间的构成

白之家是一栋2层独户住宅。正方形的平面上架设有一个大屋顶，大屋顶下的空间被分割成厅堂和2个卧室。

一进入位于西侧的住宅正门，便是该住宅的主要空间——厅堂。立于厅堂高大顶棚中央的中心柱支撑着大屋顶的顶部。设置在一层与二层的2个卧室面向厅堂。

图 5-6 是将厅堂与2个卧室从垂直方向进行剖切后得到的垂直剖切面图。另外，**图 5-7** 及 **图 5-8** 表示从一层卧室顶棚及厅堂顶棚水平线进行水平方向的剖切后得到的水平剖切面图。

厅堂的西北角处配有洗衣间、浴室、厨房。因洗衣间和浴室的顶部并未直接与厅堂的顶棚接触，而是与厅堂的顶棚之间留有一定的空隙，所以，从视觉上看厅堂是一个包括洗衣间和浴室在内的大空间。在厅堂与一层卧室之间配有通往二层的楼梯。

二层卧室的顶棚是大屋顶形状的空间。面向厅堂的一侧装有糊纸槅扇的拉窗。

5.1.2 平面与剖面概要

正如 **图 5-2**（第195页）中平面图所示，白之家的平面是一个10m×10m的正方形。在正方形平面6.38/3.92m的位置处，正方形被一分为二，分为6.38m×10m的厅堂（第一层）与3.62m×10m的卧室（一层及二层）两部分。

另外，在 **图 5-1**（第194页）所示的剖面图中可以看到，厅堂是一个顶棚高3.71m的大空间。圆形的中心柱立在10m×10m正方形平面的中心位置，该柱的上部为顶点，上面架设有方形的大屋顶。

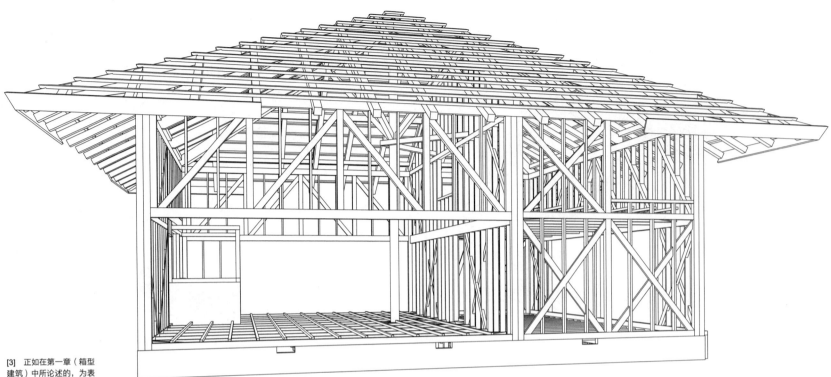

图 5-9　木框架结构的构成

框架的构成具有一种独特的美。但是，大部分的结构材料都被隐藏在墙内、地板下和顶棚内。

[3]　正如在第一章（箱型建筑）中所论述的，为表现空间的大小、高度、开口部位，非常重要的一点就是将围护空间的饰面勾画出来。在基本图中，墙壁·地板·顶棚内等看不到的地方不用进行绘制。对于初学建筑的学生来说，最重要的一点就是绘制饰面线条要用粗线表示，并将目所能及的空间绘制出来。

[4]　白之家的图纸发表在以下文献中。

参考文献
篠原一男：《白之家·上原街住宅》、《世界建筑设计图集》。同朋舍。1984 年。

在**图 5-1**（第 194 页）的剖面图与**图 5-2** 及**图 5-3**（第 195 页）的平面图中，对表示空间（可见的空间）的基本图，经剖切得到的墙壁·地面楼板·顶棚等可以看到的外观可见表面——**饰面线**是用粗线来勾勒出的。墙壁·地面楼板·顶棚的内部未在图中表现 [3]。但在木框架结构的墙壁·地面楼板·顶棚等的内部还隐藏有柱子、梁等**结构材料**。除结构材料外，还隐藏有各种**基底材料**（饰面基础部的构件）及**饰面材料**。白之家的结构材料——框架如**图 5-9** 所示。

建筑的**结构体**（结构材料）是决定整个建筑形态的重要部分。覆盖空间的结构体是在其他艺术中看不到的建筑特征。

在木框架结构的建筑中，许多结构材料都被遮挡在墙壁·地面楼板·顶棚内。但若是没有从外观上看不到的这种墙壁·地面楼板·顶棚的内部结构，那

建筑的形态与空间也就不会存在。

在前面学习过的住吉长屋（第 2 章）、萨伏伊别墅（第 3 章）、范斯沃斯住宅（第 4 章）都是结构体露在外面的建筑。在白之家中，虽然从外观上可以看到以中心柱为主的部分结构体，但大部分结构体都被遮挡在墙壁·地面楼板·顶棚内。尽管许多结构体在外观上是看不到的，但正是这种独特之美的框架构成才造就了白之家的空间。

白之家的框架构成与一般木框架结构住宅的特性略有不同。不过，框架的美丽构成又凸显出木结构本身所具有的美。

白之家的图纸由其设计者篠原一男公开发表在有关刊物上 [4]。本章中我们将参照公开发表的图纸，来学习白之家建筑的空间布局设计的相关知识。

照片 5-3　法隆寺

照片 5-4　金阁寺

5.2　木结构建筑

可以说，日本的建筑历史就是**木结构建筑**的历史。在学习白之家之前，就先学习一下木结构建筑的概要吧！

5.2.1　木结构建筑的历史

5.2.1.1　法隆寺与金阁寺

木材是一种遇湿就会恶化的材料。但如果采取适当的防雨措施，并通过充分的通风换气、保持木材干燥等，那么就会比其他材料的使用寿命更长。

目前，现存的最古老的木结构建筑（寺院和神社）是推古天皇（554 ~ 628年）时代创立的**法隆寺**（奈良县）（**照片 5-3**）。虽说如此，但现存的法隆寺与当时修建的法隆寺已不同了。其主要建筑——西院伽蓝（金堂、五重塔、中门、回廊等）在 670 年被烧毁，后于 8 世纪初重修再建。另外，以梦殿为中心的东院伽蓝是 739 年建造的。不管怎样，法隆寺的木结构建筑都已有千年以上

的历史了。经过部分的再建与修缮，法隆寺就成为现在具有千年以上历史的古建筑了 [5]。

与木料的耐久性相比，历史上木结构建筑的被毁很多都是因火灾而造成的。一般，木材（木质材料）不耐火，与混凝土相比耐火性差，当火灾温度达 800 ~ 1000℃时木材本身就会燃烧。而且与铁相比，木材的耐火性也弱。经过多次的烧毁、重建，其建筑风格也日渐成熟。尽管材料本身已不存在，但其风姿依存。

俗称**金阁寺**的鹿苑寺（日本京都市）是幕府时代著名的幕府将军足利义满于 1937 年作为别墅修建的，但在 1950 年金阁寺因一名见习僧人放火自焚而完全烧毁，今日我们所看到的是 1955 年依照原样重新修复的（**照片 5-4**）。
白之家的设计者篠原一男在其论文《住宅论》[6] 中曾这样写道：

尽管看到的只是重新修复的金阁，但对于未报任何期待的我来说仍被突然展现在眼前金碧辉煌的建筑所惊呆。这简直就是一种无与伦比的美。（中略）。不由久久驻足于金光闪闪的金阁前。

[5]　法隆寺不仅是建筑的珍贵遗产，而且寺中还保存有许多自飞鸟时代至奈良时代的各种文物珍宝，是这一历史的记载。

[6]　首次发表在《新建筑》上，1960 年 4 月号（新建筑社）。收录在下述文献中。

参考文献：
篠原一男：《住宅论》，鹿岛出版会，SD 选书 No.49，1970 年。

5　白之家

照片 5-5 东大寺南大门

照片 5-6 净土寺净土堂

[7] 这里所说的木材强度是指丝柏 / 日本柳杉的甲种结构材料的标准强度（2000 年日本建设省告示 1452 号）。比重是丝柏 / 日本柳杉的气干比重（风干比重）。钢材的强度是碳钢结构用钢材的基本强度（2000 年日本建设省告示 2462 号）。混凝土的拉伸强度为压缩强度的 1/10。也可以参考第 151 页的"注 4"。

[8] 752 年，大佛铸成，举行开光仪式。

[9] 东大寺中还有世界最大、最高，闻名遐迩的木结构大殿——大佛殿。现存的大佛殿并不是重源时代的大佛殿，而是于 1709 年重新修建的。现在的大佛殿宽（东西）约 57m、进深（南北）约 50m、高约 49m，但与再建前的大佛殿相比规模趋小。

该文阐述了对木结构建筑所产生的日本建筑传统美的认识，以及按照传统风格（按照原样）完全有可能重新修复建造出绝美的建筑。

5.2.1.2 大佛殿、姬路城、五重塔

木材是一种强度较差的材料。木材的**强度**、**比重**因材质而异，木材、混凝土、钢材的强度与比重（与水的重量之比）如下表所示（强度单位为 N/mm² ）[7]。

	压缩强度	拉伸强度	比重
木材	21 ~ 30	16 ~ 22	0.40 ~ 0.46
混凝土	18 ~	1.8 ~	2.3 ~ 2.4
钢材	215 ~ 375	215 ~ 375	7.85

与混凝土相比，木材的强度一点也不逊色。如果按**比强度**（单位重量的强度，即强度除以比重得到的数值）考虑的话，即便是与钢进行比较也是高强度的材料。与钢和混凝土相比，木材的缺点是缺乏均质性、易燃、易腐蚀、易被虫蛀等。但因其自重轻、便于加工，所以是最适用于建筑中的建筑材料之一。

现在，大型建筑中采用木结构建造的十分少见，而在历史上采用木结构的大型建筑却非常多。

东大寺（奈良市）的伽蓝于 8 世纪完成 [8]。1180 年遭兵燹几乎全部被毁，直至 1203 年重修。作为高 25m 的巨大建筑，现存的**南大门**是当时的重源上人（1121 ~ 1206 年）重新修建的（**照片 5-5**）。

南大门是按"天竺式（仿南宋式）"的样式建造的木结构建筑，主要采用的是一种穿过具有"天竺式"特征、称为横穿板（板条、横档）柱子的水平材料。顶棚表面未做修饰，外露的结构材料将木结构的坚固性表现得淋漓尽致 [9]。

净土寺净土堂（日本兵库县小野市）是重源上人于 1190 年修建的（**照片 5-6**）。供奉佛像的 3 间 ×3 间柱距（在 1891 年制定的度量衡法中规定：1 间 = 6 日尺，约 1.818m）平面的净土堂也是按"天竺式"风格修建的建筑。柱距约为 6m，是一个平面约为 18m×18m 的方形建筑。在日本的宗教观中就提倡宗教建筑采用木结构。

建造在海拔 45.6m 姬山之巅的**姬路城**（日本兵库县姬路市）也因其是规模宏大的木结构建筑而闻名于世（**照片 5-7**）。现在所见的姬路城是池田辉政于 1601 年开始历经 9 年修建的，31.5m 高的木结构建筑就建造在 14.8m 高的石垣上。

照片 5-7 姬路城

照片 5-8 五重塔

照片 5-9 桂离宫

高耸入云的天守阁高 31.5m，但给人的感觉却是远远高于 31.5m，而通往姬路城城堡的甬道则给人一种远比实际设计要长且险的感觉。由此可以看到姬路城所展现的典雅风格背后那些经过严密构思的种种设计。

虽然姬路城是以战争为背景修建的建筑，但它的造型及空间即使在和平时期，也会因此才更具有魅力。姬路城的白色灰泥墙也给人一种美感。

东寺（日本京都市）的**五重塔**高约 55m（**照片 5-8**）。在过去损坏的塔中有比五重塔高的，但在日本现存的木塔中，东寺的五重塔是目前最高的。

在姬路城和五重塔中，都采用了粗大的中心柱。东大寺的南大门和大佛殿也是采用粗柱修建的建筑。但在今天，建筑中使用粗大的木材从成本上讲就很难办到。

在当今的超高层建筑中，世界上最高的已超过 400m。即使在地震多发的日本，200m 以上的超高层建筑也比比皆是。这些超高层建筑或中高层以上的大厦几乎都是用钢或钢与混凝土建造的。目前，在新建的中层以上的建筑中，除个别建筑采用木结构建造外，木结构建筑几乎没有。不仅是高度而且在规模上，大型建筑的结构中采用木结构的也极为罕见。

自古以来，木结构一直是一种经久耐用的结构形式。木结构的这种特性在寺院与神社等宗教建筑中得到了很好的印证。当然，木结构不仅是修建寺院与神社的材料，而且也是修建普通住宅的材料。

木结构经过平安时代的住宅样式**寝殿造**及近代的住宅样式**书院造**等，小型建筑的结构形式也日趋成熟。可以说，现在的木框架结构并不是采用古时那种粗的构件，而是细的构件来建造建筑的结构。

桂离宫（日本京都市）是江户时代初期由居住在八条宫的皇族智仁亲王和智忠亲王修建的别墅。庭园中建有古书院、中书院、新御殿 3 个书院与月波楼、松琴亭、笑意轩等茶室（**照片 5-9**）。

桂离宫所表现的不仅是自古以来的魅力，而且也是一种简朴之美。

桂离宫造型美观、轻快，称得上是日本民族建筑的精华。

5.2.2　面榫接（线榫接）与点榫接（角榫接）

过去，木框架结构是在建设现场对木材进行加工，装配完成的。在构件的加工中，当然长度、大小需要准备合适的尺寸，但也应当对接合部进行合理的加工。在木框架结构的施工现场可以看到这样的场景：木匠们用木工刨认真地将构件刨好后，再用凿子等对每一个构件的接合部进行加工处理……

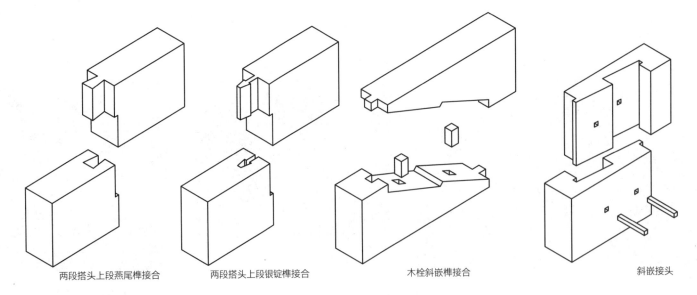

两段搭头上段燕尾榫接合　　　　两段搭头上段银锭榫接合　　　　木栓斜嵌榫接合　　　　　　　　斜嵌接头

图 5-10　面榫接的种类

柱子和柱子，或者梁和梁等构件在同一方向的接合就是面榫接；柱子与梁等构件呈正交方向的接合则是点榫接。

可以说，接合部的加工是木框架结构中最细致的作业。柱子及梁的接合部被称为面榫接和点榫接。柱子和柱子，或者梁和梁等构件在同一方向的接合（横竖材料呈一字接合，即面与面或两条边的拼合以及面与边的交接构合）就是**面榫接（线榫接）**；柱子与梁等构件呈正交方向的接合（横竖材料呈丁字接合，成角接合、交叉接合）则是**点榫接（角榫接）**。面榫接和点榫接的接合方式有很多，**图 5-10** 中只列出一些简单的例子。

过去面榫接和点榫接的加工作业都是在建筑施工现场进行的，但近年来大多都是在工厂加工。

不仅是木结构住宅，一般建筑工法（施工法）分为在建筑施工现场对部件进行加工、拼装的施工方法（现场施工），以及墙壁、柱子、楼板、梁、屋顶、楼梯等主要结构部分在工厂生产，成品在施工现场拼装的**预制装配施工法（预制装配化）**[10]。

也有学生以为预制装配式大板墙住宅就是整个住宅都是在工厂制作，然后再用卡车将做好的房子运到建造地，但实际上预制装配式大板墙住宅并不是说整个住宅都在工厂完成。虽然建筑没有不在工厂制作的，但在工厂制作的并不是整个建筑，而是其中的一部分。

在工厂加工完成的木制面榫接及点榫接构件的预制装配施工法被称为**预切施工法**。近年来采用木框架结构的住宅很多，但都是用预切施工法建造的。

[10] 本书中，将"构法（建造方法、构造方法、建筑方法）"与"工法（施工法）"这 2 个类似词的用法做以下区分：构法是指对整个建筑进行建造的方法。构法也是一种为实现建筑物的架构形式——结构而采用的方法。工法一般是指制作方法、组装方法，不一定是与整个建筑有关的方法，而是对建筑中的某一部分进行施工的方法。

5.2.3　框架结构与"2 英寸 ×4 英寸框架结构"

日本的住宅在传统上都是用木材建造的。但在今天，住宅的结构出现多样化，钢筋混凝土结构及钢结构建造的建筑物日益增多。尽管如此，近年来新建住宅（包括独立住宅与集合住宅的所有住宅）中近半数都是采用木结构建造的 [11]。

因许多的大型集合住宅（公寓大楼、中高层集合住宅、高级公寓）都不是采用木结构，而是钢筋混凝土结构、钢结构、**钢框架钢筋混凝土结构**（与钢结构并用的钢筋混凝土结构）等建造的，所以独立住宅及小型住宅（普通公寓、公共住宅、小型集合住宅）中木结构所占比率要高。

目前，木结构的架构形式也多样化，除木框架结构外，其他形式的结构也得到了普及。其代表性的结构就是在北美（美国、加拿大）开发的"**2 英寸 ×4 英寸框架结构（木框架墙板结构）**"。"2 英寸 ×4 英寸框架结构"，就是用钉子将主要断面为 2 英寸 ×4 英寸的方木料接合，做成框架，并在框架内外面贴上**结构用胶合板**，一般主要用作墙体骨架。"2 英寸 ×4 英寸框架结构"就是用这种标准板材来搭建房屋的一种结构形式。这种结构的构成如**图 5-11** 所示。

框架结构是用柱子、梁等线状构件组成建筑框架的构法，而"2 英寸 ×4 英寸框架结构（木框架墙板结构）"则是通过标准化构件——墙壁这种"面"

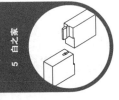

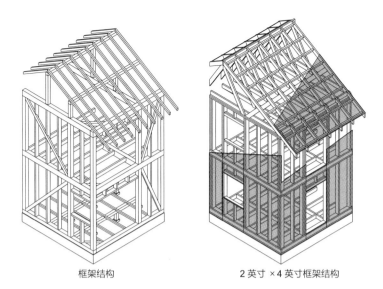

框架结构   2英寸×4英寸框架结构

图 5-11　框架结构与"2 英寸 × 4 英寸框架结构（木框架墙板结构）"

"2 英寸 × 4 英寸框架结构"是一种多采用结构用胶合板，并通过墙壁这种"面"而完成建筑构筑的结构形式。"2 英寸 × 4 英寸框架结构"在墙面上开洞受限，与传统的框架结构相比一般开口要小。

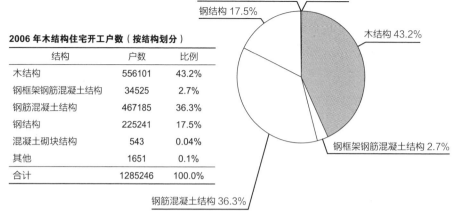

2006 年木结构住宅开工户数（按结构划分）

结构	户数	比例
木结构	556101	43.2%
钢框架钢筋混凝土结构	34525	2.7%
钢筋混凝土结构	467185	36.3%
钢结构	225241	17.5%
混凝土砌块结构	543	0.04%
其他	1651	0.1%
合计	1285246	100.0%

混凝土砌块结构 0.04%　其他 0.1%
钢结构 17.5%
木结构 43.2%
钢框架钢筋混凝土结构 2.7%
钢筋混凝土结构 36.3%

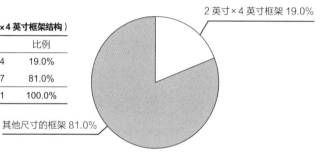

2006 年木结构住宅开工户数（2 英寸 ×4 英寸框架结构）

结构	户数	比例
2 英寸 ×4 英寸框架	105824	19.0%
其他尺寸的框架	450277	81.0%
合计	556101	100.0%

2 英寸×4 英寸框架 19.0%
其他尺寸的框架 81.0%

来完成建筑构筑的构法。"2 英寸 ×4 英寸（two-by-four method）"一词主要源于标准件都是以 2 英寸 ×4 英寸等的**公称尺寸**（公称尺寸只是作为一个符号用的大概的尺寸，公称尺寸为 2 英寸 ×4 英寸的构件实际上要比 2 英寸 ×4 英寸的尺寸小）作为标准的。

目前为止，"2 英寸 ×4 英寸框架结构"在建筑中已经得到普及，但在现在的木结构架构形式中，"2 英寸 ×4 英寸框架结构"所占的比例还不到两成[12]。除采用"2 英寸 ×4 英寸框架结构"的木结构住宅外，其他的木结构住宅大多采用的是框架结构。因此可以说，即使是在今天，木框架结构也是日本木结构住宅的主要结构形式。

到目前为止，木框架结构的形式也发生了一些变化。传统的框架结构是在置于地面的石材上装配的，而现在的基础采用的是钢筋混凝土。过去的墙体结构并不坚固，只是将泥抹在墙上；而现在则要求墙体结构具有抗震性，而且重视墙壁内部空间通风换气、防火等的施工法也得以实现。过去不用钉子就无法完成接榫作业；现在的榫卯作业从抗震的观点出发，积极使用补强金属件接合。

时至今日，木结构的形式已出现多样化，但日本的木结构住宅的主要结构形式没有什么变化，仍是框架结构。经过漫长的历史，至今仍采用的这种木框架结构，是一种适合于日本气候、风土的结构。

[11]　根据日本国土交通省公布的《住宅开工统计》统计数据，2006 年度（2006 年 4 月～ 2007 年 3 月）开工的住宅总户数（独立住宅与集合住宅总计）为 1285246 户。其中，占总体 43.3%（556101 户）的住宅为木结构。除此之外，在其他的住宅中，钢框架钢筋混凝土结构占 2.7%（34525 户），钢筋混凝土结构占 36.3%（467185 户），钢结构占 17.5%（225241 户）（参见上表）。

[12]　同样，根据日本国土交通省公布的《住宅开工统计（按预制装配式住宅、2 英寸 ×4 英寸框架结构新建住宅系列开工户数）》统计数据，2006 年度采用 2 英寸 ×4 英寸框架的住宅占整个木结构住宅 556101 户的 19.0%，达 105824 户（参见下表）。

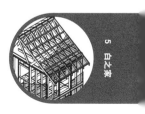

5　白之家

照片 5-10 框架模型
本章制作的白之家的框架模型（1/20）。

5.3 框架结构

在本章中，我们在制作白之家的框架模型（1/20 比例）的同时，学习木框架结构是如何进行布局的。制作的框架模型如**照片 5-10** 所示。

在框架结构的模型中，构成柱子、梁以及地板、墙壁、屋顶的所有材料都要进行制作。也就是说，地板下、墙壁内、顶棚上部等看不到的部分（简略表现的平面图·剖面图中没有绘制的部分）也要制作。框架模型的制作比例为1/20，是对实际建筑工程的一个模拟。

5.3.1 框架结构概要

[13] 楼板结构指架设在基础上的木结构部分，因此，楼板结构中不包括基础。

木框架结构具有被称为**楼板结构（地板结构）、主体结构（墙体结构）、屋架（屋顶结构）**的 3 种结构。**图 5-12** 中表示的是架设在基础上的楼板结构、主体结构、屋架 [13]。楼板结构、主体结构、屋架分别是支撑建筑物楼板、墙壁、屋顶的结构材料。

与用石材架构墙壁的西欧建筑不同，日本的传统建筑是架构屋顶的建筑。日本传统建筑的墙壁，与其说是封闭的，莫如说是打开的，也可以说墙体上留有开口部位。目前，因空调的使用，即便是木框架结构建筑的墙壁开口部位一般也都减少了。此外，修建在都市的住宅因"2 英寸 × 4 英寸框架"观点的影响，大多都不会在墙上开设大窗。但木框架结构并不是建有坚固的墙壁，并由

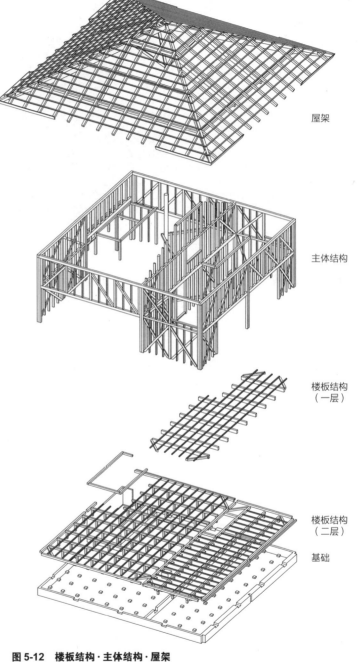

屋架

主体结构

楼板结构
（一层）

楼板结构
（二层）

基础

图 5-12 楼板结构·主体结构·屋架
楼板结构是地板结构，主体结构是墙体结构，屋架是屋顶结构。

照片 5-11　模型用材料
从左向右分别为软木、西印度轻木、木板、原木。

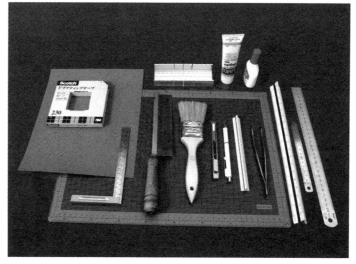

照片 5-12　工具
置于剪裁垫板上的工具：从左向右分别为砂纸、绘图胶带、角尺、小号切刀、毛刷（笔）、美工刀、自动铅笔、比例尺（小）、镊子。在剪裁垫板后方的工具：从左向右分别为锯用导槽、丙烯颜料、木料胶粘剂。在剪裁垫板的右边：从左向右分别为比例尺（大）和钢尺。

坚固墙体支撑屋顶的结构，而是一种用柱子支撑屋顶，柱子与柱子之间就可以开有很大的窗户的结构。

5.3.2　框架模型的制作

在木框架结构的工程中，称为建筑框架的主要构件的拼装是一气呵成的，之后便进行饰面作业。屋架、主体结构、楼板结构这3个部位的饰面作业的顺序是：屋架→主体结构→楼板结构，即最先完成的是屋顶的饰面作业，屋顶部分完成后是外墙饰面，内墙饰面和地板最后完成[14]。

但是在框架模型中，屋顶以及墙壁做完后再制作地板就很难办到。因为在制作模型时人不可能像实际建房那样进入模型内进行作业，所以模型的制作与实际建房不同，最好是按楼板→墙壁→屋顶的顺序进行。此外，因本章中将会在制作框架结构的过程中学习木框架结构的空间布局特点与结构形式，所以所做的相关说明也将按照楼板结构→主体结构→屋架的顺序进行。

楼板结构模型用下述方法制作：

（1）楼板结构、主体结构、屋架（支撑楼板、墙壁、屋顶的所有的结构材料）。包括楼板、墙壁、屋顶等的基底材料和饰面材料、门窗框在内的五金连接件不用制作（但墙壁基底材料的间柱/壁柱、门窗框基底材料的窗台板、过梁部分要制作）。楼梯不用制作。

（2）因同种构件的衔接部分很难按照实物制作，所以只是简单地将构件进行连接即可，其边缘部分也不用进行处理。在2个（以上的）构件接合部中，决定哪个是十字嵌接中的"凸"，哪个是十字嵌接中的"凹"。

（3）在实际的建筑中，1个构件不限于只用1根木材制作，构件可以再接。但框架模型中的构件不得出现接头。

5.3.3　框架模型的材料

框架模型用下述材料和工具制作（**照片 5-11** 和**照片 5-12**）。

5.3.3.1　方棒与圆棒

白之家的中心柱使用的是日本柳杉原木。在楼板结构与框架结构中使用的是**丝柏**、日本柳杉、松树的方木料。屋架使用的是日本柳杉、松、美国松的原木。这些圆木料、方木料的断面具有各种不同的尺寸。

[14] 屋顶→墙壁的饰面作业顺序与北美住宅的主要结构形式——"2英寸×4英寸框架结构"墙壁→屋顶的饰面作业顺序不同，这种待屋顶作业完成后再进行墙壁及楼板作业的方法完全符合日本多雨的特点。也就是说，即使下雨，也不影响室内的作业。

方棒

	1	2	3	4	5	6	7	8	10	12	15	20	30	40	50
1	○	○	○	○	○	○		○	○		○	○	○	○	○
2		●	○	●	●			○	○		○	○	○	○	○
3			●		●	○		●	○		○	○	○	○	○
4					●						○	○	○	○	○
5					●	○		●	●		○	○	○	○	○
6						●		●	●		○	○	○	○	○
7							○								
8								○			○	○			
10									○		○	○			
12										○					
15											○	○			
20												○			

圆棒

3	4	5	6	7	8	9	10	12	15	18	20	24	30	36
○	○	○	○	○	○	○	○	●	○	○	○	○	○	○

表 5-1　圆棒与方棒
市场销售的方棒·圆棒的断面尺寸。单位为毫米（mm）。表中标出了方棒中各边的尺寸、圆棒的直径。○和●是市场销售品，所以，在本章的框架结构中所使用的就是其中的●。

建筑尺寸	模型尺寸	主要部位	根数
45×45	2×2	龙骨、屋架	41
30×90	2×4	间柱（浴室、洗衣间）	1
75×75	3×3	木基础梁（浴室、洗衣间）	2
60×180	3×8	檐头补强材料	2
90×90	4×4	木基础梁、龙骨托梁、支柱	14
105×35	5×2	间柱（壁柱）、窗框	16
105×52.5	5×3	斜撑、窗框	7
105×101	5×5	柱子、木基础梁、梁、大梁、（楼板下的）柱间系梁	23
105×180	5×8	梁·大梁·（楼板下的）柱间系梁	7
105×210	5×10	梁·大梁·（楼板下的）柱间系梁	1
120×210	6×10	斜梁	3
120×120	6×6	椽子、斜腹杆等	14
120×150	6×8	檩条、角椽	4

表 5-2　方棒
表中的尺寸单位为毫米（mm）。右列是采用长 900mm 的方棒时所需根数的参考值。作为中心柱，可以准备 12mm 的圆棒。

[15] 表 5-1 是参考下述产品样本目录制作的。

参考文献：
柠檬画翠（画店）。创建于 1923 年，主要经营绘画材料、建筑模型材料、绘图用品等。位于日本东京都千代田区御某水），2007 建筑模型材料样本目录，2007 年 4 月

[16] 表 5-2 是根据公开发表的图纸（第 198 页注 4 所示文献）制作的，但未采用该图纸中浴室、洗衣间柱（壁柱）的尺寸。表中"间柱（浴室、洗衣间）"的尺寸为推测值。

[17] 实际的建筑工程概算涉及临建工程（建筑施工前的准备阶段工程）、土方工程（基础等）、门窗工程、防水工程等许多方面。

框架结构可用市场上销售的丝柏**方棒**、**圆棒**制作。

丝柏是针叶树的一种。是一种具有坚固、独特之美和特殊香味的木材（作为只用丝柏建造的高级木结构建筑的表现方法，被称作"丝柏造"）。

白之家除丝柏外还使用了松等木材，这在模型中可以调换成丝柏。但是，只有支撑美国松方料大屋顶的粗大材料（上弦杆。详细内容将在后面进行论述）必须加工形状，所以可以用（西印度的）轻木替代丝柏（如果可以进行加工，也可以使用丝柏方棒）。

除使用圆木料的中心柱外，其他构件所用的都是各种不同断面的方木料。模型中需使用断面尺寸比例为 1/20 的圆棒和方棒，但因市场销售的圆棒、方棒尺寸受限，所以很难找到 1/20 比例完全一致的。因此，模型可以采用相近尺寸的圆棒和方棒。

市场销售的圆棒和方棒中，有**表 5-1** 所示断面尺寸的圆棒和方棒[15]。

在模型中，顶棚面直径 210mm 的中心柱使用 12mm 的圆棒。**表 5-2** 中左列所示的尺寸为：方棒的建筑尺寸（实物尺寸）及将其换算成相应的模型尺寸（模型中的尺寸）。也就是说，本章中使用的是表中所示的 13 种方棒[16]。

在建造建筑时，首先应在工程施工之前做**工程概算**（对工程所需金额进行计算）。工程概算中，计算出建筑所需所有材料及人工等的数量，并根据每一数量的单价计算出用于工程建设的总额。在**木作工程**（处理木材的工程）的估算中，对于柱子及梁等所有的构件，都需要计算出截取这些构件所用木材的长度和数量。标准长度的构件需要用 3m、4m 长的木材截取。所需木材的根数加上构件的单价，就可以计算出木作材料所需费用了。

虽与实际建筑的概算有所不同，但在制作框架模型时也应当对究竟需要多少根方棒和圆棒进行估算[17]。本章中所使用的方棒和圆棒长度都是 900mm。用于框架模型 12 类的所有构件，全都是用 900mm 长的方棒和圆棒截取的，也不知，各种不同尺寸的方棒究竟会需要多少根？

本书将估算的结果在**表 5-2** 的右列中列出。该计算如**表 5-3** 所示是按每个部位计算出所需根数，并按材料计算出总计（因该计算是按部位进行的，所以总计与所需最低限的根数不一致。另外，从一根材料上截取的构件组合并不是一种，所以计算结果也不是一个数值）。

部位		建筑尺寸	模型尺寸	数量	单位
一层楼板结构	木基础梁	105×105	5×5	4	根
		90×90	4×4	1	根
		75×75	3×3	1	根
	水平斜撑木基础梁	90×90	4×4	1	根
	龙骨托梁	90×90	4×4	6	根
	大龙骨托梁	120×120	6×6	1	根
	中心柱连接杆	105×105	5×5	1	根
	龙骨	45×45	2×2	12	根
	短柱	90×90	4×4	2	根
二层楼板结构	小梁	105×180	5×8	2	根
	角隅斜梁	90×90	4×4	1	根
	龙骨	45×45	2×2	5	根

部位		建筑尺寸	模型尺寸	数量	单位
框架结构	柱子	105×105	5×5	11	根
	梁·大梁·（楼板下的）柱间系梁	105×105	5×5	5	根
		105×150	5×8	4	根
		105×180	5×8	1	根
		105×210	5×10	1	根
		90×90	4×4	1	根
	间柱（壁柱）	105×35	5×2	15	根
		90×30	4×2	1	根
	窗台·过梁	105×35	5×2	1	根
		105×52.5	5×3	1	根
	斜撑	105×105	5×5	2	根
		105×52.5	5×3	6	根
	中心柱	210φ	圆棒12	1	根
	柱子（浴室）	90×90	4×4	1	根
		75×75	3×3	1	根
	梁（浴室）	90×90	4×4	1	根

部位		建筑尺寸	模型尺寸	数量	单位
屋架	斜腹杆	120×120	6×6	1	根
	斜梁	120×210	6×10	3	根
	檩条	120×150	6×8	2	根
	椽子	120×120	6×6	12	根
	屋架	45×45	2×2	24	根
	角椽	120×150	6×8	2	根
	檐头补强材料	60×180	3×8	2	根
	上弦杆	120×270	（西印度的）轻木厚6	1	块

部位		建筑尺寸	模型尺寸	数量	单位
基础	各面	120（宽）	6		
	北面的一部分	235.5（宽）	6+6	6	2 块
	中心柱	333（高）	6+6		
	东面的一部分	270.5（宽）	6+8	8	1 块
	浴室墙壁	90～100（宽）	4	4	2 块
	浴室地面	100左右（厚）	4		
	底层地板下短柱垫石	75（高）	4		

表 5-3　模型材料的估算

按各部位所需根数（长 900mm 时）计算后得到的数值。表 5-2 是将上述各表进行统计后的结果。表中尺寸的单位均为毫米（mm）。

另外在模型的制作过程中，不可避免会出现误差，有时在将切割好的构件进行组装时才发现装不上，所以在准备材料时就应留出余量，要多于计算值的数量。即使在实际的概算中，一般作为结果用的数值也都会留有一定的余地。这种考虑进余量的系数就叫做**安全系数**。

留出的多余材料虽然有些浪费，但从另一个角度讲，因材料不足而用于购买所花费的时间（与交通）更是一种浪费。准备材料时，应考虑在计算值中留出一定的余量。

5.3.3.2 （西印度的）轻木

用钢筋混凝土修建的基础上使用的是（西印度）轻木。具有复杂形状的屋架部位（上弦杆）也使用西印度轻木。

市场上销售有 0.5mm ～ 20mm 各种厚度的西印度轻木。西印度轻木的标准尺寸为 80mm×600mm，但也有准备更大尺寸的（西印度的）轻木的。

这里准备了 4mm、6mm、8mm 三种厚度的西印度轻木（见**表 5-3** 中的右表）。

5.3.3.3 其他材料

为了表现混凝土，可以对西印度轻木进行着色。水性的**丙烯颜料**适于着色。另外，对于表示地面的模型材料，可以使用**软木**。市场上销售有各种不同厚度的软木，但使用 1mm 厚的软木就可以了。就准备 A1 尺寸的软木板吧！

粘接方木料和圆木料用的粘接剂可选择**木料胶粘剂**。根据不同情况，也有用瞬间粘接剂的。木料胶粘剂也适用于西印度轻木的粘接。

5.3.3.4 工具

主要工具有：美工刀、剪裁垫板、木料胶粘剂、小号切刀、比例尺（小）、钢尺、毛刷（笔）等、镊子、角尺、砂纸、绘图胶带等（参见 205 页**照片5-12**）。

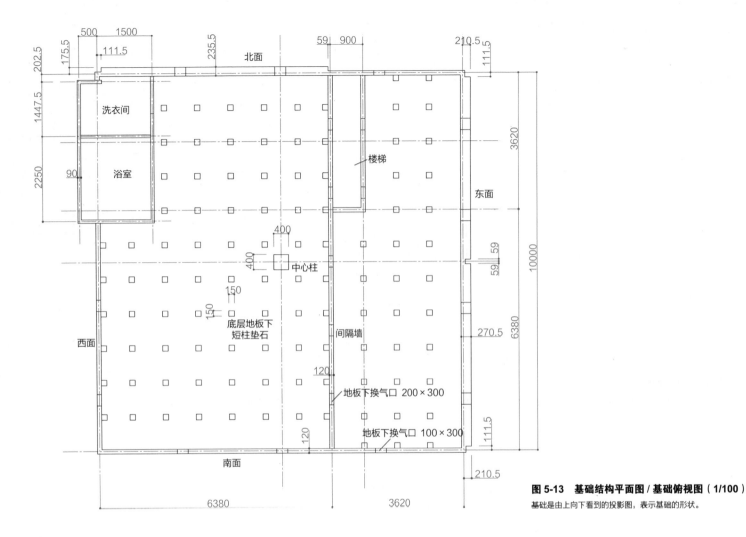

500 1500
202.5 175.5
111.5
235.5 59 900 210.5
北面 111.5

1447.5

洗衣间

3620

2250
90 浴室

楼梯

东面

10000

400
400
中心柱

59
59

150
150
底层地板下
短柱垫石

间隔墙

6380

270.5

西面

120
地板下换气口 200×300

120
111.5
地板下换气口 100×300

南面
210.5

6380 3620

图 5-13　基础结构平面图 / 基础俯视图（1/100）
基础是由上向下看到的投影图，表示基础的形状。

[18]　在以前的木结构建筑中，建筑物是修建在埋设于地下的自然块石上的。作为基础用的块石被称为**柱础（木柱下的础石）**或**柱磉**。

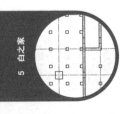

5.4　基础

在本节中，我们主要学习的是**基础**部分。木框架结构的基础支撑着后面所述的楼板结构（地板结构）、主体结构（墙体结构）、屋架（屋顶结构）。

白之家的基础是由钢筋混凝土构成的。木结构的历史比钢筋混凝土的历史要悠久得多，所以从历史上讲基础并不是由钢筋混凝土构成的[18]。不过在当今的木结构建筑中，基础已经由钢筋混凝土构建。

5.4.1　基础的构成

基础是将整个建筑物的载荷传递到地基，并使建筑与地基形成一体的建筑物最下部的承重构件。

图 5-13 所示的是白之家基础形状的**基础结构平面图（基础俯视图）**。**结构平面图**是表示部位构成的图纸，是作为由上向下看到的投影图而绘制的俯视图。

基础是从建筑外周的四面墙、厅堂和卧室的间隔墙、浴室·洗衣间墙体、楼梯周围、中心柱的位置处向上立起的。这些基础的下部被埋于地下，起有使

5 白之家

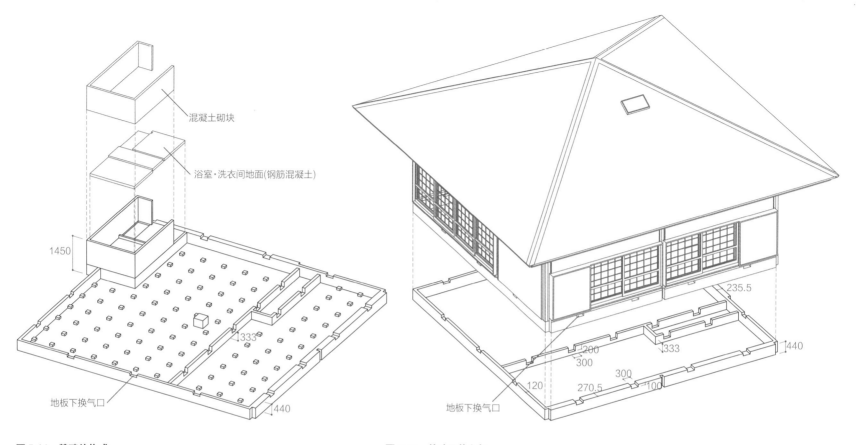

图 5-14　基础的构成

支撑建筑外周的四面墙和浴室·洗衣间墙体的基础高度为 GL+440mm。支撑间隔墙的基础和中心柱的基础高 GL+330mm。至于浴室·洗衣间部分，是在基础上砌筑混凝土砌块。

混凝土砌块

浴室·洗衣间地面(钢筋混凝土)

地板下换气口

图 5-15　基础及其上部

楼板结构为木结构时，应在楼板下配备地板下换气口。

地板下换气口

建筑物与地基呈一体的重要作用。另外，一层的楼板结构是由称作**底层地板下短柱垫石**的较小的基础支撑的。基础与底层地板下短柱垫石的形状如**图 5-14**所示。包括上部建筑物在内的基础形状如**图 5-15**所示。

　　支撑建筑外周的四面墙和浴室·洗衣间墙体的基础高度为 GL+440mm（GL 为 Ground Line 或 Ground Level 的缩写，表示地基面、地面水平线，即 ±0）。支撑间隔墙的基础高度为 GL+1450mm 是因为该基础不是钢筋混凝土基础，而是用混凝土砌块砌筑的**腰墙**（槛墙、裙墙）。也就是说，浴室·洗

衣间墙壁的下部并不是木质的，而是用混凝土砌块砌筑的。另外，浴室·洗衣间地板的基底也不是木质的，而是钢筋混凝土的。

　　可见，像浴室这种容易聚集湿气的**用水空间**（建筑物中的厨房、浴室、卫生间等需要用水的空间）的地板及墙壁的下部一般都不用木料，而用钢筋混凝土建造。

　　用水空间，特别是浴室的洗浴处与更衣处的地面一般都设有一定的高差，所以楼板的水平面大多十分复杂。支撑白之家浴室·洗衣间地面的钢筋混凝土在进行浇筑时，为与楼板的水平面一致，浇筑出的形状也十分复杂。

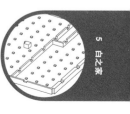

5　白之家

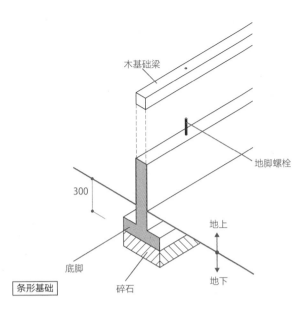

木基础梁

地脚螺栓

300

地上

地下

底脚

碎石

条形基础

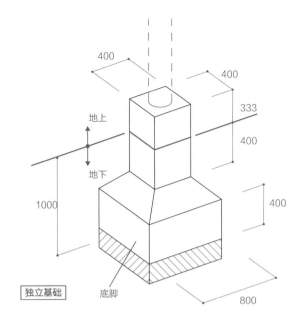

400

400

333

400

地上

地下

1000

400

独立基础

底脚

800

图 5-16　条形基础与独立基础

条形基础是沿墙连续按同一断面设置的基础。独立基础是只支撑一根柱子的基础。

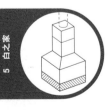

5　白之家

210

　　白之家的外周墙壁与间隔墙的基础采用的是称为**条形基础**的基础。所谓条形基础，是指沿墙连续按同一断面设置的基础，一般多被用于木结构基础。**图5-16**中的左图表示条形基础的形状。

　　一般条形基础的下部有一个称为**底脚**的板状底板。白之家条形基础的底脚被埋在 GL–300mm 处。底脚的下面铺设有**碎石**。

　　中心柱的基础为**独立基础**。所谓独立基础，是指只支撑一根柱子的基础。白之家中心柱的基础形状如**图5-16**中的右图所示。独立基础的底部也设有底脚，其底面被埋在 GL–1000mm 处。

　　白之家条形基础立起部分的厚度（宽）基本上为 120mm。但是，北面及东面开口部位下面的基础因需支撑凸出墙面的窗户（以及门窗套），所以基础较厚。东面开口部位下面的基础立面厚度为 270.5mm，北面为 235.5mm（参见第 208 页的**图 5-13** 基础结构平面图以及第 209 页表示基础构成的**图 5-15**）。

　　在楼板结构为木结构的建筑中，为保证楼板下的换气·通风，应设置**地板下换气口**（参见第 208～209 页的**图 5-13～图 5-15**）。地板下换气口是在基础处按要求开口。通过该开口对整个楼板下进行通风、换气。白之家楼板下换气口的宽度为 300mm，高度为外周部分 100mm、间隔墙的基础部分 200mm。楼板下换气口的形状通过**图 5-4** 及**图 5-5**（196 页）所示的立面图就可以进行确认。

　　在最近的木结构住宅中，大多采用一种被称为**基础衬垫**的厚橡胶材料等铺设在基础上而形成的窄缝状（高低横宽）的楼板换气口。因形状为窄缝状，所以在外观上就看不到楼板下换气口的形状。但是，如果楼板结构是木结构的，那么无论是白之家那样的四方形还是窄缝形，都需要设置楼板下换气口。

　　底层地板下短柱垫石就是支撑后述楼板结构部位之——**短柱（支柱）**的基础。一般在短柱（支柱、压杆）的用语中，用于底层地板的短柱叫做**地板下短柱**。

　　包括墙壁·地板·屋顶在内的整个建筑物的重量都是通过基础来支撑的。但是，只有建筑物未设有地下层时的一层楼板不必将整个建筑物的荷载传递到基础，而可以直接将部分载荷传递到正下方的地基上。

　　由木基础梁、短柱、龙骨托梁等构成的楼板结构（楼板结构的详细内容将在后面进行说明）支撑在基础与底层地板下短柱垫石上。包括楼板结构在内的基础与底层地板下短柱垫石的构成如**图 5-17** 所示。

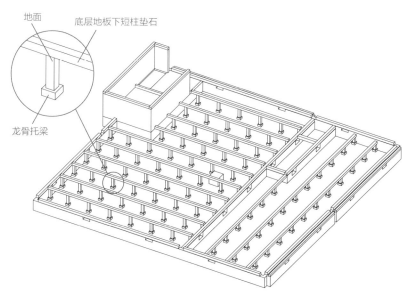

图 5-17　基础与短柱的构成

底层地板下短柱垫石是按约 900mm×900mm 的间距呈格子状排列的混凝土砌块。150mm×150mm（宽 × 进深），高为 GL+75mm。

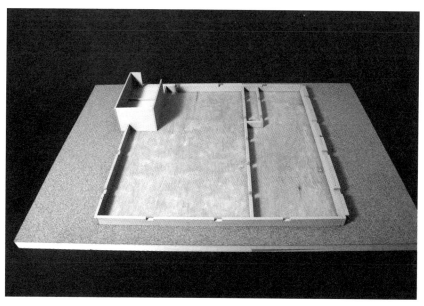

照片 5-13　模型（基础）

粘贴在木制胶合板上的集成。基础的周围贴有表现地面的软木（基础直接固定在木制胶合板上）。

底层地板下短柱垫石是按约 900mm×900mm 的间距呈格子状排列的**混凝土砌块**（呈砌块状成型的混凝土。有各种形状的规格品），混凝土砌块的尺寸为 150mm×150mm（宽 × 进深），高为 GL+75mm。

白之家的短柱是按 900mm 的间距均等排列的，但正确的短柱位置是由龙骨托梁的间距与长度决定的。龙骨托梁 900mm 的间距不一定是正确的（实际上，白之家的正确间距并不是 900mm），龙骨托梁 900mm 倍数的长度也不一定就是正确的。

在楼板结构的构成中决定龙骨托梁的配置后，就会在**图 5-13**（第 208 页）所示的基础结构平面图中规划并决定短柱的位置。短柱的位置有均等配置的，也有按 900mm 间距配置，并在端部调整小数的。

练习 5-1　基础的制作

下面，就让我们对楼板结构（地板结构）的第一步——基础部分制作一个模型吧！**照片 5-13** 是制作完成的基础模型照。

用西印度轻木制作基础，并将其固定在木制胶合板上。因木制胶合板的表面不美观，所以可以将表现地面的 1mm 厚软木粘贴在基础的周围。

基础可按照**图 5-13**（第 208 页）所示的基础结构平面图制作。即便是模型，也应参照基础结构平面图来截取构件。按 1/20 比例绘制基础结构平面图，并可将其作为镂空模板（漏花纸板、纸模）使用。

基础的厚度（宽）为：外周 120mm、270.5mm、235.5mm，浴室·洗衣间部分 90mm 和 75mm。这在 1/20 比例模型中的尺寸即为：120mm → 6mm、270.5mm → 14mm、235.5mm → 14mm、90mm → 4mm、75mm → 4mm。14mm 厚(宽)的东面可将 6mm 和 8mm 的 2 块西印度轻木重叠,12mm 厚(宽)的北面则将可 6mm 和 6mm 的 2 块西印度轻木重叠使用。

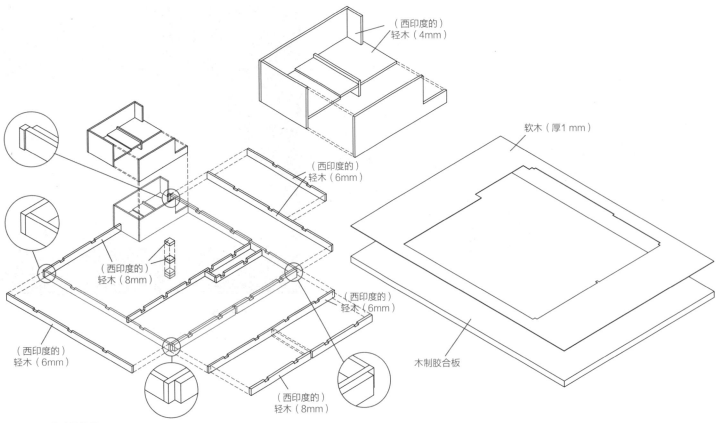

图中标注：
（西印度的）轻木（4mm）
软木（厚1mm）
（西印度的）轻木（6mm）
（西印度的）轻木（8mm）
（西印度的）轻木（6mm）
（西印度的）轻木（6mm）
（西印度的）轻木（8mm）
木制胶合板

图 5-18 基础的组装
将截取的（西印度的）轻木进行粘接。这里避开了难易度高的边缘处理，而对西面·东面或南面·北面的（西印度的）轻木进行组装。

[19] 在公开发表的图纸（第 198 页注 4 中的参考文献）中没有看到混凝土砌块的厚度。
一般混凝土砌块成品的宽度与高度为：宽390mm、高190mm。厚度为 100mm、120mm、150mm、190mm。一般混凝土砌块的砌筑缝为10mm（砌筑缝用砂浆勾缝）。也就是说，砌筑5层的混凝土砌块，高度为190mm×5+10mm×4 = 990mm。白之家的混凝土砌块是在 GL+1450mm-440mm = 1000mm 之间砌筑 5 层混凝土砌块，并在其上下各留出 10mm 的接缝。

400mm×400mm×333mm（高）的中心柱基础是从 8mm 厚的西印度轻木上截取 20mm×20mm 板材，并将 2 块板材重叠进行制作的。这样，高度就不是333mm 而相当于 320mm，所以通过中心柱的长度就可以吸收误差。

模型的组装图如**图 5-18** 所示，构件图如**图 5-19** 所示。

将（西印度的）轻木的端部切成 45 度后虽可对边缘进行处理，但加工起来确有一定的难度。**图 5-18**（组装图）和**图 5-19**（构件图）中没有进行边缘处理，而是先对西面·东面·南面·北面进行组装。

浴室·洗衣间周围的基础高 GL+440mm，混凝土砌块由此向上砌至GL+1450mm 处。基础的厚度为 90mm，而混凝土砌块的厚度约为 100mm[19]。

因在模型中表现混凝土砌块非常麻烦，所以可以用 4mm 厚的西印度轻木将混凝土砌块与基础做成一体。另外，支撑浴室·洗衣间的钢筋混凝土楼板也用西印度轻木制作。因混凝土楼板的厚度为 100mm，所以可以用 4mm 厚的西印度轻木制作。

图 5-18 及**图 5-19** 中所示的浴室·洗衣间楼板的形状要比实际建筑中的形状简单。

150mm×150mm×70mm 的底层地板下短柱垫石也用 4mm 厚的西印度轻木制作。如果实际尺寸 70mm 用 4mm 的模型尺寸制作，那么高度就会出现误差，误差的调整可在后面制作的楼板结构的尺寸中进行。

底层地板下短柱垫石按大约 900mm 的间距排列。参照**图 5-13**（第208 页）绘制基础结构平面图，并尽可能均衡地配置短柱。

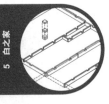

5 白之家

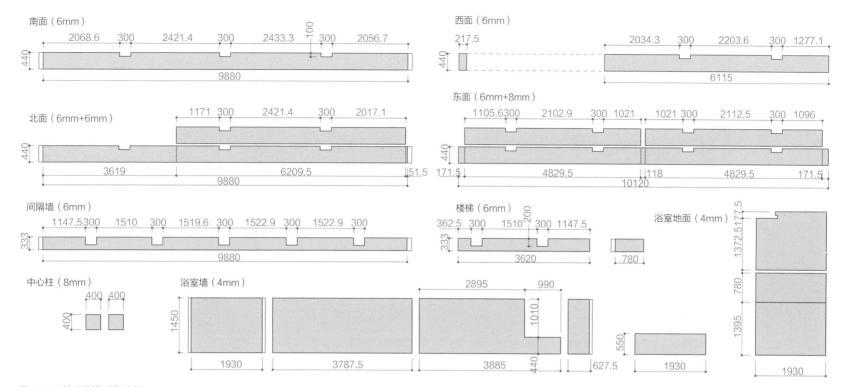

南面（6mm）

2068.6 | 300 | 2421.4 | 300 | 2433.3 | 100 300 | 2056.7

440

9880

西面（6mm）

217.5 | 2034.3 | 300 | 2203.6 | 300 | 1277.1

440

6115

北面（6mm+6mm）

1171 300 | 2421.4 | 300 | 2017.1

440

3619 | 6209.5 | 51.5

9880

东面（6mm+8mm）

1105.6 300 | 2102.9 | 300 | 1021 | 1021 300 | 2112.5 | 300 | 1096

440

171.5 | 4829.5 | 118 | 4829.5 | 171.5

10120

间隔墙（6mm）

1147.5 300 | 1510 | 300 | 1519.6 | 300 | 1522.9 | 300 | 1522.9 | 300

333

9880

楼梯（6mm）

362.5 | 300 | 1510 | 200 300 | 1147.5

333

3620 | 780

浴室地面（4mm）

1372.5 177.5 | 780 | 1395

1930

中心柱（8mm）

400 400

400

浴室墙（4mm）

1450 | 2895 | 990 | 1010 | 550

1930 | 3787.5 | 3885 | 440 | 627.5 | 1930 | 1930

图 5-19　基础的模型构件图

可参照基础结构平面图来绘制模型构件图，并进行构件的剪切。有颜色的线条表示与其他构件的接合部。尺寸为考虑构件端部的"去留"（接缝中一方优先，另一方切除）。

在实际工程中，作为楼板结构的短柱是立在底层地板下短柱垫石上的。但在模型中最能提高效率的方法就是：先将短柱制作完成后，再将底层地板下短柱垫石粘接在短柱的底部。

从西印度轻木（8mm）上将基础、混凝土砌块墙、混凝土楼板切割后，用木料胶粘剂将相同材料的模型构件进行粘接。截取的模型构件如**照片 5-14**所示。在将这些构件粘接在木制胶合板上之前，应先用丙烯颜料将其涂成混凝土色。涂刷丙烯颜料时应薄涂层、多次数（待涂层彻底干燥后，再次将颜料刷在涂层上）。

软木粘接在木制胶合板上，软木与木制胶合板也可以用木料胶粘剂粘接。这时可将木料胶粘剂在水中稀释后再使用。粘接时，含有水分的软木干燥后就会绷紧，软木与木制胶合板即被平整、牢固地粘接在一起。

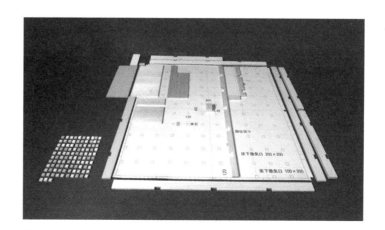

照片 5-14　模型（基础的组装）

按与模型相同的比例 1/20 绘制基础结构平面图。也可作为镂空模板（漏花纸板、纸模）使用。

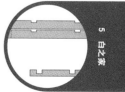

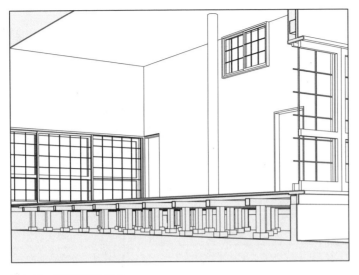

图 5-20　楼板下部的构成
楼板下有构成楼板结构的龙骨、龙骨托梁、短柱、底层地板下短柱垫石等。图中省略了部分建筑细部（支柱间加固横木）。

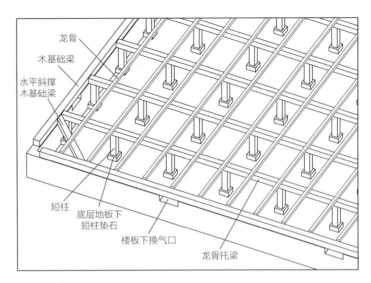

龙骨
木基础梁
水平斜撑
木基础梁
短柱
底层地板下
短柱垫石
楼板下换气口
龙骨托梁

图 5-21　楼板结构的构成（一层）
一层的楼板结构（地板结构）由短柱、木基础梁、龙骨托梁、龙骨等部位构成。

[20]《建筑基本法实施令》第 22 条中有以下规定：
当最底层居室的地面为木地板时，地板的高度及防潮方法应遵循下述各项要求。但是，地板下采用混凝土、三合土等类似的材料铺地时，以及得到日本国土交通大臣批准的结构，即最下层的居室地面结构不会被来自地面的水蒸气腐蚀的结构，不在此限。
第一，楼板的高度为正下方地面至楼板面为 45cm 以上。
第二，在外墙的楼板下部，墙长 5m 处设置 300cm² 的换气口。换气口应为老鼠钻不进去的设备。

5.5　楼板结构

我们在本节中主要学习楼板结构（地板结构）。一层的楼板结构承载在基础之上，是支撑一层地面楼板的。二层也有支撑二层地面楼板的楼板结构。

5.5.1　楼板结构的构成

白之家厅堂与卧室的地面饰面采用的是**山毛榉地板**，基底（铺设地板材料的板材）铺贴 12mm 厚的**日本柳杉板**。山毛榉地板、日本柳杉板是一种板材。

所谓楼板结构，无非就是用于支撑这些板材的楼板下部的构成。

白之家楼板下的构成如**图 5-20** 所示。

白之家一层的楼板水平面（山毛榉地板饰面的 GL 高度）为：厅堂部分 GL+600mm、卧室部分 GL+450mm（厅堂与卧室有 150mm 的高差）。

与白之家相同，一般日本的木结构建筑的地面大多都具有一定的高度。实际上，在木结构的楼板结构中，因一层的楼板水平面建在 GL+450mm 以上的位置，所以也就成为可在楼板下进行充分换气的结构[20]。

木材是一种遇湿容易腐烂的材料。因此，木质的楼板结构中采取防湿措施是必不可少的。楼板结构承载在基础上，而不是直接置于地面上。但是，如果承载楼板结构的楼板面距地面很近，就会受到来自地面湿气的影响。

一层楼板面高于 GL450mm 的原因，除了要距室外地面远这一因素外，还是为了保证楼板下的充分换气。因基础上设有楼板下换气口，所以需有一定的空间才能保证楼板下的换气。

日本传统的木结构建筑也是按房屋地板高于室外地面建造的。作为传统生活空间的地板与室外地面水平面的高差表现在日本铺席地板客厅外侧的**外廊**处。一般，外廊大多都比室外地面要高。在木结构建筑中，楼板结构被置于这个高度之中。

为防潮而使一层地板高于室外地面的设计是指一层地板采用木结构的建筑，当采用钢筋混凝土时并不适用。住吉长屋（第 2 章）的一层楼板水平面为 GL+400mm，如果采用钢筋混凝土地面，那么一层楼板水平面就会低于 GL+400mm，而几乎接近地基面或地基面以下。换句话说就是，即便是木结构，如果楼板距室外地面很近，那就不是木结构而是钢筋混凝土等需要修建地面楼板。

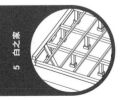

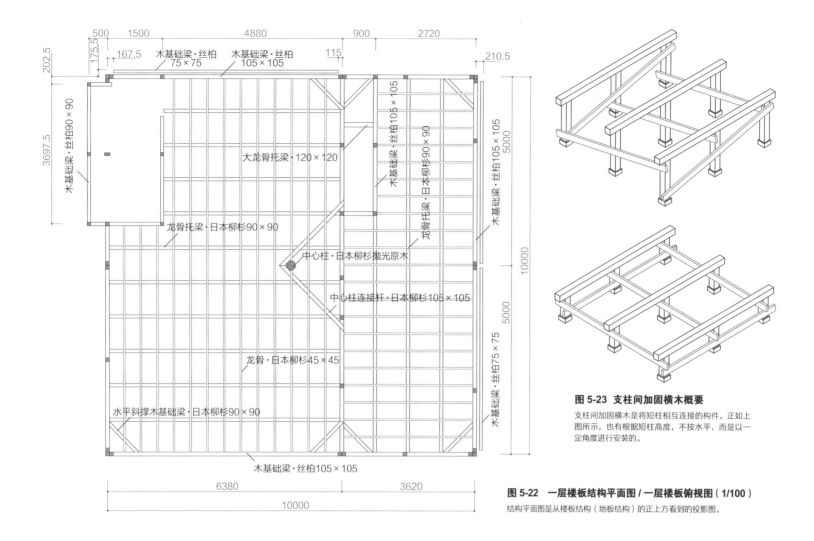

图 5-23 支柱间加固横木概要

支柱间加固横木是将短柱相互连接的构件。正如上图所示，也有根据短柱高度，不按水平，而是以一定角度进行安装的。

图 5-22　一层楼板结构平面图／一层楼板俯视图（1/100）

结构平面图是从楼板结构（地板结构）的正上方看到的投影图。

5.5.2　一层的楼板结构

一层的楼板结构是由**短柱、木基础梁、水平斜撑木基础梁、龙骨托梁、龙骨**等部位构成的。**图 5-21** 表示楼板结构的构成，**图 5-22** 表示楼板结构俯视图——**楼板结构平面图**（一层楼板俯视图）。

5.5.2.1　短柱

短柱被支撑在底层地板下短柱垫石上。基础是支撑架构墙壁·屋顶的建筑物最下部的承重构件，而短柱与底层地板下短柱垫石支撑的只是一层的楼板。在白之家中，短柱所用的是 90mm×90mm 的方木料。

一般，下方是通过**支柱间加固横木**这种**横穿板**（将直立的构件进行水平连接的横木）相互连接的。**图 5-23** 表示的是支柱间加固横木的参考图。在公开发表的白之家图纸 [21] 中并没有标出支柱间加固横木，所以本书无法掌握支柱间加固横木的尺寸与建筑细部。**图 5-20** 及**图 5-21** 中也未标出支柱间加固横木，但可以认定支柱间加固横木被用于实际建筑。

5.5.2.2　木基础梁与水平斜撑木基础梁

木基础梁是铺设在基础上的构件。同时，木基础梁也是位于构成墙壁的楼板结构下端的构件。

[21]　与前面的注 4（第 198 页）相同。

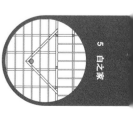

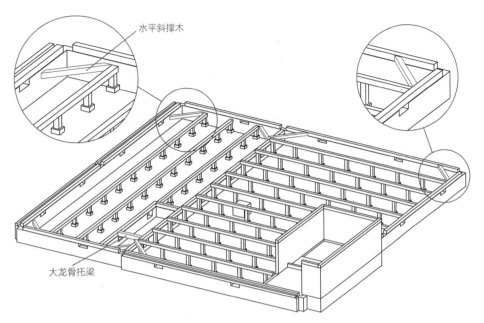

水平斜撑木

大龙骨托梁

图 5-24　水平斜撑木基础梁
木基础梁是铺设在基础上的部件。对木基础梁角部进行加固的则是水平斜撑木基础梁。

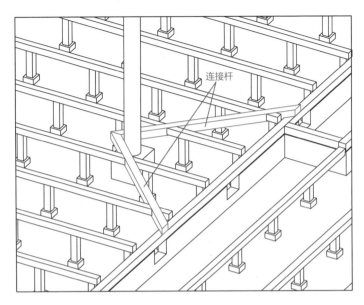

连接杆

图 5-25　中心柱连接杆
地板下顶棚内的连接杆支撑着中心柱的上下。

木基础梁是通过预先埋设在基础内的**地脚螺栓**（为将柱子及木基础梁固定在混凝土基础上，而埋设在基础内的螺栓）与基础牢固连接的（参阅第 210 页**图 5-16** 所示的条形基础的构成）。

在白之家中，木基础梁采用的是丝柏。木基础梁的断面尺寸为 105mm×105mm，但在浴室·洗衣间周围也有一部分采用的是 90mm×90mm。另外，在北面和东面，支撑开口部位门窗框的木基础梁铺设的尺寸为 75mm×75mm。

[22]　日文汉字"火打（**ひうち**）"（意为"水平斜撑、水平角撑"）也可用比较复杂的日文汉字"燧"表示。

对木基础梁角部进行加固的就是**水平斜撑木基础梁**。所谓**水平斜撑**，是指对角隅角部位进行加固的斜杆（斜构件）的用语 [22]。白之家的水平斜撑木基础梁采用的是 90mm×90mm 的日本柳杉。日本柳杉与丝柏都是针叶树的一种。**图 5-24** 表示水平斜撑木基础梁。

5.5.2.3　龙骨托梁

水平承载在短柱上的构件就是**龙骨托梁**。一般龙骨托梁大多是按 90cm 的间距排列的。

白之家基本上使用的是 120mm×120mm 的日本柳杉。而且不仅一处，

在楼梯的下部所用的也是 120mm×120mm 的**大龙骨托梁**（参见**图 5-24**）。一般，比起用于重要部位的构件，粗的构件就叫做"大龙骨托梁"。因白之家楼梯下的大龙骨托梁安装在下部没有基础的部分，所以其断面就应当更粗一些。

5.5.2.4　龙骨

架设在龙骨托梁上，直接支撑楼板的基底材料、饰面材料的构件就是**龙骨**。45mm×45mm 的日本柳杉龙骨按约 45cm 的间距排列。当将基底材料（白之家采用的是日本柳杉板）、饰面材料（白之家采用的是山毛榉地板）架设在龙骨上后，地面楼板即告完成。

龙骨不仅架设在龙骨托梁上，而且在角部也会架设在水平斜撑木基础梁上。本书虽未掌握水平斜撑木基础梁的建筑细部，但**图 5-24** 中绘制的是水平斜撑木基础梁的上面与龙骨的底面齐平（如果龙骨的下面有凸起处，水平斜撑木基础梁与龙骨的底面就不齐）。

如果采用这样的绘制方法，卧室下部的水平斜撑木基础梁的端部就不是木基础梁，而相当于基础了。因支承厅堂地面（GL+600）的水平斜撑木基础梁

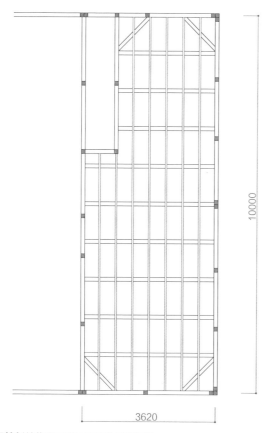

10000

3620

图 5-26 二层楼板结构平面图 / 二层楼板俯视图

二层楼板的载荷通过小梁传递到主体结构（墙体结构）。

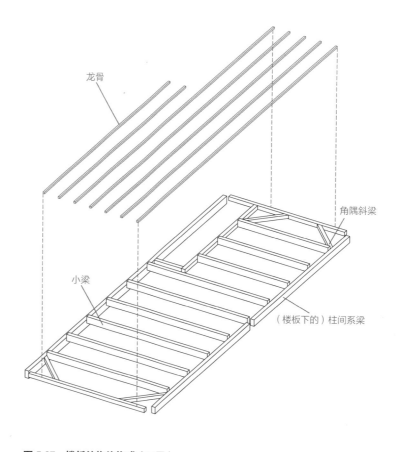

龙骨

角隅斜梁

小梁

（楼板下的）柱间系梁

图 5-27 楼板结构的构成（二层）

在小梁（105mm×180mm 的松木）上承载着龙骨（45mm×45mm 的日本柳杉）。

的位置要比周围基础的上表面（GL+440）高，所以厅堂下部的水平斜撑木基础梁的端部要与木基础梁进行连接。但是，支撑寝室地面（GL+450）的水平斜撑木基础梁的位置比周围基础的上表面（GL+440）要低，所以不用与木基础梁进行连接。公开发表的图纸[23]中没有这部分的详细内容，但水平斜撑木基础梁还是可以通过一些方法与木基础梁进行连接。

另外，一般龙骨托梁的端部与木基础梁相接，但白之家的龙骨托梁就未与木基础梁相接。至少卧室下部龙骨托梁的端部就比木基础梁低而相当于基础部分，所以不用考虑与木基础梁连接。**图 5-24** 中的龙骨托梁没有置于木基础梁上，而实际上龙骨托梁是承载在木基础梁上，或者是用某些方法将龙骨托梁和木基础梁进行连接的。

5.5.2.5　中心柱连接杆

中心柱连接杆的作用与支撑楼板的楼板结构（地板结构）不同，在白之家的地板下和顶棚的上部（顶棚内）装有固定中心柱的**连接杆**。**图 5-25** 表示地板下的连接杆。连接杆采用的是 105mm×105mm 的日本柳杉。

5.5.3　二层的楼板结构

二层卧室是由北面·东面·南面的三面墙以及将厅堂和卧室隔开的间隔墙围起的房间。二层的楼板结构是由这四面墙的主体结构（墙体结构）支撑的。

二层楼板结构平面图（二层楼板俯视图）如**图 5-26** 所示，楼板结构的构成如 **5-27** 所示。

[23]　与前面的注 4（第198 页）相同。

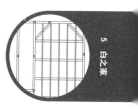

5　白之家

217

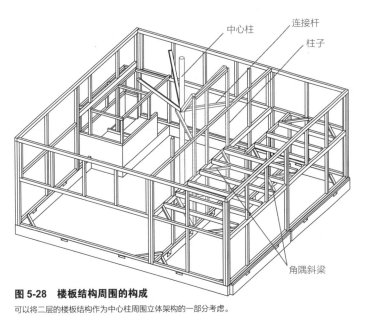

图 5-28　楼板结构周围的构成
可以将二层的楼板结构作为中心柱周围立体架构的一部分考虑。

中心柱　连接杆　柱子　角隅斜梁

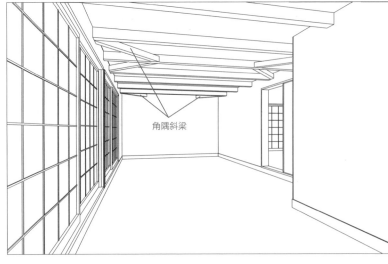

图 5-29　一层卧室
外露于一层卧室顶棚的角隅斜梁。

角隅斜梁

二层楼板与一层楼板的不同就在于：一层楼板的下面是室外地面，而二层楼板的下面是空间（房间）。在一层，通过直接坐在室外地面的短柱可以将一部分楼板载荷直接传递到地基上，而二层就做不到这一点。二层楼板的所有载荷都是通过主体结构（墙体）传递到基础的。

5.5.3.1　小梁与龙骨

二层楼板的载荷是通过安装在主体结构的梁材（水平的构件）——（楼板下的）柱间系梁上的**小梁**传递到主体结构的。

白之家的东面（东墙）与间隔墙之间架设有小梁。小梁采用的是105mm×180mm 的松木，小梁的间距为1000mm。

架设在小梁的上部的龙骨与小梁呈正交方向。龙骨采用的是45mm×45mm 的日本柳杉。龙骨的间距约为45cm。

5.5.3.2　角隅斜梁

（楼板下）柱间系梁的角部是通过角隅斜梁进行补强的。一层木基础梁角部的补强材料为"**角隅斜梁**"。位于二层楼板结构水平面的水平斜撑材料是对梁的一种——（楼板下的）柱间系梁的角部进行补强的角撑材料，所以叫做"**角隅斜梁**"。白之家的角隅斜梁使用的是 90mm×90mm 的日本柳杉。

角隅斜梁露在一层卧室顶棚外。**图 5-28** 表示后面所述的包括主体结构主

要构件（柱子与梁）在内的二层楼板结构。**图 5-29** 是角隅斜梁外露于一层卧室的内观图。

在**图 5-28** 以及**图 5-29** 中，绘制了未在**图 5-26**（第 217 页）"二层楼板结构平面图 / 二层楼板俯视图"中表现的位于二层楼板结构房间中央的角隅斜梁。在公开发表的图纸[24] 中并没有绘制角隅斜梁，而实际上这里加绘了角隅斜梁。

角隅斜梁具有可加强支撑中心柱的作用。从**图 5-28** 中可以看到，立体的桁架（构成的三角形框架）是由位于中心柱、楼板和顶棚水平面的连接杆、间隔墙内的柱子、楼板中央的角隅斜梁构成的。

▮ 练习 5-2　楼板结构的制作

下面，就让我们制作一个**照片 5-15** 及**照片 5-16**（均参见第 220 页）所示的模型吧！**照片 5-17**（第 220 页）及**照片 5-18**（第 221 页）是一层楼板结构的制作过程。

我们在前面已经谈到，在实际的工程中，龙骨托梁及龙骨等的楼板结构是在屋顶架设之后进行的。但在模型中，待屋顶以及墙壁完成后再安装龙骨托梁及龙骨就很难办到，所以可以采用先安装龙骨托梁及龙骨的方法。在制作中心柱之前，还是让我们先对与间隔墙（从中心柱处进行分割的间隔墙）下部木基础梁牢固连接在一起的连接杆进行制作吧。

图 5-30 是一层楼板结构（地板结构）的组装图。

[24]　与前面的注 4（第198 页）相同。

5　白之家

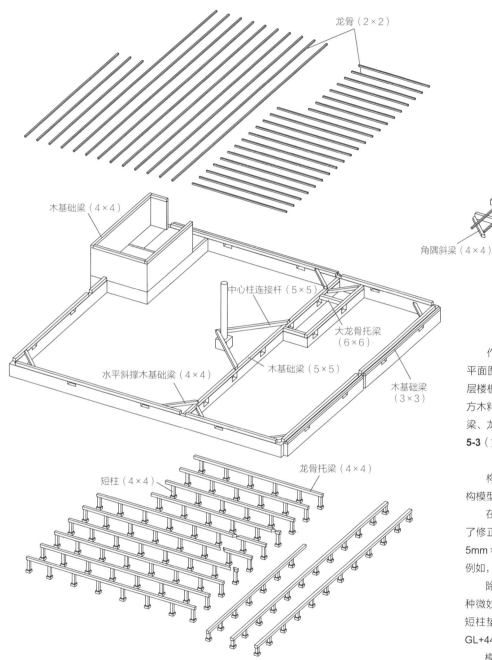

龙骨（2×2）

龙骨（2×2）

小梁（5×8）

角隅斜梁（4×4）

木基础梁（4×4）

中心柱连接杆（5×5）

大龙骨托梁
（6×6）

水平斜撑木基础梁（4×4）

木基础梁（5×5）

木基础梁
（3×3）

短柱（4×4）

龙骨托梁（4×4）

图 5-30　楼板结构（地板结构）的组装图（一层）
绘制一层楼板结构平面图（一层楼板俯视图）、二层楼板结构平面图（二层楼板俯视图），截取组成楼
板结构的模型构件并进行粘接，但木基础梁可不组装在主体结构（墙体结构）上。

作为构件，按照**图 5-22**（第 215 页）"一层楼板结构
平面图（一层楼板俯视图）"和**图 5-26**（第 217 页）"二
层楼板结构平面图（二层楼板俯视图）"，用 2 ~ 6mm 的
方木料截取短柱、木基础梁、水平斜撑木基础梁、龙骨托
梁、龙骨、连接杆的模型构件。这些构件的尺寸可按照**表
5-3**（第 207 页）中的"模型材料一览表"进行换算。

构件高度方向的尺寸如**图 5-31**（第 221 页）主体结
构模型用的剖面详图所示。

在**图 5-31** 中，将实际建筑的尺寸按模型尺寸进行
了修正。因模型中使用的模型材料只限于 4mm×4mm、
5mm×5mm 等尺寸，所以不能完全按照实物尺寸制作。
例如，90mm×90mm 的断面需用 4mm 见方的材料。

除尺寸的误差外，粘接剂的厚度等也会产生误差，这
种微妙的误差应由某些部位吸收。短柱置于底层地板下
短柱垫石上之后，其顶部（上部水平面）的长度为：按
GL+440mm 或 GL+300mm 进行调整。

模型构件截取后与基础进行粘接。不过，因木基础梁是
后面提到的主体结构（墙体结构）的一部分，所以在这里就
不用与基础进行粘接，只作为主体结构的模型构件即可。

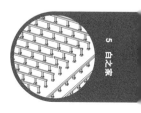

5　白之家

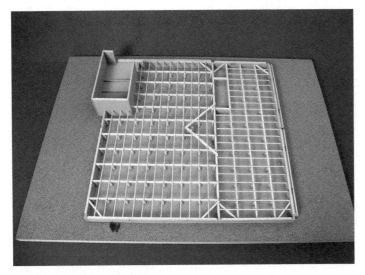

照片 5-15　模型（一层楼板结构）
模型构件截取后与基础进行粘接。不过，因木基础梁是后面提到的主体结构（墙体结构）的一部分，所以在这里就不用与基础进行粘接，只作为主体结构的模型构件即可。

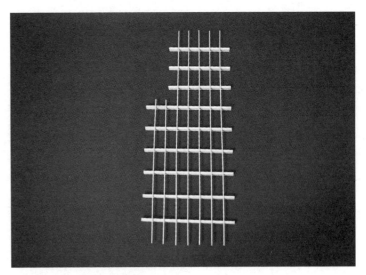

照片 5-16　模型（二层楼板结构）
二层的楼板结构需在主体结构（墙体结构）组装后，再与主体结构进行粘接。

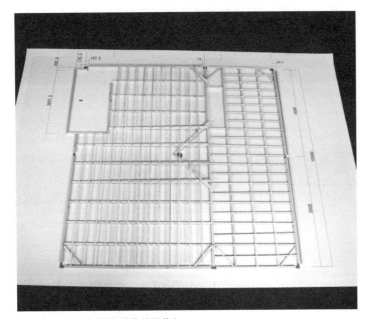

照片 5-17　模型（楼板结构的组装）
可在楼板结构平面图（楼板俯视图）上进行组装。

安装水平斜撑木基础梁时，水平斜撑木基础梁的顶部（上表面）应与龙骨托梁的顶部，也就是龙骨的下端（下表面）对齐（一层卧室下的水平斜撑木基础梁安装在基础上）。

在安装中心柱连接杆时，连接杆的顶部也应与龙骨托梁的顶部（龙骨的下端）对齐。对于白之家的整个结构来说，连接杆是非常重要的构件。将楼板下的连接杆置于间隔墙的木基础梁之上，并与木基础梁牢固地连接在一起。连接杆与龙骨托梁处于相同的水平面，却是比支撑楼板的龙骨托梁更为重要的构件，所以对于连接杆与龙骨托梁的交叉部分，应优先考虑连接杆而将多余的龙骨托梁截掉。

二层的楼板结构以后要安装在主体结构上，所以这里只是剪切出模型构件，粘接作业在以后进行。在进行粘接时，角隅斜梁应与小梁的下端齐平（本书未掌握角隅斜梁的建筑细部。实际上，角隅斜梁与小梁也许并不是齐平的）。

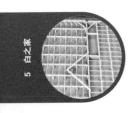

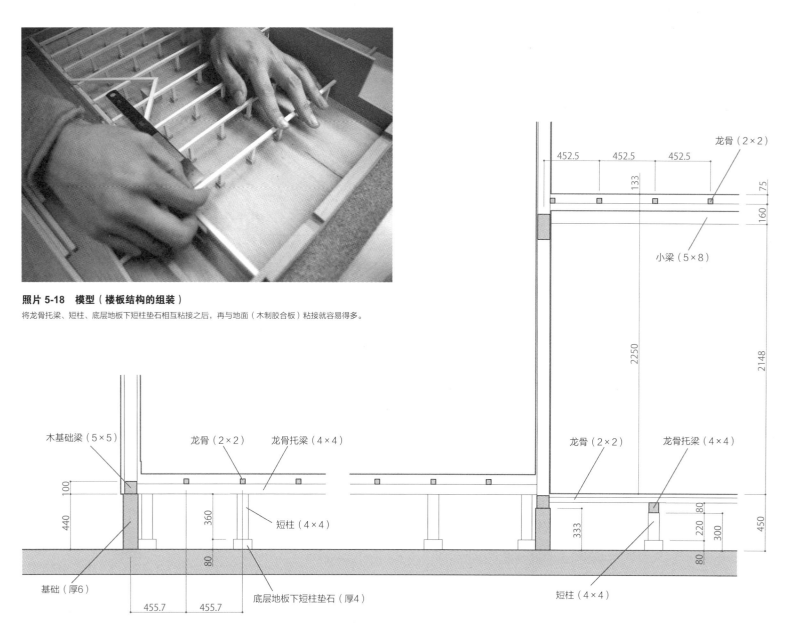

照片 5-18　模型（楼板结构的组装）
将龙骨托梁、短柱、底层地板下短柱垫石相互粘接之后，再与地面（木制胶合板）粘接就容易得多。

龙骨（2×2）

452.5　452.5　452.5

133

75

160

小梁（5×8）

2250

2148

木基础梁（5×5）

龙骨（2×2）　龙骨托梁（4×4）

龙骨（2×2）　龙骨托梁（4×4）

100

440

360

短柱（4×4）

333

80

220

300

450

80

80

基础（厚6）

455.7　455.7

底层地板下短柱垫石（厚4）

短柱（4×4）

图 5-31　楼板结构的构成（主体结构模型用的剖面详图 1/50）
在该图中，将实际建筑的尺寸按模型尺寸进行了修正。在制作时，要考虑到模型与实际尺寸间存在着一定的误差（应由某些部位吸收误差）。

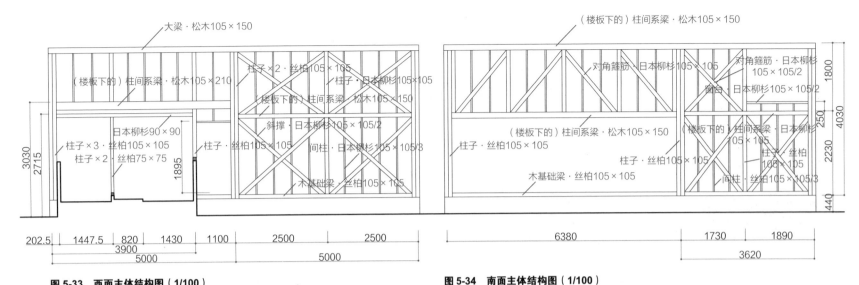

图 5-33　西面主体结构图（1/100）

所谓 105/2 就是 105mm 材料的一半（52.5mm），105/3 则表示 105mm 材料的 1/3（35mm）。

图 5-34　南面主体结构图（1/100）

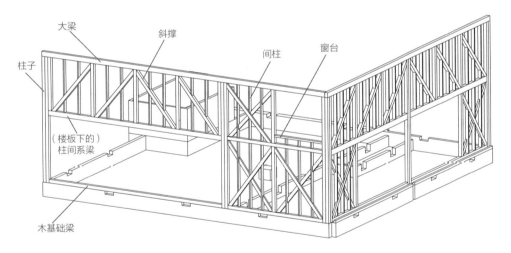

图 5-32　主体结构的构成（南面 + 东面）

修建在基础上的南面与东面的主体结构。

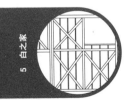

5.6　主体结构（墙体结构）

在本节中，我们在学习了楼板结构之后，接着学习构成墙体的主体结构。

5.6.1　主体结构（墙体结构）的构成

白之家的外墙采用的是在**金属丝网·砂浆**基底上涂刷**白色灰浆**面。厅堂与二层卧室的墙壁基底是以**石膏板**作为基底，并在其表面贴**基底衬布**后再涂刷**白色油漆**。洁白无瑕的白色墙壁演绎了白之家的抽象的空间。另外，一层卧室的墙壁贴的是柳桉木板材。

在采用不同饰面的墙体内存在有下述构件：**木基础梁、柱子、梁、大梁、（楼板下的）柱间系梁、间柱、斜撑、窗框**。所谓主体结构，就是指由这些构件组成的墙体。

白之家的主要墙壁是由住宅外周的四面墙和将厅堂与卧室隔开的一面间隔墙，共计五面墙（除此之外的其他墙有浴室·洗衣间的墙壁，楼梯下储物间的墙壁）组成的。**图 5-32** 所示为修建在基础上的南面与东面的主体结构立体图。另外，表示外周的四面墙和间隔墙的主体结构构成的**主体结构图**如**图 5-33** ～**图 5-37** 所示。

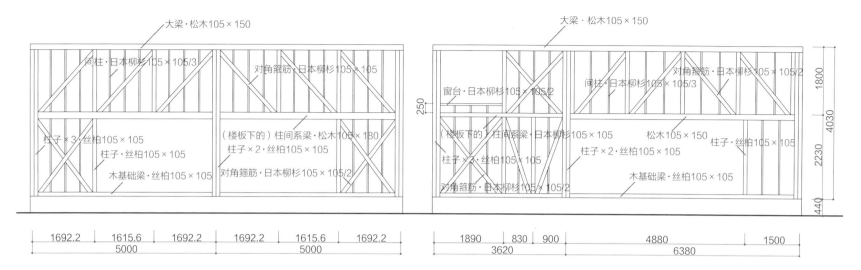

图 5-35　东面主体结构图（1/100）

图 5-36　北面主体结构图（1/100）

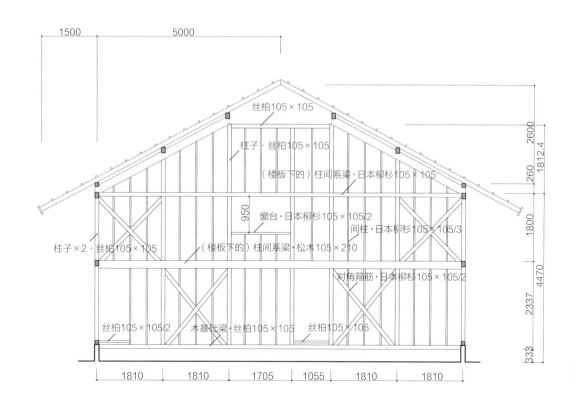

图 5-37　间隔墙主体结构图（1/100）

除主体结构外，还绘制了带有屋顶的屋架构件（斜梁、檩条、椽子等）（屋架部分将在后面加以说明）。

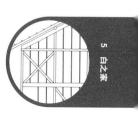

5　白之家

223

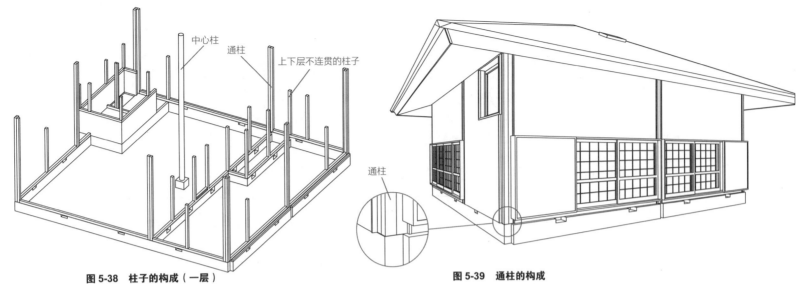

图 5-38　柱子的构成（一层）
一层立在基础和木基础梁上的所有柱子。中心柱、4 个角部、间隔墙的两端，以及东面（东墙）、西面（西墙）中央配置的柱子是通柱。

图 5-39　通柱的构成
通柱露于外部。通柱没有立在木基础梁上，而是直接坐在基础上。

5.6.2　柱子

柱子立在基础或木基础梁上。立在一层的所有柱子如**图 5-38** 所示。正如**图 5-39** 中所看到的，这些柱子中的一部分露在外墙面外。**图 5-40** 表示柱子的位置。

立在一层的柱子中有 2 种类型：一直通至屋顶檐处的一根长柱和只通至二层楼板下的柱子。前一种类型的柱子称为**通柱**，后一种类型的柱子称作**上下层不连贯的柱子**。

通柱通常被设置在建筑的角部。在白之家中，中心柱、4 个角部、间隔墙的两端以及东面（东墙）、西面（西墙）中央配置的柱子是通柱。在**图 5-40** 中，用"○"或"◎"括起的表示通柱。

白之家的柱子除中心柱外，其他的所有柱子采用的都是 105mm×105mm 的丝柏或日本柳杉。不仅仅是白之家，一般的木结构建筑所用的柱子尺寸大多都是 105×105 mm 的。中心柱采用的是顶面直径 210mm 的日本柳杉原木（中心柱的底部更粗）。

通柱是一种更坚固的柱子，所以在一般木结构中的通柱大多采用比 105mm×105mm 更粗的 120mm×120mm 的柱子。但白之家所用的柱子是将 2 根或 3 根只有 105mm×105mm 的柱子用螺栓进行牢固的连接后作通柱使用。

白之家的柱子大部分都隐藏在墙内，但有一部分露在外部或室内。从**图**

5-40 的详图中可以看到，所有的通柱都露在外面。暴露在外部的通柱在**图 5-4** 和**图 5-5**（第 196 页）所示的立面图中也可以得到确认。在室内的墙壁中，除一处外，其他所有的柱子都隐藏在墙内。室内可以看到的柱子除中心柱外，外露的柱子只有二层卧室是**图 5-40** 中用"◎"表示的外露的通柱。

上下层不连贯的柱子立在木基础梁上，但白之家的通柱并未立在木基础梁上，而是直接坐在基础上。这在**图 5-33 ~ 图 5-37**（第 222 ~ 223 页）所示的主体结构图中就可以得到确认。

柱子不立在木基础梁上而是直接坐在基础上属于特殊的做法，一般的做法都是将柱子立在木基础梁上。白之家因建筑构件的交圈因素，在外观上只能看到柱子部分。从**图 5-39** 和**图 5-4 ~ 图 5-5**（第 196 页）所示的主体结构图中，就可以看到露在外面的柱子外形。

在日本传统的建筑中，柱子一般都是立在自然块石（大卵石、蛮石 = 小卵石等）上的。白之家直接坐在基础上的通柱不禁使人想到传统建筑的构成。

下面，我们将话题转向墙体的构成。一般在框架结构的建筑中，墙体的构成有称作**隐柱墙（板条抹灰墙）**和**露柱墙（明柱墙）**的 2 种类型。所谓隐柱墙，是指通过墙体饰面将柱子隐藏在墙内的结构，而墙壁在柱间（柱子与柱子之间），柱子的一部分露出墙面的就是露柱墙。日本传统的木结构建筑大多

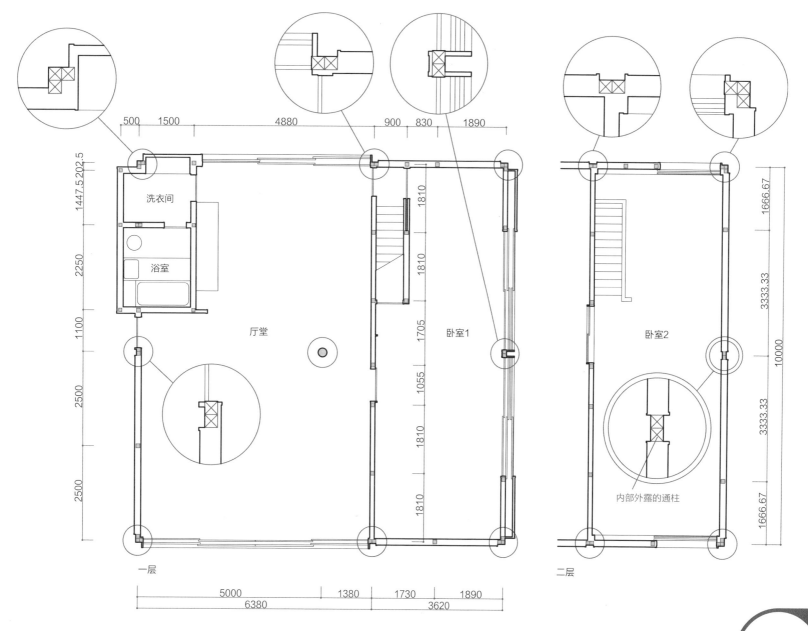

图 5-40　柱子配置图（1/100）

"○"或"◎"表示通柱。用"◎"括起的东面（东墙）中间的通柱在二层卧室为外露柱。所有方柱的尺寸均为 105mm×105mm。通柱是用螺栓将 2 根或 3 根 105mm×105mm 的柱子牢固连接而成的。

5 白之家

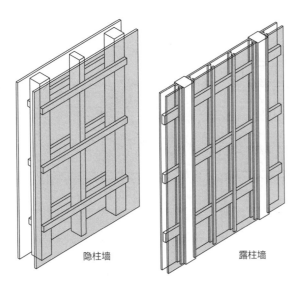

图 5-41　隐柱墙和露柱墙
隐柱墙是柱子隐藏在墙内的墙体。露柱墙则是柱子的一部分露出墙面的墙体。

图 5-42　（楼板下的）柱间系梁与大梁的构成
（楼板下的）柱间系梁是架设在二层楼板水平面的水平构件。
大梁则是将二层水平面的柱子顶部连接的构件。

是采用露柱墙建造的，特别是日式房间（和室），很多都是露柱墙。**图 5-41** 表示的是隐柱墙和露柱墙的概念图。

白之家的墙体构成基本上是隐柱墙，但露出外墙面的通柱则是露柱墙。

5.6.3　（楼板下的）柱间系梁·二层柱子·大梁

图 5-42 表示架设在一层柱子上的**（楼板下的）柱间系梁**、二层柱子和**大梁**。

所谓（楼板下的）柱间系梁，就是架设在二层楼板水平面上的水平状梁材。（楼板下的）柱间系梁架设在通柱之间，置于一层上下层不连贯的柱子之上。"（楼板下的）柱间系梁"一词来自于：把建筑比作壳体时从壳体中间穿过的物件。我们在前面论述的二层楼板结构是架设在东面（东墙）与间隔墙之间的。

在楼板下的柱间系梁上，架设有二层的"上下层不连贯的柱子"（105mm×105mm 的日本柳杉）。大梁是连接二层水平面柱子（通柱与二层上下层不连贯的柱子）顶部的梁材。

在二层上下层不连贯的柱子下部，也有将一层上下层不连贯的柱子设置在平面相同的位置处的，正如**图 5-34** ~ **图 5-36**（第 222 ~ 223 页）的南面（南墙）、东面（东墙）、北面（北墙）主体结构图中所示的那样，二层在一层开口部上架设的（楼板下的）柱间系梁的上部，即一层未设柱子处，设置了上下层不连贯的柱子。在第 3 章（萨伏伊别墅）钢筋混凝土框架结构中，在一层未

设柱子的位置处，二层基本上也不设柱子。而在木框架结构中，二层在一层未设柱子的位置处设置柱子，不仅是白之家，对于其他的木框架结构建筑来说也不是什么特别的事。

白之家的楼板下柱间系梁采用的都是宽度 105mm 的松木，长度因柱间（跨距）长度的不同而有所不同。另外，其材质也不一样。例如在**图 5-42** 中所看到的，南面（南墙）东侧的（楼板下）柱间系梁采用的是 105mm×105mm 的日本柳杉，而南面（南墙）西侧以 6.38m 跨距架设的柱间系梁则是 105mm×150mm 的松木，东面（东墙）的 2 根（楼板下）柱间系梁采用的是尺寸为 105mm×180mm 的松木。在南面（南墙）西侧与东面（东墙）的（楼板下）柱间系梁上，一层未设柱子的位置处架设有上下层不连贯的柱。这样，架设在大跨距柱子上的"（楼板下）柱间系梁"以及架设在（楼板下）柱间系梁上的"上下层不连贯的柱子"，其长度就长。

架设在通柱上的大梁采用的是 105mm×105mm 的松木。大梁是墙体最上部的构件。

5.6.4　斜撑与间柱

一般，木结构建筑是由柱子及梁等"线型"构件组成的。在日本，用木墙组成的传统架构形式有"**井干式工法（校仓造）**"[25]，但现在这种施工方法已

[25]　所谓井干式工法（校仓造），是指以三角形、矩形、六角形或圆形木料平行向上层层叠置，在转角处木料端部交叉咬合，形成房屋四壁的一种施工方法。

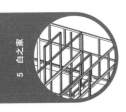

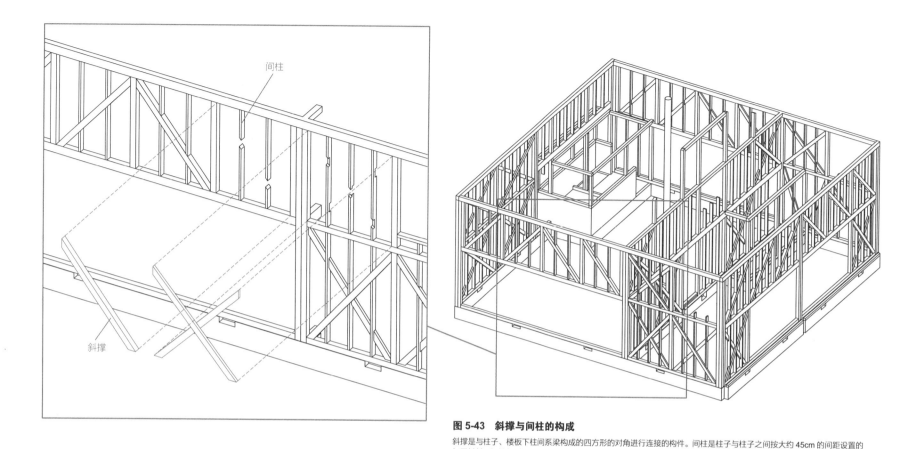

间柱

斜撑

图 5-43　斜撑与间柱的构成

斜撑是与柱子、楼板下柱间系梁构成的四方形的对角进行连接的构件。间柱是柱子与柱子之间按大约 45cm 的间距设置的加固材料。间柱与斜撑的交叉部分，应用十字嵌接的方式加以固定。

不多见。从结构是由柱子及梁构成的这一点来看，木结构建筑的代表性架构形式——骨架结构就是框架结构。不过与钢筋混凝土及钢结构相比，采用奢华构件的框架结构对衔接部位很难做到坚固的刚性接合。所以在框架结构中，墙体的结构应能抵御来自水平方向的力。

图 5-43 是在基础·木基础梁·柱子·（楼板下的）柱间系梁·大梁上绘制了**斜撑**和**间柱**。

斜撑是与柱子、楼板下柱间系梁构成的四方形的对角进行连接的构件。在基本形状由四方形组成的框架结构中，为使四方形框架增加抵御水平方向产生变形的水平力（地震力），就应当设置斜撑。四方形框架容易产生水平方向的变形，而四方形框架设置斜撑后就会形成三角形，从而就可以抑制框架的变形[26]。

白之家所采用的斜撑是 105mm × 105mm 或 105mm × 77.5mm（105/2）2 种较粗的日本柳杉。在设有开口部位的部分，因很难设置斜撑，所以可以在未设门窗开口的部位设置大量的斜撑。

柱子与柱子之间按大约 45cm 的间距设置的加固材料就是间柱[27]。在白之家主要的主体结构（东西南北面与间隔墙）中，间柱采用的是 105mm × 35mm（105/3）的日本柳杉。

在设有斜撑的部位，间柱与斜撑是交叉设置的。在交叉的部分，应将间柱截去并用十字嵌接的方式加以固定，而不能将斜撑截去并用十字嵌接的方式加以固定。

在**图 5-43** 中，绘制了南面主体结构的斜撑与间柱的分解图。应当对间柱的十字嵌接进行确认。

[26] 斜撑可以用得到相关机构认定的结构用胶合板、石膏板等代替。

[27] 在相关的法规上，间柱并未被指定为结构材料。但是，间柱起有补强加固的作用。

5　白之家

227

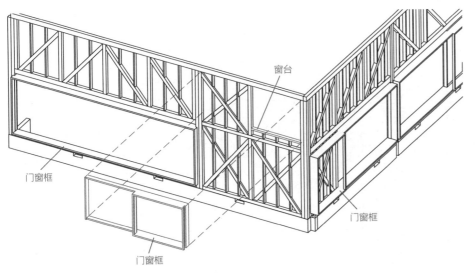

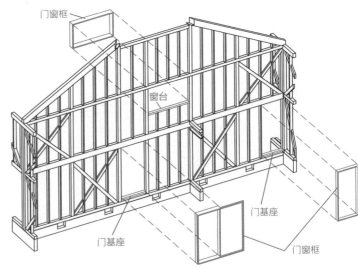

图 5-44　窗台与门窗框的构成（南面与间隔墙）
窗户是由置于（柱子、梁、窗台围护的）开口部内的门窗框（窗户或门的框）构成的。

5.6.5　窗台

在设有窗户的部分，应根据需要安装支撑窗户下框的**窗台**以及窗户上框的窗楣。

在白之家中，二层卧室的南面以及面向北面窗户和厅堂的窗户都设有窗台。窗台的构件使用的是 105mm×52.5mm 的日本柳杉。**图 5-44** 中的左图表示安装在二层卧室南面的窗台，**图 5-44** 中的右图则表示安装在面向北面窗户和厅堂窗户处的窗台。

窗户是由设置在（柱子、梁、窗台围护的）开口部内的**门窗框**（窗户或门的框）构成的。门窗框是**门窗**（窗户或门）的一部分，与主体结构（墙体结构）的一部分不同。窗户的框称为**窗框**，而门的框则称作**门框** [28]。

一般窗框安装在窗台、窗楣、间柱之间，而在白之家中则是梁和（楼板下的）柱间系梁兼做窗楣。另外，一般在立柱时要按照窗户的尺寸进行，但白之家的所有窗户都是设置在柱子与柱子之间的。也就是说，找不到因安装窗框而设的窗楣和间柱。门厅的上部设有安装门框的门楣（在表示浴室·洗衣间周围主体结构构成的**图 5-45** 中，可以看到架设在门厅门上部的门楣）。

在厅堂与卧室等之间的门的开口部，设有安装门框用的基座（门基座）。门的基座在**图 5-44** 中右图所示的一层卧室与厅堂间的间隔墙主体结构中可以看到。

门基座所用的材料与窗台相同，也是 105mm×52.5mm 的日本柳杉。

▉ 练习 5-3　主体结构的制作

下面，就让我们制作一个主体结构的模型吧！主体结构中的"柱子、（楼板下的）柱间系梁、大梁、斜撑、间柱、窗台、门楣（窗楣）"用方棒制作，"中心柱"用圆棒制作。这些构件可采用**表 5-3**（第 207 页）"模型材料一览表"中的尺寸。

绘制主体结构图，确认各个构件的长度，并切割出模型构件。浴室·洗衣间部分立有柱子，该部分主体结构的构成如**图 5-45** 所示 [29]。

在实际工程中，不仅是主体结构，包括小檩在内都是在对主要的部位进行**组装**（安装、竖立、架设构件的工程）后，再安装间柱、窗台等。在木结构工程中，工程的大部分都是对主要部位进行组装（安装、竖立、架设），在安装屋顶最高的一根中梁时举行**上梁仪式**。也就是说，上梁仪式是在架设屋顶最高的**屋脊**时所举行的仪式。与整个工程完工时要举行竣工仪式不同，上梁仪式是在工程建设中举行的。屋脊一词源自木结构建筑，但在钢筋混凝土结构等没有木屋顶的建筑中，安装最上部（顶部）的屋顶时也有举行上梁仪式的。

[28] 门框的下框称为"门槛"，上框则被称为"上档"。

[29] 图 5-45 中绘制了浴室·洗衣间的间柱，但在公开发表的图纸（第 198 页注 4 所示文献）中没有绘制浴室·洗衣间的间柱。本书图 5-45 中所示的间柱是作者推测绘制的。

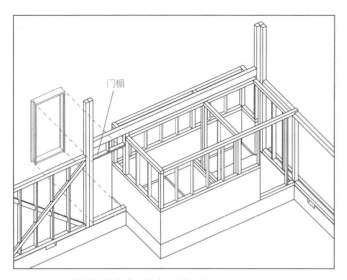

图 5-45　主体结构的构成（浴室·洗衣间）
彩色线条表示浴室·洗衣间间柱的构成（在公开发表的图纸中没有表现间柱部分）。

门楣

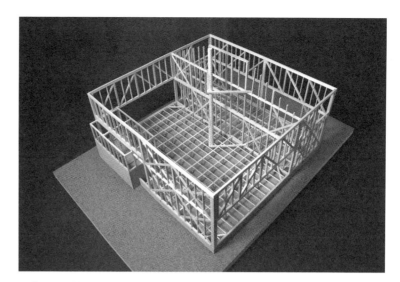

照片 5-19　模型（主体结构）
基础、一层楼板结构、主体结构的组装状态。

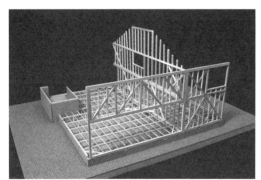

先完成间隔墙后，主体结构就容易组装了。

浴室·洗衣间

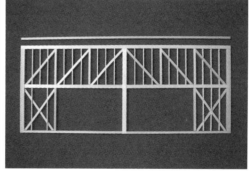

用纸模剪切出构件，并将构件粘贴在主体结构图上。

使用美工刀、小号切刀、小錾子、锉刀等工具，便于进行间柱的十字嵌接作业。

照片 5-20　模型（主体结构的组装）

　　在上梁阶段，间柱及窗框还没有进行安装。在上梁时安装的斜撑也是临时性的斜撑，之后再对整个架构进行调整，并安装**正式斜撑**（最后正式使用的斜撑）。也就是说，在实际工程中，不会是先架设屋架再完成主体结构。

　　但在主体结构模型中，需要完成主体结构。虽与实际的工程有所不同，但

在制作模型时，分别将住宅周围的四面墙和间隔墙做好可以大大提高效率（**照片 5-19** 及**照片 5-20**）。

　　模型制作中最费工费时的就是间柱的十字嵌接作业了，一定要耐心地坚持到底。

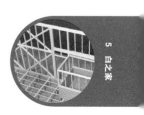

5 白之家

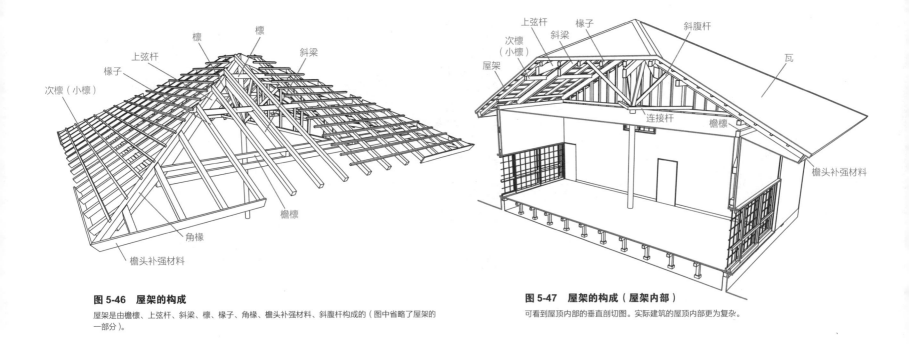

图 5-46 屋架的构成
屋架是由檐檩、上弦杆、斜梁、檩、椽子、角椽、檐头补强材料、斜腹杆构成的（图中省略了屋架的一部分）。

图 5-47 屋架的构成（屋架内部）
可看到屋顶内部的垂直剖切图。实际建筑的屋顶内部更为复杂。

5.7 屋架

下面，让我们继楼板结构、主体结构之后学习一下**屋架**的相关知识吧！在对主体结构上的整个建筑进行搭设时，支撑屋顶饰面材料及基地材料的部分就是**屋架**。

白之家的屋顶是**铺瓦屋面**。瓦是铺设在称作**（毛）望板**的基底材料上的。直接支撑（毛）望板的构件称为**屋架**，屋架内是分类更细的构件。屋架是由各种构件乃至小檩等组成的。

5.7.1 屋架的构成

白之家的屋架是由檐檩、上弦杆、斜梁、檩、椽子、角椽、檐头补强材料、斜腹杆构成的。屋架的各个构件如**图 5-46** 所示。

一般，屋架都是隐藏在"屋顶内"的。**图 5-47** 就是可看到屋顶内部的垂直剖切图。表示屋架的俯视图就是**屋架俯视图（屋架结构平面图）**。白之家的屋架俯视图（屋架结构平面图）如**图 5-48** 所示。

上弦杆是将檐檩的端部（正方形平面的顶部）与中心柱进行斜向连接的构件。作为连接大跨距、组成屋架的构件，需要使用长度更长的 120mm×

270mm 的美国松。上弦杆的端部（檐檩的上部）装有端部补强材料——日本柳杉 120mm×150mm 的**角椽**。

上弦杆中心柱旁的中心点是通过自中心柱斜向延伸的**斜腹杆**来支撑的。所谓斜腹杆，是将梁等横架材料（水平架设的构件）架设在柱子上时对其角部进行加固补强材料的一种称谓。如果将其看做与"胳膊肘支在桌上**用手托腮**"的作用相同，就容易理解了。斜腹杆使用的材料为 120mm×120mm 的松木。

斜梁是指与上弦杆、斜腹杆、接缝附近与梁呈倾斜状连接的梁。斜梁使用的是 120mm×210mm 的松木。

檩水平架设在斜梁上。檩使用的是 120mm×150mm 的松木。檩是架设在 2 个不同的水平面上的。架设在上弦杆和斜腹杆的接缝周围的是高位（水平面高）的檩。低位（水平面低）的檩架设在高位檩和梁的中间。2 根檩水平方向的间距约为 180cm。

在主体结构最上层的梁上，与斜梁的端部呈夹角状架设的另一根檩就是**檐檩**。檐檩使用的是 105mm×105mm 的日本柳杉。所谓**屋檐**，是指屋顶端部伸出外墙的部分。檐檩是支撑屋檐的檩。白之家的屋檐是从柱子的中心向外伸出至 1500mm 的位置处。

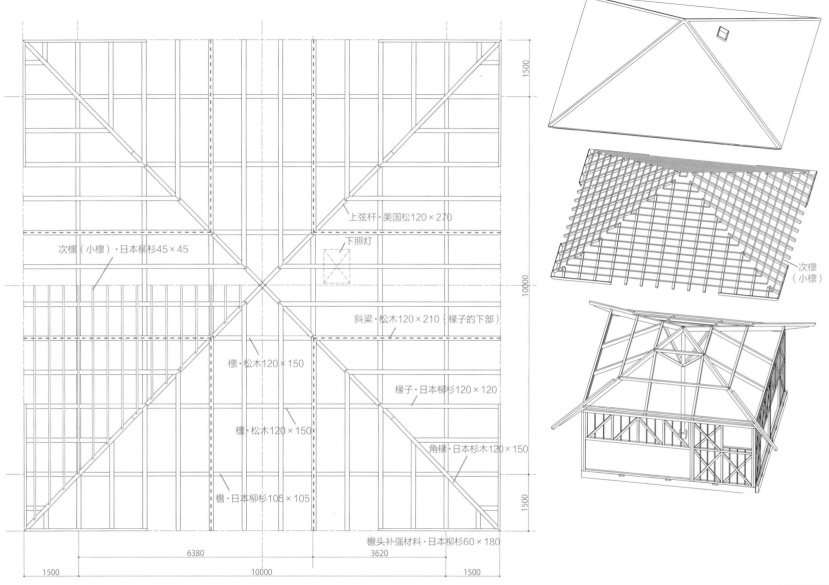

上弦杆·美国松120×270

次檩（小檩）·日本柳杉45×45

下照灯

斜梁·松木120×210（椽子的下部）

檩·松木120×150

椽子·日本柳杉120×120

檩·松木120×150

角椽·日本杉木120×150

檐·日本柳杉105×105

檐头补强材料·日本柳杉60×180

1500

10000

1500

6380

3620

1500   10000   1500

次檩
（小檩）

图 5-48　屋架结构平面图 / 屋架俯视图（1/100）

用屋架结构平面图表示的屋架形状。斜梁架设在椽子下。图中表现了屋架的一部分。在右图所示的立体图中，省略了除南面与东面外的其他基础。

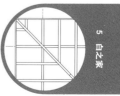

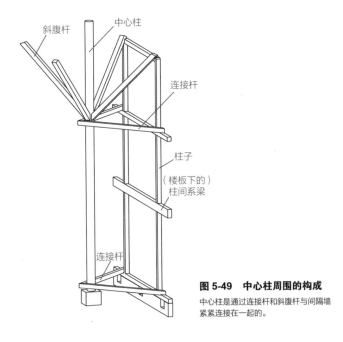

图 5-49 中心柱周围的构成

中心柱是通过连接杆和斜腹杆与间隔墙
紧紧连接在一起的。

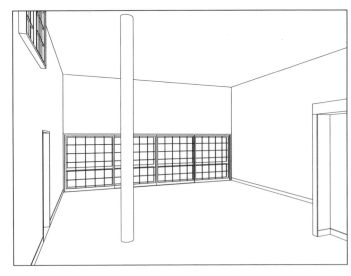

图 5-50 厅堂

厅堂中所看到的中心柱。支撑大屋顶的各种构件组成的构架（一部分）。

椽子按约 90cm 的间距排列在檩上。椽子使用的是 120mm×120mm 的日本柳杉。另外，小檩按约 40cm 的间隔设置在椽子上，而且小檩是屋顶的基底材料和直接支撑瓦的构件。小檩中使用的是 45mm×45mm 的日本柳杉。

在屋檐的四周，安装有对屋檐前端进行补强加固的**檐头补强材料**。檐头补强材料使用的是 60mm×80 mm 的日本柳杉。

5.7.2 中心柱与连接杆

我们在前面学习的屋架是由主体结构（墙体结构）和中心柱构成的。下面我们将要学习的是支撑屋架的重要构架——中心柱的构成。

图 5-49 表示支承大屋顶的中心柱及其周围的构件。中心柱是通过连接杆和斜腹杆与间隔墙紧紧连接在一起的。

图 5-50 表示厅堂中所看到的中心柱。实际上，室内立有一根中心柱。但是，大屋顶并不是只由中心柱支撑的，支撑大屋顶的是**图 5-49** 所示的各种构件组成的构架。

5.7.3 屋顶的构成

白之家的屋顶形状是**方形**的。一般的木框架结构住宅中，有各种各样的屋顶形状。**图 5-51** 表示木框架结构住宅中的各种各样的屋顶形状。

在一般的住宅中，大多采用山墙立面为三角形的**双坡屋顶**和屋顶的四个方向均带坡度的**四坡屋顶**。另外，像在传统民居的屋顶形状的基础上屋顶正脊延长，两端至屋檐中间处内收，屋顶上部两侧形成两个山花面的**歇山屋顶**中也能经常见到。

木结构的屋顶有一定的倾斜面，立面图（投影图）中的倾斜面投影为三角形。木框架结构的特点就是屋顶的立面为三角形。屋顶为三角形立面的坡屋顶，与在第 2～4 章中学过的住吉长屋、萨伏伊别墅、范斯沃斯住宅的平屋顶形成了鲜明的对照。

一般，双坡屋顶、四坡屋顶、歇山屋顶的屋架都是通过称为**日式屋架**或**西式屋架**的这 2 种结构形式中的一种进行架构的。日式屋架或西式屋架的概念图如**图 5-52** 所示。

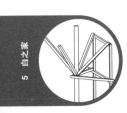

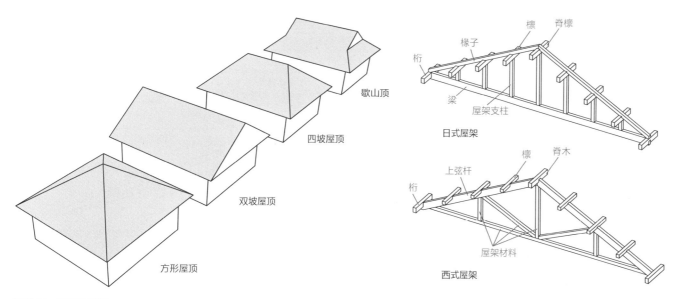

图 5-51　屋顶的形状
各种各样的屋顶形状。双坡屋顶和四坡屋顶是常见的屋顶。屋顶正脊延长，两端至屋檐中间处内收，
屋顶上部两侧形成两个山花面的歇山屋顶是传统民居屋顶形状的一种。

图 5-52　日式屋架和西式屋架
日式屋架是将屋架支柱立在水平架设的桁架下弦杆上。在桁上安装屋架，支撑屋顶。

日式屋架是日本传统的屋架形式，是将桁架下弦杆水平架设在桁与桁之间，并将**屋架支柱**立在上面后，再在屋架支柱上安装屋顶。西式屋架则是一种在桁与桁之间安装屋架，由此来支撑屋顶的结构。西式屋顶的屋架斜边的构件就是上弦杆。

白之家的方形屋顶并不是标准的屋架，从屋架采用上弦杆这一点来看，可以说更接近于西式屋顶。

■ 练习 5-4　屋架的制作

在地面结构与主体结构上安装屋架，并完成主体结构模型的制作。制作的过程如**照片 5-21** 所示。到主体结构为止，模型的制作顺序与实际中作业顺序不同的就是墙体可以按每个面来做。因屋架必须架设在中心柱上，所以就不能只制作屋架模型。那么，就让我们用与实际建筑的作业方式相近的组装（安装）方法制作吧！

作为屋架用的方木料，需要有檐檩、上弦杆、角椽、斜腹杆、斜梁、檩、椽子、小檩、檐头补强材料等。这些方木料可采用**表 5-3**（第 207 页）"模型材料一览表"中的尺寸。

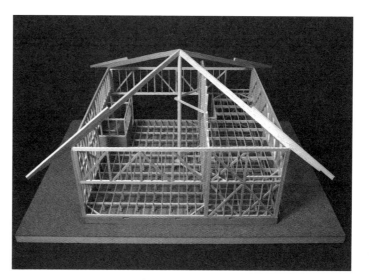

照片 5-21　模型（屋架的组装）
将切割好的模型构件按顺序进行粘接。在组装屋架之前，先对中心柱和连接杆进行粘接。如果对上弦杆进行组装，不要忘记斜腹杆的组装。

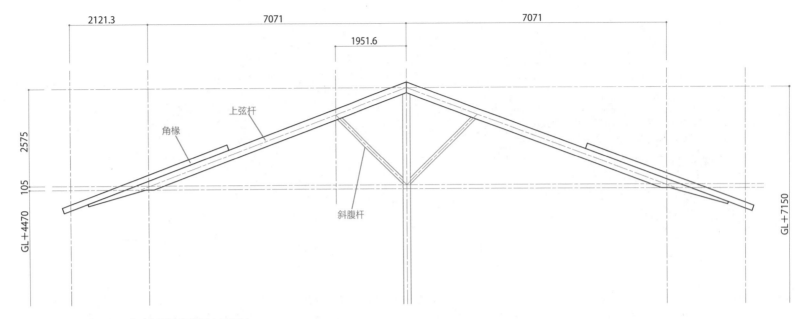

图 5-53　上弦杆主体结构图（1/100）

可以看到上弦杆、角椽、斜腹杆实际形状的侧面图。

尺寸标注：2121.3　7071　7071　1951.6　2575　105

标签：角椽　上弦杆　斜腹杆

GL＋4470　GL＋7150

因 120mm×270mm 的上弦杆应当加工成所需形状，所以可以用 6mm 厚的西印度轻木制作（担心其他方木料全都采用丝柏，只有上弦杆采用西印度轻木时，就认真努力地加工丝柏方棒吧）。

图 5-53 为上弦杆的构件图。**图 5-53** 是从侧面垂直方向看到的上弦杆、角椽、斜腹杆的投影图。图中表现了这些构件的**实际形状**（实际大小）。在制作模型构件时，应当绘制出可表现构件实际形状并标有长度尺寸的图纸。

沿屋顶倾斜的构件中除上弦杆、角椽、斜腹杆外，还有斜梁和椽子。斜梁和椽子的实际形状在**图 5-37**（第 223 页）间隔墙主体结构图中可以看到。从间隔墙主体结构图中可以推算出斜梁和椽子的构件尺寸。因其他的所有构件都是水平架设的，所以在**图 5-48**（第 231 页）所示的屋架结构平面图（屋架俯视图）中表现了屋架的实际形状。绘制屋架结构平面图后可以得到构件的尺寸。

在对屋架的模型构件进行切割时，应考虑到斜屋顶的坡度。因很多构件的切口部都是斜的，所以应准确的计算出各构件切口的角度。

屋架完成后，主体结构的模型就完成了。**照片 5-22** 是屋架的制作过程，**照片 5-23** 是模型的完成照。

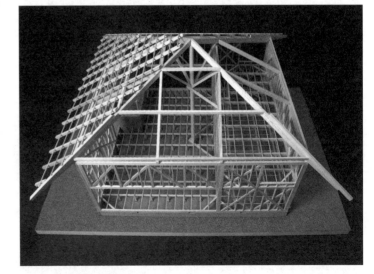

照片 5-22　模型（屋架）

在照片 5-21（第 233 页）中所示的模型上架设腹杆、斜梁、檐檩、椽子和小檩。

5　白之家

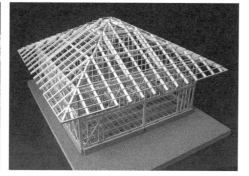

照片 5-23　模型
主体结构模型的完成照。对照平面图、剖面图、主体结构图，对白之家的空间构成进行确认。

图 5-54　北立面图(1/150)

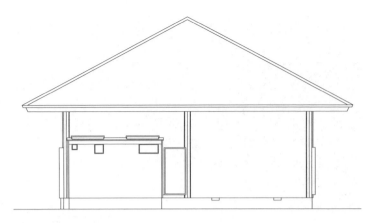

图 5-55　西立面图(1/150)

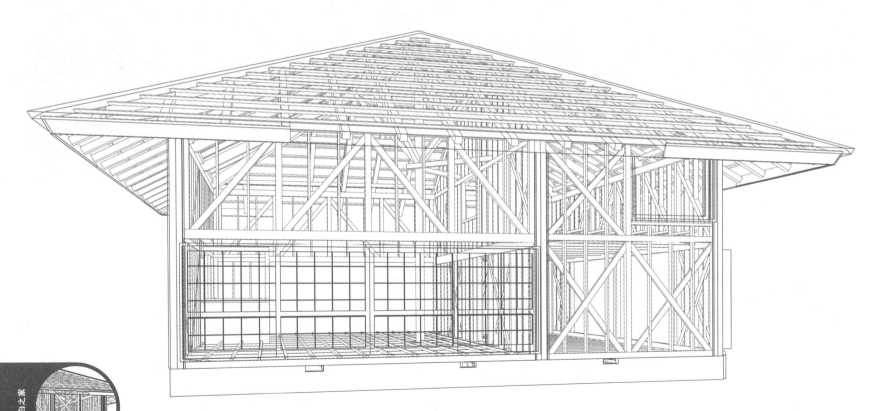

图 5-56　主体结构与饰面

图 5-9 (第 198 页) 主体结构立面图中的墙壁与门窗看上去密密麻麻相互重叠。木框架结构的框架——主体结构被墙壁及门窗包裹在里面。

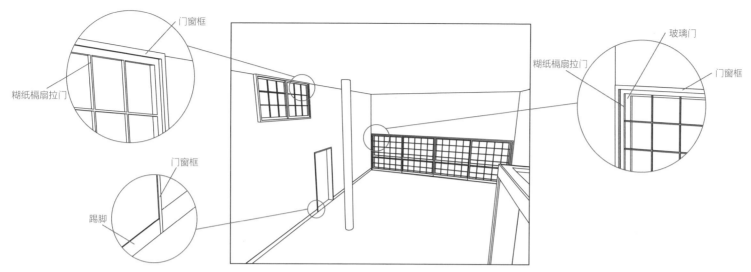

图 5-57 门窗与踢脚

图中省略了粘贴在糊纸槅扇拉门上的窗纸，并绘制了糊纸槅扇拉门对面的玻璃窗。

5.8 各部位的构成

通过主体结构模型的制作可以更好地理解木框架结构的构成。楼板结构·主体结构·屋架的完成就是建筑的框架 = 结构体的完成。

在完成的主体结构上装上墙壁与屋顶，并安装好门窗后的白之家的立面图如**图 5-54** 及**图 5-55** 所示（图中表示的是北立面图和东立面图。南立面图和北立面图在第 196 页的**图 5-4** 及**图 5-5** 中表示）。另外，主体结构中墙壁与门窗密密麻麻相互重叠的立体图如**图 5-56** 所示。

对于白之家墙体的内部、楼板下、顶棚内、位于屋顶高度的细部等，本书无法一一言及，但是，为帮助读者学习、理解平面图、剖面图，对于必要的内墙与门窗细部都做了说明。这样就可以在通过平面图、剖面图掌握楼板结构、主体结构、屋架所决定的框架尺寸的同时，对包裹框架的墙体、楼板、顶棚等进行绘制了。

至此，模型的制作就全部完成了。以后也就不用再进行演习了。

5.8.1 墙体饰面与门窗

将屋顶架设在结构体——楼板结构·主体结构·屋架上，安装**门窗**（门和窗户），进行**内装**（内部装修）、**外装**（外部装修）后，建筑物的建造即告完成。

此外，建筑的外部或内部有门窗、墙壁、地面楼板、屋顶等。在木结构建筑中，墙壁的下部都设有称作**踢脚**的构件。踢脚是安装在墙壁与地板相交处的装修材料。虽然也可能有不用踢脚的装修方法，但一般在装修墙壁时都采用踢脚 [30]。

图 5-57 表示厅堂的门窗与踢脚。在本节中，我们将学习如何在平面图及剖面图中表现门窗及踢脚。

在平面图及剖面图中，是将门窗进行剖切以表现的。另外在剖面图中，还绘制了剖切面对面的门窗。在剖面图中，可以看到用可见线（外形线）表现的踢脚。

5.8.2 门窗与门窗框

门窗就是将可动或固定的窗和门以及对其进行安装所需的**门窗框**加以组合的总称。

在一般建筑，特别是在木结构建筑中，直接安装在墙壁上的都是门窗框，而不是将窗户及门本身直接固定在墙体上。也就是说，窗户和门不是安装在墙上，而是安装在门窗框上的。

如果是钢筋混凝土那种块体的墙壁，也可能不装门窗框而只设置开口部位，例如只作通道用，就不用门窗框，在墙上设置开口就可以了。尽管这并不是常见的做法，但假如想坚持这样做的话，就可以不装门窗框而直接镶入玻璃。

[30] 例如在第 2 章学到的住吉长屋原浆混凝土饰面墙壁中，就没有采用踢脚。

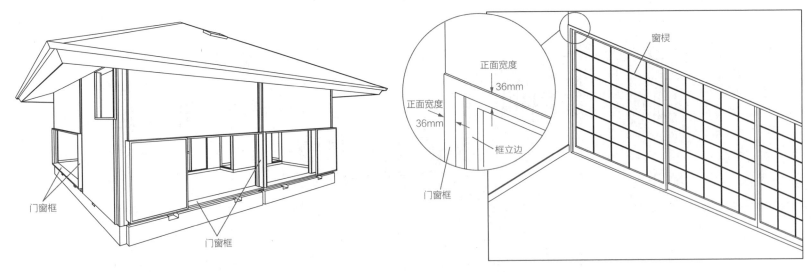

图 5-58　开口部的构成
图中省略了窗户、门，表示门窗框与墙壁的关系。该图是图 5-39（第 224 页）除去门窗框的立体图。

图 5-59　窗户的构成（南面）
从室内看到的 W1（南面的窗户）的正等轴测投影。可以看到门窗框的正面宽度尺寸为 36mm。

但是，当墙壁采用的是通过墙体饰面将柱子隐藏在墙内的隐柱墙时，如果不设框，就很难在墙壁上开口。开口部是按门窗框大小在墙体上留出的门窗洞，是安装门窗的部位。

作为工程的施工顺序，门窗框应在墙壁装修之前安装。也就是说，先在主体结构上安装门窗框，然后再进行墙壁的装修。

图 5-58 表示未绘制窗户和门的外观。希望可以通过该图理解门窗框与墙体的关系。

门窗的构成如**图 5-60**（第 239 页）所示。与墙壁有外墙与内墙 2 种类型相同，门窗也有面向外部的**室外门窗**和安装在内部的**室内门窗** 2 种。

5.8.2.1　室外门窗

白之家中的室外门窗，4 种类型的窗户有 6 处。另外，门有 1 处（门厅门）。在**图 5-60** 中，4 种窗户用符号 W1 ～ W4（表示 window No1 ～ No4）、门厅门用符号 WD1（表示 Wood Door No1）标出 [31]。

一层的窗户 W1 和 W2 是糊纸槅扇拉门 + 玻璃门 + 纱门组合而成的门窗。**糊纸槅扇拉门**是在**框立边**（四周的框）和格子状棂的框架上粘贴槅扇纸的门窗。

W3 是由槅扇拉门 + 玻璃门 + 纱门，再加上木板套窗 4 个窗户组成的门窗。玻璃门 + 纱门 + 木板套窗可被收在**门套**内。

二层窗户 W4 是由板槅扇（一面铺板的纸槅扇）+ 纱门 + 玻璃门组成的。

门窗框是通过其**正面宽度**（从正面看时所看到的门窗框的宽度）表现在墙面上的 [32]。白之家室外门窗框朝外部分的正面宽度为 40mm。室内部分的正面宽度为：W1 ～ W4 的尺寸是 36mm（但是，与 W2 东侧 WD4 相接的竖框尺寸不同），WD1 的尺寸是 24mm。**图 5-59** 表示从室内方向看到的 W1（南面的窗户）立体图，在图中可以看到窗户竖框和上框的正面宽度尺寸为 36mm。

5.8.2.2　室内门窗

白之家室内门窗，除二层卧室和厅堂间的糊纸槅扇门窗外，其他的都是门。一层的门有 6 处，全部都是木门。在**图 5-60** 中，门都标有 WD2 ～ WD7（Wood Door No.2 ～ No.7）的符号。

WD5（从厅堂通往一层卧室的门）和 WD6（从一层卧室通往楼梯间的门）为**推拉门**（左右滑动开启的门），其他的门为**平开门**（合页装于门的侧面，向内或向外开启的门）。门的宽度（门窗框的内尺寸）各不相同，但高度（门窗框的内尺寸）均为 1800mm。此外，在对平开门进行设计、制作时，应与门窗框之间留有数毫米的间隙。这样，平开门的尺寸就会比门窗框的内尺寸小数毫米。

[31]　这些符号在公开发表的图纸（第 198 页的注 4）中有记载。

[32]　参见第 2 章（住吉长屋）的第 59 页。

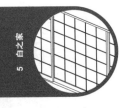

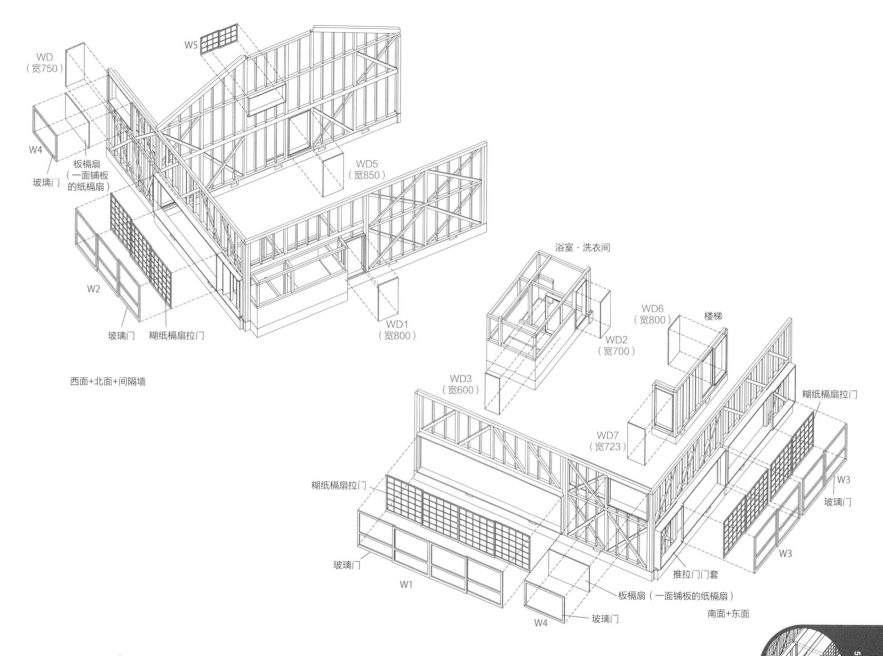

WD
（宽750）

W4

玻璃门

板榻扇
（一面铺板
的纸榻扇）

W5

WD5
（宽850）

W2

玻璃门　糊纸榻扇拉门

西面+北面+间隔墙

WD1
（宽800）

浴室・洗衣间

WD3
（宽600）

WD2
（宽700）

WD6
（宽800）　楼梯

WD7
（宽723）

糊纸榻扇拉门

糊纸榻扇拉门

玻璃门

W1

W4

玻璃门

W3

玻璃门

W3

推拉门门套

板榻扇（一面铺板的纸榻扇）

南面+东面

图 5-60　门窗的构成

在室外门窗中，4 种类型（W1 ～ W4）的窗户有 6 处，门（门厅门・WD1）有 1 处。在室内门窗中，有二层卧室和厅堂间的糊纸榻扇窗（W5）和 6 处门（WD2 ～ WD7）。

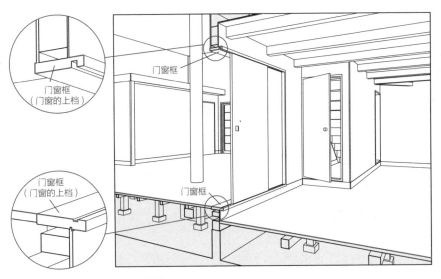

图 5-61　门的构成

WD5（从厅堂通往一层卧室的门）的构成。

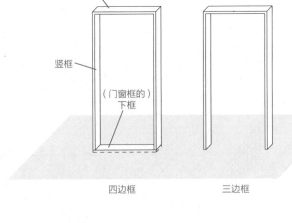

（门窗的）上档

竖框

（门窗框的）
下框

四边框　　　　　　三边框

图 5-62　门窗框概要

室内门的门框不一定非要采用四边框，也有采用三边框的。

WD5（从厅堂通往一层卧室的门）的构成如**图 5-61** 所示。

白之家所有门的门框采用的是上下左右 4 个方向都装门框的**四边框**。但是，室内门的门框不一定非要采用四边框，也有采用**三边框**（只在左、右、上 3 个方向装门框）的。一般，当通过门连接的 2 个房间地面为同一饰面时，大多都采用三边框。**图 5-62** 是四边框与三边框的概念图。

在推拉门中，都需要装有滑轨。当将滑轨吊装在门框的上框时，可以不装下框；而将滑轨装在门框的下框时，多采用四边框。

5.8.3　墙壁与踢脚

在屋顶、门窗的安装作业完工后，建筑工程就进入了墙壁、地面、顶棚的外装工程及内装工程。

白之家的内墙饰面采用的是石膏板或柳桉木板材。地面饰面采用的是山毛榉地板。地面与墙壁的结合部位装有踢脚。**图 5-63** 为白之家门厅部分的踢脚细部的垂直剖切图。

白之家的踢脚使用的是丝柏。踢脚的高度为：厅堂 100mm，卧室 114mm。

一般，踢脚的安装大多都是踢脚面要稍稍凸出于墙面。白之家的踢脚面凸出墙面 6mm。面与面之差就叫做**"两平面间的偏差"**。木结构住宅的墙面有各种不同的"两平面间的偏差"。如墙壁与踢脚间的偏差、墙壁与门窗框间的偏差、露明柱墙与柱子间的偏差等。

踢脚具有将地面与墙壁"区分"的作用。如果没有踢脚，板材、胶合板会直接接触到地板材料。但是，不平滑的板材、胶合板（特别是板材）的端部与地板材料的接触面很难做到美观、一致。通过将板材、胶合板的端部置于称作**"两平面间的偏差企口"**的踢脚嵌接刻槽内，地板与墙面的 2 个平面就可以很好的衔接了。

另外，踢脚还具有防止墙面遭到损坏的作用。平时，会有我们的脚尖或吸尘器的吸尘口不小心碰到墙壁的情况发生，板材、胶合板受到较大力的碰撞恐怕就会受到损坏，但如果安装了踢脚，就会在某个程度上承受这种碰撞（踢脚是一种在某种程度上可抵御碰撞的材料）。

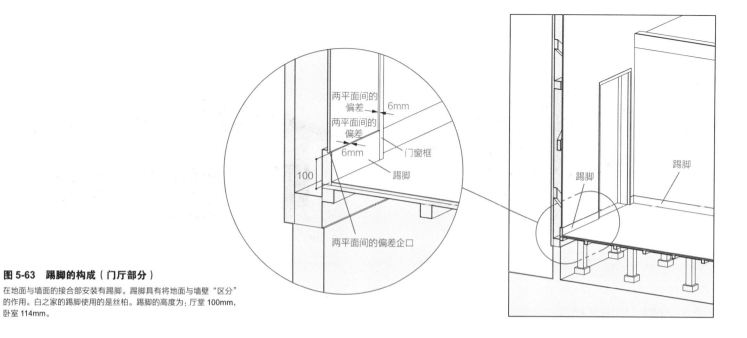

图 5-63　踢脚的构成（门厅部分）

在地面与墙面的接合部安装有踢脚。踢脚具有将地面与墙壁"区分"的作用。白之家的踢脚使用的是丝柏。踢脚的高度为：厅堂 100mm，卧室 114mm。

5.8.4　门窗与踢脚的表现

朝外的窗户是由糊纸槅扇拉门 + 玻璃门 + 纱门（W1 ~ W3），或板槅扇（一面铺板的纸槅扇）+ 纱门 + 玻璃门（W4）组合而成的。

在**图 5-1** 及**图 5-2**（第 195 页）所示的平面图中，没有表现纱门。虽然可以表现出来，但如果绘制纱门，表现反而会更加复杂。

在室内，大部分的门窗（W1 ~ W2、WD1、WD4 ~ WD7）下框都与地面齐平，所以地面与门窗框之间没有水平差。在**图 5-1** 及**图 5-2** 的平面图中，地面与门窗框之间没有水平差的部位没有绘制门窗框的可见线。因地面与门窗框的材料不同，所以也有将门窗框的可见线用于表现接缝的绘制方法，但不绘制门窗框显得更简洁。从理论上讲，门框的下框装有推拉门滑轨而有凹凸，但在 1/100 ~ 1/50 的平面图中，这种极小的凹凸也可以省略（在详图中必须绘制）。

在剖面图中，如果比例为 1/100 ~ 1/50，那么剖切面中的门窗框及踢脚

部分的凹凸就可以省略不绘，但像 24 ~ 36mm 宽的可见线那种可以看到的门窗框（正面）宽度也可以绘制。

5.8.5　建筑空间的完成

正如我们在前面学到的，建在基础上的楼板结构·主体结构、屋架等作业以及门窗、外装、内装工程完成后，建筑物的建造即告完成。建成的住宅如**图 5-64 ~ 图 5-66**（第 242 ~ 243 页）中用 CG 生成的图像所示。

图 5-64 所示为主体结构（左图），以及将主体结构进行外装处理后的外观（右图）。**图 5-65** 及**图 5-66** 是厅堂的 CG 效果图。在**图 5-66** 中，为能看到被装修材料遮挡的构件，装修材料用半透明表示。这样，就可以对通过主体结构的合成而被表现出来的立有一根中心柱的空间进行确认了。

5　白之家

图 5-64　白之家（主体结构与外观）

图 5-65　白之家（内部与主体结构）

图 5-66　白之家（厅堂）

5.9 本章小结

在本章中，我们可以在制作白之家框架模型的过程中，学习木框架结构构成的布局特点与结构形式。下面是对包括白之家与一般木结构在内的木框架结构构成的布局特点与结构形式所做的汇总。

■ 白之家

1 □ 白之家是由篠原一男（1925～2006年）设计，1966年移筑于日本东京都杉并区的，是由柱子·梁等框架组成的一栋木框架结构的2层独立住宅。主体结构（墙体结构）是日本木结构住宅的主要结构形式。因木框架结构是一种传统的构法（建造方法、构造方法、建筑方法），所以也被称为"传统构法"。

2 □ 圆形的中心柱立在10m×10m的正方形平面的中心位置，该柱的上部为顶点，上面架设有方形的大屋顶。10m×10m正方形平面被分为6.38m×10m的厅堂（一层）与3.62m×10m的卧室（一层及二层）两部分。

■ 木材的性质

3 □ 木材是一种遇湿就会恶化的材料，但如果采取充分通风换气以保持木材干燥等措施，那么就会比其他材料的使用寿命更长。

4 □ 与混凝土相比，木材的强度差。但如果按比强度（单位重量的强度，即强度除以比重得到的数值）考虑的话，即便是与钢进行比较，也是高强度的材料。木材的缺点是缺乏均质性、易燃、易腐蚀、易被虫蛀等。但因其自重轻、便于加工，所以是最适用于建筑的材料之一。

■ 木结构与木框架结构

5 □ 木框架结构是日本木结构住宅的主要结构形式。因木框架结构是一种传统的构法（建造方法、构造方法、建筑方法），所以也被称为"传统构法"。

6 □ 在除木框架结构外的其他木结构中，近年来北美（美国、加拿大）开发的"2英寸×4英寸框架结构（木框架墙板结构）"也得到了普及。"2英寸×4英寸框架结构（木框架墙板结构）"就是将结构用胶合板作为墙体骨架搭建房屋的一种结构形式。

7 □ 木框架结构中的柱子和梁是通过面榫接与点榫接连接的。梁和梁等构件在同一方向的接合（横竖材料呈一字接合，即面与面或两条边的拼合以及面与边的交接构合）就是面榫接（线榫接）；柱子与梁等构件呈正交方向的接合（横竖材料呈丁字接合，成角接合，交叉接合）则是点榫接（角榫接）。近年来，在工厂加工完成面榫

接和点榫接的"预切施工法"得到了普及。

8 □ 木框架结构具有被称为楼板结构（地板结构）、主体结构（墙体结构）、屋架（屋顶结构）的3种结构。

9 □ 一般在木框架结构的建筑中，墙体的构成有称作隐柱墙（板条抹灰墙）和露柱墙（明柱墙）的2种类型。所谓隐柱墙，是指通过墙体饰面将柱子隐藏在墙内的结构，而墙壁在柱间（柱子与柱子之间），柱子的一部分露出墙面的就是露柱墙。

■ 基础

10 □ 基础是将整个建筑物的载荷传递到地基，并使建筑与地基形成一体的建筑物最下部的承重构件。在以前的木结构建筑中，建筑物是修建在埋设于地下的自然块石上的。但在当今的木结构建筑中，基础大多都用钢筋混凝土构建。

11 □ 在主体结构的基础中，大多都采用沿墙连续按同一断面设置的条形基础。一般条形基础的下部设有一个称为**底脚**的板状底板。

12 □ 像白之家那种只支撑一根柱子的基础称为独立基础。独立基础的底部也设有底脚。

13 □ 当楼板结构为木结构时，一层楼板面应高于室外地面，应是可保证楼板下的充分换气的结构。为此，应设置地板下换气口。

■ 楼板结构（地板结构）

14 □ 楼板结构是由短柱、木基础梁、水平斜撑木基础梁、龙骨托梁、龙骨等部位构成的。

15 □ 一层的楼板是用短柱与底层地板下短柱垫石支撑的。为能承受底层地板下短柱垫石的荷载，底层地板下短柱垫石是置于地基上的。基础是支撑架构墙壁·屋顶的建筑物最下部的承重构件，而短柱与底层地板下短柱垫石支撑的只是一层的楼板。

16 □ 置于室外地面上的构件就是木基础梁。木基础梁是通过预先埋设在基础内的地脚螺栓（为将柱子及木基础梁固定在混凝土基础上，而埋设在基础内的螺栓）与基础牢固连接的。木基础梁的角部是用水平斜撑木基础梁进行加固的。

17 □ 水平承载在短柱上的构件就是龙骨托梁。一般龙骨托梁大多是按90cm的间距排列的。

18 □ 架设在龙骨托梁上，直接支撑楼板的基底材料、饰面材料的构件就是龙骨。一般龙骨大多都按约45cm的间距排列。当将基底材料、饰面材料架设在龙骨上后，地面楼板即告完成。

19 □ 二层的龙骨架设在（楼板下的）柱间系梁和小梁上。二层楼板的载荷是通过龙骨→小梁→（楼板下的）柱间系梁→柱子→（木基础梁）→基础→地基进行传递的。

■ **主体结构（墙体结构）**

20 □ 主体结构是由木基础梁、柱子、梁、大梁、（楼板下的）柱间系梁、间柱、斜撑、窗框等构件组成的。

21 □ 立在一层的柱子有 2 种类型：一直通至屋顶檐处的"通柱"和只通至二层楼板下的"上下层不连贯的柱子"。通柱通常被设置在建筑的角部等处。通柱大多都采用比"上下层不连贯的柱子"稍粗的柱子（白之家所用的柱子是：将 2 根或 3 根只有 105mm×105mm 的柱子用螺栓进行牢固的连接，并确保必要的断面性能）。

22 □ 架设在二层楼板水平面上的水平状梁材就是（楼板下的）柱间系梁。（楼板下的）柱间系梁架设在通柱之间，置于一层上下层不连贯的柱子之上。二层的"上下层不连贯的柱子"设置在一层未设柱子的部位。"上下层不连贯的柱子"的长度因柱子与柱子间跨度的不同而有所不同。架设在大跨距柱子上的"（楼板下）柱间系梁"以及架设在（楼板下）柱间系梁上的"上下层不连贯的柱子"，其长度就长。（楼板下）柱间系梁的角部是通过角隅斜梁进行补强的。

23 □ 连接通柱与二层"上下层不连贯的柱子"的就是大梁。大梁是连接二层水平面柱子（通柱与二层上下层不连贯的柱子）顶部的梁材。

24 □ 斜撑是与柱子、（楼板下的）柱间系梁构成的四方形的对角进行连接的构件。在框架的基本形状由四方形组成的框架结构中，为使四方形框架抵御水平方向易发生变形的水平力（地震力），就应设置斜撑。

25 □ 柱子与柱子之间设立的加固材料就是间柱。间柱大多是按约 45cm 的间距设置的。在设有斜撑的部位，间柱与斜撑是交叉设置的。在交叉的部分，可将间柱截去并用十字嵌接的方式加以固定（不能将斜撑截去并用十字嵌接的方式加以固定）。

26 □ 应根据需要，在开口部安装窗户的部位设置窗框。垂直方向的窗框可兼做间柱。上下窗框则可兼做木基础梁·（楼板下的）柱间系梁·桁。窗框的下框称作窗台，上框称作窗楣。

■ **屋架**

27 □ 支撑白之家方形屋顶的屋架是由檐檩、上弦杆、斜梁、檩、椽子、角椽、檐头补强材料、斜腹杆构成的。

28 □ 在采用木框架结构的住宅中，屋顶的形状，除白之家的方形外，还有山墙立面为三角形的双坡式、屋顶的四个方向均带坡度的四坡式以及屋顶正脊延长，两端至屋檐中间处内收，屋顶上部两侧形成两个山花面的歇山式等。

29 □ 日式屋架是日本传统的屋架形式，是将桁架下弦杆水平架设在桁与桁之间，并将屋架支柱立在上面后，再在屋架支柱上安装屋顶。西式屋架则是一种在桁与桁之间安装屋架，由此来支撑屋顶的结构。

30 □ 日本传统的木结构构建的建筑屋顶都带有屋檐。所谓屋檐，就是屋顶端部伸出外墙的部分。

■ **各部的构成**

31 □ 作为墙壁与地面的衔接，可安装踢脚。踢脚具有防止墙面遭到损坏的作用。

32 □ 门窗大致可分为面向外部的外部门窗和安装在室内的内部门窗。门及窗户的可动部分（门扇、窗扇等）被安装在（置于墙体或地面的）门窗框内。

后记

本书的书名一直迟迟未定。在书稿的审校期间，曾就书名一事与其他作者和编辑们经过了多次的交流与探讨。

当时，我们曾想将书名定为《建筑巨匠们设计的住宅／从图纸、模型与3D学习建筑构造》。但是，有人提出世界上被称为"建筑巨匠"的并不只有这4人，而且如果将主要书名定为《建筑巨匠们设计的住宅》，就会使读者误认为该书是一本提供了建筑师们所有原版图纸及建筑照片的作品集。有人指出，对于后者的意见，书中的内容通过一个副标题可以得到解决，而且主书名大多都是由一人决定的。

实际上，我本人（安藤直见）更倾向于将主书名取为《建筑巨匠们设计的住宅》。《建筑巨匠们……》的说法也是我由所译的名著《建筑巨匠们对建筑细部的设计》（丸善，1999年）一书所联想到的，而且对于我来说，《建筑巨匠们设计的住宅》的说法更能表达出我的建筑观。

我从世界著名四大住宅中学到了很多的东西，而且在开始学习建筑时，四大住宅所表现出的超乎寻常的空间与形态使我感到惊叹不已。随着对四大住宅中建筑构造的进一步了解，我所产生的惊奇感也日益加深。空间•形态是建筑的本质，而实现空间•形态的建筑构造也是建筑的本质。

对我而言，建筑就是《建筑巨匠们设计的住宅＝四大住宅》通过建筑空间布局设计而表现出的建筑空间与形态。所以，如果忘记了《建筑构造》这一主题，即使起名为《建筑巨匠们设计的住宅》，在我看来也并非那么不自然。

本书只对世界四大著名住宅进行了解读。一个住宅大约用了50页的篇幅来论述。但是对于四大住宅来说，仅仅50页是远远无法进行彻底解读的。原始稿件中仍存在着许多的不解之谜（特别是萨伏伊别墅，称得上是一个谜一般的建筑）。初学建筑的学生会以为本书是一本集中了世界各国著名建筑师设计作品的作品集而前往购买。不过，我认为这也不必感到失望，因为本书中所列举的世界四大著名住宅的确称得上是具有深远意义的建筑作品。

从这一点来看，我本人还是倾向于《建筑巨匠们设计的住宅》这一主题。不过，书名应能明确表示出书中内容的议论一直未断。

也有人提议将书名定为《从建筑巨匠们设计的住宅中来学习建筑的构造》。但我认为《从建筑巨匠们设计的住宅中来学习……》的书名并不是很贴切。我所提倡的《建筑巨匠们设计的住宅》（目的）是为便于理解，而不是仅仅为学习所采取的（手段）。《建筑巨匠们设计的住宅》并不是为《建筑构造》而存在的，但《建筑构造》却是为《建筑巨匠们设计的住宅》而存在的。

经过了反复的交流与探讨，最后决定将本书的书名定为《建筑构造——住吉长屋／萨伏伊别墅／范斯沃斯住宅／白之家》。虽然这只是一个单纯的书名，但书名中却含有"从建筑构造的视点出发看四个伟大住宅"之意。

●

编写本书的初衷无非就是想将我掌握的知识传授给学习建筑的学生们，而且对于在大学工作的我来说，也有必要通过授课将我的知识传授给学生。

我在授课的过程中，曾在课堂上对建筑（模型）进行组装或拆卸，还与学生们一起在教室内搭建或拆卸建筑（模型）。这样，不仅需要绘制平面图及剖面图等二维图纸，还需要绘制将三维形态的建筑进行剖切的相关图纸。为此，就需要利用计算机制图。

在本书提供的图纸中，平面图•立面图•剖面图等几乎所有的二维图纸都是用建筑CAD软件之一的Vectro Works软件（A&A公司）完成的，许多立体图是用CAD软件的form•Z软件（Ultimate Graphics Co.公司）制作的。另外，CG大多都是用软件shade（e frontier, inc.公司）生成的（也有用form•Z软件）。

书中所有的线图最终都是转换到绘图软件Illustrator（Adobe Systems公司）中后，再对线条的粗细及颜色进行调整的。也有使用画面处理的常用软件Photoshop（Adobe Systems公司）的。另外，在编著（并不是在出版社及印刷厂所做的编辑，而是作者们自己写稿时对稿件的编辑）过程中，也使用了DTP软件的InDesign（Adobe Systems公司）。在本书中，因图与文章的构成具有一定的互动性，所以使用DTP软件进行编辑是不可或缺的。

使用的软件有的是我们曾经使用的，但并不知道这是否是最好的选择。不仅是软件的选择，而且本书的编写方式是否是最好的我们也不清楚。尽管我们有熟练使用计算机的意愿，但在实际的使用过程中却显得力不从心。由此而给编辑们和印刷厂的诸位添了不少的麻烦。

如果没有计算机，我想我怎么也不会有兴趣来编写此书的。可以说，没有计算机也就没有本书的问世，这样说一点儿也不过分。至少对我来说，将搭建、分解的建筑绘制成图以及将众多的图纸插入文章中等大量的工作，几乎都是用计算机完成的。如果最初没有文字处理机，我就不会写文章（如果身边没有文字处理机，就没有写作的兴趣）。

计算机在出版中具有不可估量的作用，倘若纸张幅面宽裕，还可以进行更为详细的论述。因本书中所做的论述都尽量避免依赖特定的应用软件，所以只谈到一些概念性的知识。另外，表现建筑空间的"CG的构造"也是一个非常有趣的话题，日后若有机会还能继续论述，我也就感到心满意足了。

●

本书在编写的过程中，花费了大量的时间和精力。为此给负责本书编辑的丸善出版事业部的末吉亮介先生和恩田英纪先生添了很多的麻烦。

最初是我一人编写书稿和绘制图纸的，后因需要用 CG 制图，便请擅长 CG 的柴田晃宏君加入。虽然柴田晃宏君谦虚地称自己"谈不上擅长"，但书中的 CG 图几乎均出自柴田晃宏君之手（也有我绘制的，其中的那些精致作品是柴田晃宏君绘制的，而那些粗糙之品则是由我绘制的）。此外，从认真制作模型并将其拍摄成像的角度出发，又请比护结子加入我们的行列。本书的整个设计也由比护结子君负责。

柴田晃宏君、比护结子君不仅是 CG 及模型方面的专家，而且还是建筑设计方面的专家，在著书的过程中，我们三人曾多次就全书进行了反复的核对。对于我理解不深以及虽理解但论述不深刻的部分，曾得到二人的多次指导与帮助。在我最初绘制的图中，很多是都按照二人提出的意见进行修改的。可以说，本书的问世，仅凭我一人之力是无法实现的。

正如本书前言中所述，本书中的图纸都是我们自己绘制的。虽然我们是参照公开发表的原始图纸编写文章和绘制图纸的，但难免会有不妥之处，其责任由我们负责（多数责任都由我一人承担）。

●

本书在编写的过程中，曾得到了多方人士的帮助。

对于本书，武者英二先生（法政大学名誉教授）曾提出"书中的设计制图最好有通俗易懂的说明"等意见，并教给我们许多有关设计制图教科书特点的知识。永濑克己先生（法政大学）也提出了许多建议。

在第二章中，我们将安藤忠雄先生设计的住吉长屋作为实际案例进行了论述。我们请安藤忠雄先生对终校之前的书稿进行了审阅，安藤忠雄先生对此做了讲评。另外，安藤忠雄先生还指出了书中的错误之处。我们对不成熟的原稿给先生带来的麻烦感到过意不去的同时，剩下的只有深深的感谢。

八木幸二先生、奥山信一先生、盐崎太伸先生（三位均就职于东京工业大学）、佐佐木睦朗先生和阿部优先生（法政大学）、加藤道夫先生（东京大学）都给了我们最为宝贵的建议。在本书的计划阶段，曾与八代克彦先生和米野雅之先生（Institute of Technologists）、山畑信博先生（东北艺术工科大学）、栗原伸治先生（日本大学）、齐藤哲也先生（明星大学）进行了商谈。东京工业大学的教师和有关工作人员为我们提供了参观白之家的机会。关于白之家的结构，我们参考了竹内彻先生（东京工业大学）的相关论述。

关于第一章中所列举的箱型建筑的设计，来自于 1991 ~ 1997 年我任讲师时在就职的专科学校——东京技术专科学校（东京都国立市）给学生讲授建筑设计制图的课程中得到的启发，十分感谢当时日本东京技术专科学校建筑专业的教师们。东京技术专科学校建筑设计制图的课题内容，就是从计算机制图中"块"（Block，指存储在图形文件中仅供本图形使用的由一个或一组实体构成的独立实体）的制图开始的，是用"块"堆积而组成箱型建筑。箱型建筑是将补强混凝土砌块结构组成的建筑模型简单化的产物。

本书中的模型是在比护君的指导下，由日本法政大学建筑专业的研究生、大学生们制作完成的。另外，第二章（住吉长屋）中的部分图纸是由日本法政大学的毕业生田代由纪子绘制的。在此，特对那些帮助制作模型及绘制图纸的各位同学们表示诚挚的谢意。

安藤直见
2008 年早春

参考文献

(1) 安藤忠雄, 安藤忠雄のディテール／原図集／六甲の集合住宅・住吉の長屋, 彰国社, 1984 年

(2) GA ディテール No.1 ／ミース・ファン・デル・ローエ／ファンズワース邸／ 1945-50, A.D.A. EDITA Tokyo Co., Ltd., 1976 年

(3) 篠原一男, 白の家・上原通りの住宅, 世界建築設計図集, 同朋舎, 1984 年

(4) 篠原一男, 住宅論, SD 選書 No.49, 鹿島出版会, 1970 年

(5) エドワード・R・フォード, 巨匠たちのディテール, 八木幸二監訳, 丸善, 1999 年

(6) 内田祥哉他, 建築構法 (第五版), 市ヶ谷出版社, 2007 年

(7) 建築構造ポケットブック (第 4 版), 共立出版, 2006 年

(8) レモン画翠, 2007 建築模型材料カタログ, 2007 年

(9) 加藤道夫, 建築における三次元空間の二次元表現／ショワジー『建築史』における軸測図の使用について, 図学研究, 第 32 巻 3 号, 日本図学会, 1998 年 9 月

(10) 佐々木睦朗, 私のベストディテール／接合部の痕跡を消す, 日経アーキテクチュア No.709 (2002 年 1 月 7 日号)

(11) サヴォワ邸／ 1931 ／フランス／ル・コルビュジエ, バナナブックス, 2007 年

(12) Jacques Sbriglio, Le Corbusier: La Villa Savoye, Foundation Le Corbusier, Birkhäuser, 1999

(13) Werner Blaser, Mies van der Rohe, Farnsworth House: weekend house, Birkhäuser, 1999

参考ホームページ (2008 年現在)

(1) ファンズワース・ハウス (アメリカ・イリノイ州):
http://www.farnsworthhouse.org/
ファンズワースの見学方法に関する情報がある。ファンズワース邸は, 全米歴史保存団体 (National Trust for Historic Preservation) によって所有され, イリノイ州歴史的建築保存委員会 (Landmarks Preservation Council of Illinois) によって一般公開されている。

(2) フランス国立モニュメントセンター:
http://www.monuments-nationaux.fr/
サヴォワ邸の見学方法に関する情報がある。サヴォワ邸は, フランス国立モニュメントセンター (Centre des monuments nationaux) によって一般公開されている。

(3) ル・コルビュジエ財団 (パリ):
http://www.fondationlecorbusier.asso.fr/
ル・コルビュジエ財団 (Fondation Le Corbusier) は, パリ市内のラ・ロッシュ＝ジャンヌレ邸 (ル・コルビュジエ設計, 1924 年) の中にある。住所は「8-10, square du Docteur Blanche, 75016 Paris」。

(4) ル・コルビュジエ アーカイブ (大成建設):
http://www.taisei.co.jp/galerie/archive.html
大成建設がル・コルビュジエに関する資料を提供している。

照片 / 图例 / 表格
一览表

作者简历

安藤直见
1983 年　东京工业大学工学系建筑专业毕业
1985 年　东京工业大学研究生院工学研究科建筑学专业硕士课程结业
现为法政大学设计工学系建筑专业教授
博士（工学）

柴田晃宏
1990 年　大阪大学工学系建筑专业毕业
1992 年　东京工业大学研究生院工学研究科建筑学专业硕士课程结业
现为一级建筑师事务所 ikmo 联合主持，法政大学设计工学系兼职讲师，
桑泽设计研究所外聘讲师

比护结子
1995 年　奈良女子大学家政系住居学专业毕业
1997 年　东京工业大学研究生院工学研究科建筑学专业硕士课程结业
现为一级建筑师事务所 ikmo 联合主持，法政大学设计工学系兼职讲师，
桑泽设计研究所外聘讲师